LAS DEVORADORAS DE LUZ

Últimos títulos publicados en esta colección:

A. Rutherford y H. Fry, *La guía completa de absolutamente todo*
N. Krishnan, *Una aventura terriblemente seria*
U. Özkırımlı, *Cancelados*
L. Shiner, *La invención del arte*
N. N. Taleb, *Antifrágil*
B. Delaney, *Cómo dejar de preocuparte*
M. Gawdat, *La inteligencia que asusta*
M. Wittig, *El pensamiento heterosexual*
J. Eichler, *El eco del tiempo*
S. Žižek, *El plus de goce*
S. Zweig, *Correspondencia*
M. Onfray, *Ánima*
J. Martín-Fernández, *Dime qué sientes*
R. Peckham, *Miedo*
N. N. Taleb, *El cisne negro*
A. Zafirakaou, *Lecciones de vida*
N. deGrasse Tyson, *Cartas de un astrofísico*
S. Ghose, *Su espacio, su tiempo*
O. Laing, *El viaje a Echo Spring*
R. Yuste Rojas, *El cerebro, el teatro del mundo*
D. J. Siegel, *Viaje al centro de la mente*
P. Bringley, *Toda la belleza del mundo*
C. López-Otín, *La levedad de las libélulas*
M. Jay, *Psiconautas*
K. Kitagawa y T. Revell, *La vida secreta de los números*
S. Magsamen y I. Ross, *Tu cerebro quiere arte*
D. Darling, *¡Buuum!*
A. Comte-Sponville, *Sobre el cuerpo*
N. N. Taleb, *El lecho de Procusto*
J. Kinross, *Materia oscura*
W. Mulligan, *Ser un estoico*
G. Rolón, *El duelo*
G. Elwin, *Las grandes preguntas de los niños*
H. Frappat, *Luz de gas*
b. hooks, *Salvación*
W. Egginton, *El rigor de los ángeles*
L. Kaltenegger, *Mundos extraterrestres*
F. Giraldez, *Un neurocientífico en el Museo del Prado*
E. Fromm, *¿Amamos aún la vida?*
S. Chopra, *Ansiedad*
S. Žižek, Contra el progreso
Z. Schlanger, *Las devoradoras de luz*

ZOË SCHLANGER

LAS DEVORADORAS DE LUZ

Cómo la inteligencia de las plantas ofrece una nueva comprensión de la vida en la Tierra

Traducción de Montserrat Asensio

PAIDÓS Contextos

Título original: *The Light Eaters*, de Zoë Schlanger
Publicado originalmente en inglés por HarperCollins.
Esta edición se ha publicado por acuerdo con The Foreign Office Agència Literària, S.L. y The Cheney Agency.

1.ª edición, abril de 2025

Paidós es un sello editorial de Editorial Planeta, S. A.
Avda. Diagonal, 662-664
08034 Barcelona, España
www.paidos.com
www.planetadelibros.com

ISBN: 978-84-493-4374-2
Fotocomposición: Realización Planeta
Depósito legal: B. 4.425-2025
Impresión y encuadernación en Gómez Aparicio

Impreso en España – *Printed in Spain*

PEFC Certificado
Este libro procede de bosques gestionados de forma sostenible
PEFC
PEFC/14-38-00305
www.pefc.es

A Anne y a Jeff,
por su capacidad de ver lo mucho
que significan las cosas pequeñas

Se alimentan de la luz. ¿Acaso no basta con eso?

TIMOTHY PLOWMAN,
etnobotánico

SUMARIO

PRÓLOGO

Avanzo, a pie, por un sendero en la penumbra. Hay densos montículos de musgo aterciopelado y ondulante a mi alrededor. Alzo la mirada y me veo, minúscula, a los pies de columnas de madera fría y húmeda. El terreno debajo de mí también está húmedo y cede bajo mi peso. Una señal al borde del camino me insta a que preste atención: hay alces agresivos cerca. Yo no veo ninguno, y sigo caminando. De repente, se alzan unas plumas, helechos de espada con los brotes jóvenes, tiernos y enrollados, del tamaño del puño de un bebé y cubiertos de terciopelo rojizo. Son la inesperada precuela de las frondas que brotarán por encima de ellos, como el abanico de un pavo real. Cerca, hongos ascienden en arco desde un tronco caído, como si quisieran tocar el cielo. Parece que todo se estira hacia arriba, hacia abajo y hacia los lados a la vez.

Invado este espacio, pero nadie se da cuenta. Todos los seres que me rodean están tan absortos en su propia vida que soy una mera hormiga que atraviesa una esponja sin que nadie la vea. Los líquenes que escalan los pies de los árboles enrollan los bordes de los discos que son sus cuerpos y atrapan gotas de humedad mientras dan la bienvenida a un nuevo día y a una nueva oportunidad para seguir creciendo.

Estoy en la selva Hoh, en la región del Noroeste del Pacífico. Todo parece albergar un secreto. Y lo alberga. Por mucho que la ciencia sepa lo que aquí sucede desde el punto de vista biológico, aún le queda mucho por explicar, por saber. Estoy rodeada de sistemas adaptativos complejos. Todas y cada una de las criaturas que viven aquí están entretejidas en capas y capas de interrelaciones con el resto de los seres vivos, en una cascada que va de la escala más grande a la más minúscula. Las plantas con la tierra, la tierra con los microbios, los microbios con las plantas, las plantas con los hongos, los hongos con la tierra... Las plantas con los animales que se alimentan de ellas y que las polinizan. Las plantas entre ellas. Se trata de un caos maravilloso que desafía cualquier intento de categorización.

Pensar en ello me remite a los conceptos de yin y yang, a la filosofía de las fuerzas opuestas. Sabemos que las fuerzas que moldean la vida están en un flujo constante. La polilla que poliniza la flor de una planta pertenece a la misma especie que devora las hojas de esa planta cuando aún es oruga. Por lo tanto, a la planta no le interesa destruir por completo a las orugas que la devoran y que se metamorfosearán en las criaturas a las que necesita para que difundan su polen. Al mismo tiempo, la planta no puede tolerar la destrucción completa de sus hojas. Sin ellas, no se podría alimentar de luz y moriría. En consecuencia, al cabo de un tiempo de verse asediada y una vez que ha perdido algunas hojas y ha demostrado un autocontrol encomiable, la planta toma la sensata decisión de llenar sus hojas de sustancias químicas nada apetitosas. Pero la mayoría de las orugas habrán podido comer lo suficiente como para sobrevivir, metamorfosearse y polinizar. Todos los integrantes de esta ecuación llegan al borde de la muerte para poder prosperar. Es el tira y afloja de la interdependencia y la competencia. A gran escala, parece que nadie ha ganado todavía. Todas las partes siguen ahí: animales, plantas, hongos, bacterias... Acaban consiguiendo una especie de equilibrio en movimiento constante. He acabado por entender todo este tira y afloja, esta fusión constante, como un signo de una tremenda creatividad biológica.

¿Cómo entender tamaña complejidad? Este es uno de los problemas profesionales que comparten la ciencia y la filosofía, pero es una pregunta que también se hace cualquiera que se haya detenido aunque sea un instante a pensar acerca de toda esa vida en eterno movimiento, en esa vida que nunca se detiene lo suficiente para que la podamos observar de cerca. En un primer momento parece lógico limitar la mirada al mundo vegetal. Para empezar, facilita mucho las cosas. Sin embargo, rápidamente vemos que es una estrategia ingenua. La complejidad existe en todas las escalas.

Los periodistas de mi misma especialidad se suelen centrar en la muerte. O en los heraldos de esta: la enfermedad, el desastre y el deterioro. Así es como los periodistas del clima miden el tiempo a medida que la Tierra supera hito nefasto tras hito nefasto y se aproxima a su muerte anunciada. Pero la capacidad de asimilar malas noticias es limitada. O, quizá, es que mi umbral de tolerancia es muy bajo y se agotó rápidamente tras años de atender a sequías e inundaciones. Durante los últimos años me había empezado a sentir vacía y embotada. Necesitaba dosis de lo contrario. «¿Qué es lo contrario de la muerte?», me pregunté. La creación, quizá. La sensación de que algo comienza en lugar de acabar. Y las plantas son precisamente eso, dado lo mucho que les gusta crecer sin cesar. Siempre han sido una fuente de serenidad para mí, incluso antes de que se empezaran a publicar estudios que confirmaban lo que ya sabíamos: que pasar tiempo entre plantas puede serenar más la mente que una larga noche de sueño. Vivía en una gran ciudad y, cuando tenía necesidad de despejarme, me dirigía a un parque para pasear bajo un dosel de tejos. Cuando los nervios me decían basta, pasaba largos minutos observando las hojas nuevas que se formaban en los filodendros de mis macetas. Las plantas encarnan la definición de una vida creativa: están en movimiento constante, si bien lento, y sondean el aire y la tierra en su búsqueda incansable de un futuro vivible.

En la ciudad echaban raíces en los lugares más inesperados. Brotaban de las grietas del asfalto roto. Ascendían por las vallas metálicas que rodeaban solares llenos de basura. Ver un ailanto, o árbol del cielo, emerger de una grieta en mis escalones de entrada y crecer hasta alcanzar la altura de un edificio de dos plantas en solo una estación me llenó de alegría (que guardé en secreto). En secreto, porque se trata de un árbol considerado especie invasora en el noroeste del país. En Nueva York se lo ve como una plaga, en parte porque inyecta toxinas en la tierra que rodea a sus raíces, para impedir que nada crezca a su alrededor y, así, asegurarse su trocito de sol. Y me alegra, porque me parece una estrategia de una maldad brillante. Entendí que mi vecino talara el árbol a machetazos al final de la temporada. Sin embargo, seguí mirando el tocón con admiración cada vez que salía de casa. En breve vi brotar hojitas verdes. Tamaña tenacidad es digna de respeto.

Por lo tanto, las plantas me parecieron un buen lugar en el que aterrizar mi atención, agotada por los anuncios apocalípticos. Estaba segura de que me revitalizarían. Sin embargo, pronto me di cuenta de que harían mucho más que eso. A lo largo de años de obsesión, han transformado cómo entiendo el sentido de la vida y las posibilidades que ofrece. Ahora, cuando miro a mi alrededor, en la selva de Hoh, veo mucho más que tonos verdes relajantes. Ahora veo una clase magistral sobre cómo vivir una vida lo más plena, peculiar e ingeniosa posible.

Para comenzar, una vida dedicada a un crecimiento constante, pero anclada siempre en un mismo lugar, plantea retos enormes. Para superarlos, las plantas han tenido que saber ingeniárselas y desarrollar algunos de los métodos de supervivencia más creativos que haya ideado ningún ser vivo, nosotros incluidos. Muchos de estos métodos son tan ingeniosos que parecen casi imposibles para un orden de vida al que, en su mayoría, hemos relegado a los márgenes de nuestra existencia y a los que vemos como mero decorado de la vida animal. Y, sin embargo, las plantas han demostrado que cuentan con capacidades increíbles que desafían a nuestras enclenques expectativas. Aprendí muy pronto que su arte de vivir es tan asombroso que, en realidad, nadie sabe cuál es el límite de lo que una planta puede hacer. De hecho, es como si nadie supiera ni siquiera qué es una planta.

Por supuesto, esto es un problema para los botánicos. O, quizá, sea lo más emocionante que haya sucedido en este campo en toda una generación, dependiendo de lo cómodo que uno se sienta ante lo que puede considerarse un cambio sísmico en aquello que creía cierto. Sentí que la curiosidad me arrastraba sin remedio. La controversia en un campo científico tiende a anunciar algo nuevo, una manera nueva de entender el objeto de estudio. En este caso, el objeto de estudio era toda la vida verde. Decidí centrar mi interés creciente en el pensamiento más nuevo en la ciencia botánica. Cuanto más revelaban los botánicos acerca de la complejidad de las formas y las conductas de las plantas, menos aplicables me parecían las ideas tradicionales acerca de la vida vegetal. Este campo científico se estaba autofagocitando a base de contradicciones y de polémicas que se multiplicaban a la misma velocidad que los misterios. Sin embargo, la ausencia de respuestas claras me atraía, como (sospecho) atrae a muchos. ¿A quién no le atrae y a la vez le repele lo desconocido?

Este libro abordará estas epifanías en la ciencia de las plantas, así como las dificultades que entraña la creación de nuevo conocimiento científico. Son muy raras las ocasiones en que podemos vislumbrar un campo científico sumido en el verdadero caos, debatiendo los principios fundamentales de lo que sabe y a las puertas de presentar una nueva concepción de su objeto de estudio. También reflexionaremos acerca de una pregunta osada que está dando lugar a debates encendidos en laboratorios y en revistas académicas: ¿son inteligentes las plantas? Las plantas no tienen cerebro, al menos hasta donde sabemos. Sin embargo, hay quien plantea que, dado lo extraordinario de sus capacidades, las deberíamos considerar inteligentes aunque carezcan de cerebro. Estos científicos señalan que, si determinamos la inteligencia del ser humano y de otras especies animales observando sus conductas en vez de buscando una señal fisiológica concreta, es ilógico —además de un sesgo zoocéntrico injustificado— considerar que las plantas no son inteligentes, puesto que son capaces de hacer cosas que consideraríamos indicativas de inteligencia en un animal. Hay quienes aún van más lejos y sugieren que las plantas podrían tener consciencia. Es muy posible que la consciencia sea el fenómeno menos entendido de la experiencia humana, no digamos ya de la de otros organismos. Este grupo de científicos plantea la posibilidad de que el cerebro solo sea una de varias maneras posibles de construir una mente.

Otros botánicos son más prudentes y no parecen dispuestos a aplicar a las plantas lo que entienden como conceptos claramente zoocéntricos. Al fin y al cabo, las plantas constituyen un clado propio cuya historia evolutiva se alejó de la nuestra hace mucho tiempo. Adscribirles nuestros conceptos de inteligencia y de consciencia es una falta de respeto a su esencia vegetal. También nos referiremos a lo que defienden estos científicos. Sin embargo, ni una sola de las personas con las que he hablado, ni uno solo de todos esos botánicos, manifestó estar menos que asombrado al constatar de lo que son capaces las plantas. Gracias a la nueva tecnología, los investigadores de los últimos veinte años han podido hacer uso de poderes de observación nuevos e increíbles. Y, gracias a lo que han descubierto, estamos presenciando en directo la resignificación del concepto «planta».

Independientemente de lo que pensemos de ellas, las plantas siguen ascendiendo hacia el sol. En este ruinoso momento global, las plantas abren una ventana al germen de una manera de pensar nueva. Si de verdad queremos formar parte de este mundo, ver su vida agitada, tenemos que entender las plantas. Las plantas aportan a la atmósfera el oxígeno que respiramos y, literalmente, construyen nuestros cuerpos con azúcares que tejen a partir de la luz. Crearon los ingredientes que hicieron posible nuestro primer chispazo de vida. Sin embargo, no son meras máquinas de aprovisionamiento. Tienen vidas propias complejas y dinámicas: tienen vida social, vida sexual y todo un abanico de capacidades sensoriales sutiles que, por lo general, asumimos exclusivas de los animales. Aún más, perciben cosas que ni siquiera podemos imaginar y ocupan un mundo de información invisible a nuestros ojos. Entender las plantas desbloqueará un nuevo horizonte de comprensión para el ser humano: el conocimiento de que compartimos el planeta y debemos la vida a una forma de vida inteligente por derecho propio, a la vez desconocida y familiar.

En la selva de Hoh, un arce de hoja grande se alza sobre mí. El tronco está completamente envuelto en helechos de regaliz, en pulmonaria mayor y en doradillas; es como si el árbol llevara un traje de Grinch. Solo se ven algunos surcos de la corteza del árbol, que surgen de entre el verde como cumbres montañosas entre bosques espesos, como los picos de las montañas Olímpicas que perforan los bosques perennes al este de donde me hallo. Me inclino, para observar de cerca. El traje verde es un mundo dentro de un mundo, donde los pequeños montículos y frondas replican la estructura de un bosque a pequeña escala. Tréboles púrpura y suaves montículos de musgo escalonado cubren el suelo. Me pierdo en su mundo, me siento cautivada por él. Claro que, en realidad, llevamos perdidos en él desde hace mucho, ignorantes de todas sus maquinaciones, lo que no parece lo más prudente. Yo quería saber. Así que fui y miré.

CAPÍTULO

1

La cuestión de la consciencia de las plantas

¿Qué es una planta? Es probable que tengas tu propia idea al respecto. Quizá imagines un gran girasol, con rostro de tapacubos y tallo velloso, o la enredadera que trepa por la celosía del jardín de tu abuela. Quizá, como yo, veas el potus que sobrevive como puede en el alféizar de la ventana de la cocina y al que, probablemente, te hayas olvidado de regar. Es una entidad conocida. El verde nuestro de cada día.

Obviamente, tienes razón, de la misma manera que el ser humano ha podido señalar un pulpo y llamarlo pulpo desde que le dio nombre. Sin embargo, hasta hace muy poco no sabíamos que los pulpos perciben el sabor por los tentáculos,[1] usan herramientas,[2] recuerdan rostros humanos,[3] ven su mundo de un modo mucho más sensorial a como nosotros vemos el nuestro y tienen neuronas distribuidas por todo el cuerpo, como si estuvieran salpicados por una multitud de cerebros en miniatura. Entonces, ¿qué es un pulpo? Un pulpo es mucho más de lo que jamás hubiéramos podido imaginar.

Apenas empezamos a vislumbrar la respuesta y, aun así, esta ya ha conseguido revolucionar de un modo crucial el modo en que entendemos la inteligencia no humana: la rama del árbol evolutivo de la que pende el pulpo se separó de la nuestra en los albores de la historia de la vida animal. Es probable que nuestro último antepasado común fuera un platelminto que se arrastraba por el fondo del océano hace más de quinientos millones de años.* Hasta ahora hemos constatado inteligencia en animales mucho más próximos a nosotros en términos evolutivos, como los delfines, los perros o los primates, nuestros primos mucho más recientes. Sin embargo, ahora sabemos de la existencia de una inteligencia muy potente y que ha evolucionado de un modo completamente distinto e independiente a la nuestra. El mundo de las plantas está pasando por un movimiento sísmico similar, aunque (al menos de momento) más silencioso, en los laboratorios y en los experimentos de campo de una de las disciplinas menos llamativas de las ciencias de la vida. El peso de este conocimiento nuevo amenaza con romper los muros de la casilla mental en la que hemos metido a las plantas. Es incluso posible que acabe por transformar por completo el modo en que pensamos acerca de la vida.

Entonces, ¿qué es una planta? Yo estaba segura de conocer la respuesta... hasta que empecé a hablar con botánicos, claro está.

Hace varios años era una periodista de información ambiental con un problema. La mayor parte de mi trabajo se centraba en dos cosas: el avance implacable del cambio climático y las consecuencias para la salud de la contaminación en el aire y en el agua. En otras palabras, escribía acerca del inexorable avance de la humanidad hacia la muerte. Tras cinco o seis años escribiendo acerca de ello, empecé a sentir un miedo que amenazaba con eclipsarme. Y comencé a actuar de maneras extrañas. Explicaba

* Para que lo pongas en perspectiva, el último antepasado que el ser humano comparte con los delfines fue un mamífero terrestre que vivió hace unos cincuenta millones de años. El último antepasado que compartimos con los chimpancés vivió hace solo seis millones de años.

a mis colegas el último informe del IPCC (Grupo Intergubernamental de Expertos sobre el Cambio Climático), el encargado de decirnos los pocos años que nos quedan para intentar evitar la catástrofe, con una especie de regocijo lúgubre y a la espera de ver cómo empalidecían. Pasaba una mañana tras otra ingiriendo noticias acerca de incendios forestales y huracanes de récord, para, a continuación, empaparme de los chismes de la oficina a la hora de comer. Compartimentaba hasta tal punto que llegué a ser incapaz de dar la menor respuesta emocional ante el cataclismo medioambiental. El deshielo de los glaciares en Groenlandia no era más que una historia interesante como cualquier otra.

Hacia esa misma época empecé, casi sin darme cuenta, a buscar algo maravilloso y vivo en las ciencias naturales. Las plantas me gustaban, me encantaba ver cómo el galán de noche trepaba hasta mi ventana o cómo aparecían de repente tres hojas nuevas en la higuera hoja de violín después de meses sin cambios visibles. Mi piso era un refugio de historias verdes satisfactorias y mucho mejores que las que se sucedían en el interior del ordenador. Entonces, ¿por qué no enfocar hacia ellas mi cerebro periodístico? Y eso hice. Empecé a leer revistas de botánica durante el almuerzo, usando los mismos portales en línea que cruzaba en busca de artículos de investigación sobre el clima, un sistema que permite a los periodistas acceder a la investigación más reciente antes de que esté disponible para la población general, a condición de que no se publiquen artículos acerca de ello hasta la fecha de publicación estipulada para la investigación original. Las revistas rebosaban de artículos sobre importantes descubrimientos acerca de las plantas. Por ejemplo, revelaban los orígenes evolutivos del plátano y explicaban, al fin, por qué algunas flores son tan resbaladizas (para desalentar a las hormigas ladronas de néctar). Sentí que espiaba una versión de la ciencia de antaño, ¿de verdad quedaban tantas verdades fundamentales aún por descubrir? Tras dos semanas sumida en mi nueva obsesión, descubrí que por fin se había secuenciado el genoma completo de un helecho[4] y que muy pronto se publicaría un artículo al respecto. A esas alturas, todavía no era consciente de lo extraordinario del suceso. Los helechos son muy muy antiguos y pueden tener hasta setecientos veinte pares de cromosomas (en comparación con los veintitrés pares del ser humano),[5] lo que explicaba por qué la revolución genómica había tardado tanto en alcanzarlos. Me quedé prendada inmediatamente de la imagen del helecho que acompañaba al artículo de investigación. Era la fotografía de una diminuta planta festoneada sobre el pulgar del investigador. Era un helecho de agua tan verde que parecía estar iluminado desde dentro. Me enamoré al instante.

El helecho de agua, o *Azolla filiculoides*, es uno de los helechos más pequeños del mundo y hace miles de años que crece en lugares húmedos. Como suele pasar con las plantas, confundir tamaño y nivel de complejidad es un error. Hace unos cincuenta millones de años, cuando la Tierra era un lugar mucho más cálido, empezaron a crecer en el océano Ártico helechos de agua que formaron gigantescas mantas sobre el mar. Durante los millones de años que siguieron, absorbieron tanto dióxido de carbono que los paleobotánicos creen que desempeñaron una función clave en el enfriamiento del planeta. De hecho, ahora hay investigadores que estudian la posibilidad de que nos ayuden a hacerlo de nuevo.

El helecho de agua tiene aún otro truco milagroso: hace unos cien millones de años desarrolló un depósito especializado que alberga cianobacterias fijadoras de nitrógeno. El aire que nos rodea es nitrógeno en casi un ochenta por ciento y todas las formas de vida (nosotros incluidos) necesitamos nitrógeno para producir ácidos nucleicos, los ladrillos de construcción de toda la vida. Sin embargo, en su forma atmosférica está completamente fuera de nuestro alcance. Nitrógeno, nitrógeno por todas partes y no podemos usar ni una sola molécula. En lo que es toda una lección de humildad, las plantas dependen plenamente de bacterias capaces de recombinar el nitrógeno en formas que la planta, y todos los que obtenemos el nitrógeno de las plantas, podamos usar. Así, el helecho de agua se transformó en un hotel para estas bacterias. El diminuto helecho nutre a las cianobacterias con los azúcares que necesitan y, a cambio, ellas se afanan en transformar nitrógeno. Los agricultores chinos y vietnamitas se dieron cuenta de ello y hace mucho que muelen helecho de agua en sus arrozales.[6]

Busqué libros sobre helechos y leyendas relacionadas con ellos. Mi propia voracidad me hacía gracia, porque eran muy pocas las veces en que se había activado de semejante modo a lo largo de mi vida. Era tal la fascinación que sentía que me tatué el diminuto helecho en el brazo izquierdo. Los periodistas somos célebres por ser generalistas; nos interesamos breve y apasionadamente por muchas cosas que no tardamos en dejar atrás. Sin embargo, en ese momento entendí lo que debía de ser quedar plenamente cautivado por algo. De repente tenía preguntas, muchas, acerca de estas plantas humildes que habían surgido sin fanfarria. Habían cambiado el mundo. ¿Cuánto más desconocía?

Como parte de esta investigación, compré y devoré *Diario de Oaxaca*, un fino volumen que recoge las observaciones de Oliver Sacks durante una expedición para observar helechos en el suroeste de México a bordo de un autocar lleno de pteridólogos aficionados, todos ellos de la sección neoyorquina de la Sociedad Americana de Pteridología. La expedición estaba coliderada por Robbin C. Moran, de cuarenta y cuatro años de edad y conservador de helechos en el Jardín Botánico de Nueva York, que los llevó por todo el estado de Oaxaca. Llegados a un punto, tras días recorriendo pueblos y paisajes, y mientras observaba encandilado los productos frescos de los mercados y las tinas llenas de tinte grana cochinilla, además de, por supuesto, todo tipo de líquenes y helechos, Sacks tuvo un momento de lo que solo se puede describir como embeleso. El sol de tarde caía a plomo sobre altos tallos de maíz. Un señor mayor, botánico y especialista en la agricultura de Oaxaca, estaba junto al maíz. Sacks recogió ese momento mágico, el instante más breve, con apenas media frase, pero resonó inmediatamente en mí.

> [...] el alto maíz, el fuerte sol, el anciano, todo es uno. Es uno de esos momentos indescriptibles en los que la sensación de realidad es muy intensa, es una realidad casi preternatural. Entonces descendemos por el sendero hacia la puerta, subimos al autocar de nuevo, todos en una especie de trance, aturdidos, como si hubiéramos tenido una visión fugaz de lo sagrado y hubiéramos vuelto al mundo secular, cotidiano.

La experiencia de conectar con chispazos de lo eterno, de lo real, con la Gestalt, es un hilo conductor en toda la literatura naturalista. No soy la única en haber caído en el hechizo. En *Una temporada en Tinker Creek*, la escritora Annie Dillard describe un momento similar frente a un árbol, mientras observa cómo la luz del sol atraviesa sus ramas. Un destello de lo real que desaparece casi en el mismo instante en que ella se da cuenta de que lo está viviendo. Sin embargo, la deja con la conciencia de haber accedido a una atención abierta con la que puede conectar fugazmente, y que podría ofrecer una observación más directa del mundo que la versión cotidiana habitual.

A medida que iba leyendo más libros acerca de plantas y de arrobados naturalistas al fin de mi jornada laboral y hasta bien entrada la madrugada, me empecé a encontrar con esos momentos salpicados por doquier. En *La invención de la naturaleza*, la biografía donde Andrea Wulf narra la vida del célebre naturalista del siglo XIX Alexander von Humboldt, descubrí que él también los tuvo. Von Humboldt se preguntaba en voz alta por qué estar en plena naturaleza evocaba algo existencial y cierto. «La naturaleza, esté donde esté, habla al hombre con una voz que resulta conocida a su alma —escribió—. Todo en la interacción es recíproco» y, por lo tanto, la naturaleza «da la impresión de un todo». Humboldt presentó al mundo intelectual europeo el concepto del planeta como un todo vivo, con sistemas climáticos y patrones biológicos y geológicos entretejidos como una «red, como un tejido intrincado». Fue la primera vez que la ciencia europea vislumbraba el pensamiento ecológico, donde el mundo natural se convertía en una serie de comunidades bióticas que se influían las unas a las otras.

Algo en los artículos sobre botánica me hizo sentir breves ráfagas de esa emoción, destellos de una especie de plenitud que aún no podía articular del todo. Tenía la sensación de estar revelando grandes lagunas de conocimiento. ¿Cuánto tiempo había estado en compañía de plantas sin saber prácticamente nada acerca de ellas? Sentí que un telón se alzaba poco a poco y me revelaba un universo paralelo. Ahora, al menos sabía que existía, pero aún ignoraba qué albergaba.

Me apunté a una clase de pteridología, la ciencia que estudia los helechos y las plantas sin flor, en el Jardín Botánico de Nueva York; la impartía nada más y nada menos que el mismo Moran de la expedición de Sacks. Ya no tenía cuarenta y cuatro años, pero aún era un espíritu joven. (Más adelante supe que el mundo de la botánica está habitado por un elenco de personajes recurrentes cuyas historias se entrecruzan, algunas de forma amistosa, otras no tanto). Aprendimos a identificar helechos, su estructura básica y algunas especies más idiosincráticas. El helecho resucitador (*Pleopeltis polypodioides*) crece sobre las ramas de los robles y se puede deshidratar casi por completo en épocas de sequía, durante las que queda reducido a una corteza de aspecto muerto. Puede permanecer así, seco, durante más de cien años y, entonces, rehidratarse del todo. Los helechos arbóreos pueden superar los veinte metros de altura, mientras que otros son minúsculas fábricas de fertilizante, como los helechos de agua. Y luego está el helecho común, o helecho águila, que provoca hemorragias internas mortales a las vacas que osan comérselo. «Es un helecho de lo más cruel», dijo Moran.

Aprendí que, en términos evolutivos, los helechos son mucho, pero mucho más antiguos que las plantas con flor. Aparecieron incluso antes de que la evolución soñara el concepto de semilla: se reproducen sin ellas. Días después, durante las horas de almuerzo campo de estudio para siempre. *La vida secreta de las plantas* se publicó en 1973 y cautivó la imaginación de lectores de todo el mundo. Obra de Peter Tompkins y Christopher Bird, el libro era una combinación de ciencia real, experimentos sin solidez y proyecciones acientíficas. En un capítulo, Tompkins y Bird sugerían que las plantas podían sentir y oír, y que preferían Beethoven al *rock and roll*. En otro, un exagente de la CIA llamado Cleve Backster sometió a una de las plantas de su casa a una prueba de polígrafo e imaginó que prendía fuego a la planta. La aguja del polígrafo enloqueció, lo que significaba que la planta había experimentado un aumento de actividad eléctrica. En los seres humanos, este pico de actividad se interpreta como un aumento del estrés. Según Backster, la planta estaba respondiendo a sus pensamientos malintencionados. Lo que daba a entender que las plantas no solo tenían consciencia, sino que también poseían la capacidad de leer la mente.

El libro obtuvo un éxito inmediato y meteórico en el mercado popular, algo nada habitual, teniendo en cuenta de que se trataba de un libro de botánica. Paramount lanzó una película sobre el tema. La banda sonora era de Stevie Wonder y los primeros vinilos se perfumaron con aromas florales. El libro ofrecía a los numerosísimos y estupefactos lectores una manera nueva de mirar las plantas, a las que hasta entonces solo habían considerado un ornamento pasivo y más próximas al mundo de las rocas que al de los animales. También coincidió con el advenimiento de la cultura New Age, más que dispuesta a tragarse que las plantas estaban tan vivas como nosotros. La gente empezó a mantener conversaciones con las macetas que tenían en casa y a dejar la radio reproduciendo música clásica para disfrute de sus ficus cuando los dejaban solos.

Sin embargo, el libro no era más que una atractiva colección de mitos. Muchos científicos intentaron replicar, en vano, la «investigación» más sugerente del libro. En 1979, el fisiólogo celular y molecular Clifford Slayman y el fisiólogo botánico Arthur Galston escribieron un artículo para *American Scientist* donde calificaban al libro de «conjunto de falacias y de afirmaciones imposibles de probar».[7] Tampoco ayudó demasiado que tanto Backster, el exagente de la CIA, como Marcel Vogel, un investigador de IBM que afirmó haber sido capaz de reproducir el «efecto Backster», creyeran en la necesidad de forjar un vínculo emocional con la planta antes de que el efecto fuera posible. En su opinión, eso explicaba por qué otros laboratorios no habían podido replicar los resultados. «La clave reside en la empatía entre la planta y el ser humano», dijo Vogel, y «el desarrollo espiritual es indispensable».

Según los botánicos en activo en aquel momento, es imposible exagerar el daño que *La vida secreta de las plantas* infligió a su campo de estudio. Los comités de financiación y los comités de revisión por pares (instituciones conservadoras por naturaleza) son los gemelos custodios de las puertas de la ciencia, y las cerraron de un firme portazo. Durante los años que siguieron, según varios de los investigadores con los que hablé, la Fundación Nacional de Ciencias de Estados Unidos (NSF) se mostró más reticente a conceder becas para estudios dedicados a investigar cómo responden las plantas a su entorno. Se rechazaban todas las propuestas que olieran lo más mínimo al estudio de la conducta de las plantas. El dinero, que ya era escaso para empezar, desapareció del todo. Los científicos pioneros del campo cambiaron de rumbo o abandonaron la investigación por completo.

Bueno, no todos, un pequeño grupo resistió y se dedicó a otras líneas de investigación mientras esperaba a que las cosas cambiaran.

Y las cosas cambiaron, al fin, hace unos quince años. Algunos estudios centrados en la conducta de las plantas empezaron a recibir financiación, si bien seguía siendo difícil acceder a las becas. A pesar de que los editores de muchas de las revistas de botánica se seguían oponiendo al concepto de la inteligencia de las plantas, comenzaron a aprobar algunos artículos para su publicación. Es probable que el cambio se debiera a la aparición de nuevas tecnologías, como la secuenciación genética y el desarrollo de microscopios más avanzados que permitían llegar con verdadero rigor a conclusiones que antaño hubieran parecido descabelladas. O, quizá, es solo que el ridículo político que siguió a la debacle de *La vida secreta de las plantas* había quedado lo suficientemente atrás. Si bien muchos de los autores evitaban usar palabras como «inteligencia» para describir sus conclusiones, los resultados sugerían que las plantas eran mucho más sofisticadas de lo que nadie se había atrevido a pensar hasta entonces.

Hacía poco, como descubrí durante mis lecturas, los investigadores habían hallado indicadores prometedores de memoria en las plantas. Otros descubrieron que muchas plantas son capaces de distinguirse de otras y de determinar si esas otras pertenecen o no a su familia genética. Cuando estas plantas se encuentran en compañía de «hermanas», reconfiguran sus hojas en menos de dos días para evitar hacerles sombra.[8] Al parecer, las raíces de los brotes de guisante pueden oír el agua corriendo por tuberías cerradas y crecen hacia ellas,[9] y varias plantas, como el garrofón (*Phaseolus lunatus*)[10] y el tabaco,[11] reaccionan ante el ataque de insectos que las muerden convocando a los depredadores de esos insectos concretos para que se los quiten de encima. (Otras plantas, como un tipo de tomate, secretan una sustancia química que hace que las orugas hambrientas no se las coman y se empiecen a comer entre ellas).[12] Los artículos que indagaban en otras conductas sorprendentes pasaron de goteo a chorro estable. Parecía que la botánica estaba al borde de algo nuevo. Y yo quería ser testigo de ello.

De vuelta en mi mesa en la sala de redacción con aire acondicionado, saboreaba esos pequeños desgarros en el tejido de mi jornada. Ese renacimiento del estudio de la conducta de las plantas tenía algo que interpelaba a una versión anterior de mí misma. Fui hija única durante mis primeros nueve años de vida, hasta que nació mi hermano, pero un recién nacido no me ayudó demasiado a aliviar mi soledad, ya que yo ya tenía nueve años y estaba convencida de ser una adulta atrapada en un cuerpo infantil. Con ello quiero decir que estaba sola y que era muy dada a fantasear. Las niñas así tendemos a construir mundos interiores complejos que luego aplicamos al mundo que nos rodea. Los adultos que no entienden esta tendencia nos llaman melodramáticas. Era un término que me irritaba, porque daba a entender que no se podía confiar en mi versión de la realidad, mientras que yo estaba convencida de que veía las cosas tal y como eran. En la mayoría de los casos, esas cosas eran árboles, ardillas y, en ocasiones, rocas, y estaban muy vivas, alertas al mundo. Se sabe que los niños son animistas natos.

Ver cosas que parecían invisibles a los demás, es decir, a los adultos, solo sirvió para intensificar la sensación de estar sola. En primavera veía como los duros picos de las flores moradas del azafrán rompían el frío suelo como polluelos que cascaran el huevo. Un pájaro carpintero de vientre rojo perforaba el enorme roble blanco que se alzaba junto a la ventana de mi dormitorio. Siempre que sorprendía a una criatura en pleno acto de *criaturidad* desmedida, sentía que había vislumbrado fugazmente lo que había al otro lado, en su mundo. En el mundo real.

Lo que más me gustaba del lugar donde pasé mi infancia era una depresión de tamaño medio, detrás de casa y a unos noventa metros bosque adentro. En primavera, la depresión acumulaba entre cincuenta centímetros y un metro de agua de lluvia, que permanecía allí durante casi todo el año y, llegado diciembre, se congelaba. En verano, comprobaba que no hubiera arañas en mis botas de agua y me metía en la charca hasta los tobillos, para acariciar el esponjoso musgo que cubría la superficie de las piedras medio sumergidas y saludar a las coles de mofeta como si fueran mis amigas. Y, en cierto modo, lo eran. En la charca también vivían un par de ánades reales, aunque no hablaba con ellos. Ya tenían vida social. Se tenían el uno al otro. Por el contrario, parecía que las plantas no tenían otra cosa que hacer.

No es que imaginara que las plantas eran seres humanos en miniatura, solo que con otra forma. No recuerdo haber pensado nunca que me hablaran. Sin embargo, tampoco sentía que fueran mudas, exactamente. Tenían su manera de hacer las cosas. Como yo. Les pasaba lo mismo que nos pasaba a todos los niños: se las subestimaba.

En *The Ecology of Imagination in Childhood*, la escritora e investigadora Edith Cobb plasma dos décadas de investigación dedicada a explorar la función que desempeña la naturaleza en el desarrollo cognitivo temprano de los niños. Explica que los niños tienen una «actitud de sistema abierto» que les permite sentir cierta proximidad emocional con la naturaleza. «Para un niño pequeño, el eterno cuestionar la naturaleza de lo real es, fundamentalmente, una dialéctica sin palabras entre el yo y el mundo», escribe. Cita a muchos artistas y pensadores que describen su metodología creativa como una manera de canalizar la forma de ver las cosas que tenían de niños. Bernard Berenson, un gigante de la crítica del arte en el siglo XX, escribe en su autobiografía que, probablemente, el momento más feliz de su vida fue una vez que, de niño, se subió al tocón de un árbol.

> Era una mañana de comienzos de verano. Una neblina plateada brillaba y temblaba sobre los tilos. El aire estaba cargado de su aroma. La temperatura era como una caricia. Recuerdo, sin necesidad de esforzarme, que me subí al tocón de un árbol y, de repente, me sentí uno con él. No lo sé explicar de otra manera. Tampoco necesité palabras para explicarlo entonces. Éramos uno.[13]

¿Quién no tiene un recuerdo así? La sensación de unicidad de Berenson se parece mucho a la sensación de «lo real» evocada por Sacks, Dillard y Von Humboldt. Y a lo que yo sentía de niña cuando me acuclillaba a mirar las flores de azafrán. Me pregunto qué son estos momentos y qué pueden hacer. Qué espacio abren al pensamiento.

Décadas después de haber dejado atrás la casa en el bosque, me había convertido en una urbanita herméticamente encerrada en un edificio de oficinas. Esa sensación de «saber» que tenía a los nueve años, esa conexión con un mundo más allá del teatro humano se había apagado hasta casi desaparecer. Sin embargo, los helechos llegaron y se convirtieron en una obsesión. Y luego me topé con el debate sobre las plantas. Algo conocido empezó a latir de nuevo en mi interior.

Las lecturas de botánica durante el almuerzo se convirtieron en mi propósito diario. En las revistas científicas encontré algunas de las controversias más corrosivas con las que me había topado durante mis años como periodista. Tan frecuentes como los artículos que exploraban la inteligencia de las plantas eran las respuestas que denostaban ese campo incipiente, por lo general debido a las palabras que usaba. Hablar de «inteligencia» en relación con las plantas no sentaba nada bien a muchos botánicos, y menos aún hablar de «conciencia», una conjetura aún más atrevida. Ofrecían argumentos sólidos: las plantas no tienen cerebro, por no hablar ya de neuronas. Además, evolucionaron para resolver dificultades muy distintas a las nuestras. ¿Para qué querrían inteligencia o conciencia? *Trends in Plan Science* publicó un artículo titulado «Plants Neither Possess nor Require Consciousness»,[14] firmado por ocho botánicos muy prestigiosos, que encendió una sucesión de tira y afloja furibundos. Los autores escribieron que era «muy improbable que las plantas, que carecen de toda estructura anatómica remotamente comparable con la complejidad de un cerebro-umbral, posean conciencia». Por el contrario, afirmaban, todo lo que las plantas hacen se puede atribuir a una «programación innata» mediante «información genética adquirida por selección natural y que es fundamentalmente distinta a la cognición o al saber, al menos tal y como se suelen entender estos términos».

Los autores reconocían que algunos defensores de la existencia de conciencia en las plantas habían «publicado artículos excelentes» que no hacían afirmaciones controvertidas; se referían incluso a los que trataban de la función de las señales eléctricas en el cuerpo de las plantas que, según ellos mismos aceptaban, podría ser análoga (que no homóloga, se afanaban a aclarar) a la del sistema nervioso en animales. Escribían que la controversia se debía a investigadores que llevaban sus conclusiones demasiado lejos y que simplificaban en exceso y de forma risible el significado de palabras como *aprendizaje* o *sensación* para aumentar la verosimilitud de sus afirmaciones. «¿Por qué ha resurgido el antropomorfismo en la biología actual?», se lamentaban.

La ciencia es una institución conservadora, y con razón. El conservadurismo es una barrera imprescindible contra el falso conocimiento. Sin embargo, ese artículo tenía algo que no se acababa de sostener. La ciencia no ha llegado a una definición consensuada de qué es la vida, la muerte, la inteligencia o la conciencia. Y las palabras importan, sí, pero lo cierto es que las definiciones de esas palabras no son definitivas y, por lo tanto, se pueden ampliar. ¿Acaso no es posible que las plantas dispongan de una inteligencia muy distinta a la nuestra? Y lo cierto era que, fuera lo que fuera ese seudosistema nervioso emisor de señales eléctricas del que hablaban, sonaba muy convincente.

A pesar de todas sus fortalezas, la ciencia también se ve limitada por el tipo de preguntas a las que puede dar respuesta usando el método científico. El significado o la definición de *vida* no parece ser una de esas preguntas. Dejadas en manos de la ciencia, cuyo propósito nunca ha sido responder a cuestiones éticas del ser y el no ser, las plantas permanecen conceptualmente atrapadas en el frío inanimado. Sin embargo, ahora había un montón de científicos valientes dispuestos a lidiar con la pregunta más difícil de todas, la que tiene que ver con la naturaleza de ese estar alerta ante el mundo que nos rodea: el gran problema de la conciencia. Esos científicos eran los heraldos de la información científica que se podía usar para llegar a cualquier conclusión ética acerca de dónde encajan las plantas y cómo nos podemos relacionar con ellas. Permitir o no permitir que se llevaran a cabo y se publicaran determinados experimentos estaba en sus manos. Quería escuchar más de cerca.

Era evidente que el bando contrario a la inteligencia de las plantas quería ser explícito en su afirmación de que las plantas no son como los animales. Sin embargo, recurrían a definiciones antropocéntricas de la inteligencia y de la consciencia para afirmar que era imposible que las plantas poseyeran ni la una ni la otra. Me pareció que el argumento tenía contradicciones internas. Paco Calvo, filósofo de la ciencia cognitiva en la Universidad de Murcia, y Anthony Trewavas, un gran veterano de la fisiología de las plantas en la Universidad de Edimburgo, coincidían: «Es un razonamiento claramente circular».[15]

Me pregunté si, más allá de eso, también habría miedo. Entendía por qué quienes argumentaban en contra de la idea de la inteligencia de las plantas querían evitar que la narrativa se les fuera de las manos y llegara a la cultura popular antes de tiempo, donde perdería complejidad y quedaría reducida a una forma diluida y fantasiosa. Quizá incluso se usaría para reforzar los mismos conceptos New Age que tantos problemas les habían causado la última vez con *La vida secreta de las plantas*. Y sí, lo entendía hasta cierto punto. La cultura popular siempre ha tenido la tendencia extrema de aplicar narrativas humanas a otras especies, como se puede ver en prácticamente todos los cuentos de hadas o películas de animación. Aun así, me parecía que subestimaban gravemente esa misma capacidad. Estaba convencida de que la imaginación del público era expansiva. Y, si se le daba la oportunidad, era muy posible que se expandiera para incluir tipos de inteligencia no humana. Sí, era difícil. Crear un espacio mental que permitiera imaginar inteligencias realmente distintas sin saltar a conclusiones humanas simplistas no es tarea fácil. La mayoría de nosotros no lo hemos tenido que hacer nunca. Sin embargo, enfrentarse a la complejidad es un ejercicio que expande la mente. Poner límites a la investigación científica más amplia por miedo a cómo se pueda recibir me parecía injusto para el resto de nosotros. El mundo al que podíamos acceder si no se dejaba a un lado la complejidad era el mundo en el que quería vivir.

Me parecía que había llegado al debate sobre la inteligencia de las plantas en el mejor momento: justo en sus inicios. Había muchos hilos de los que tirar, y también había ciencia real que lo respaldaba y los resultados que empezaban a llegar eran demasiado interesantes como para desdeñarlos. ¿Qué estaba en juego? Una y otra vez, veía cómo el debate se presentaba desde una perspectiva semántica, pero yo lo veía como un disputa entre visiones del mundo distintas. Entre distintas maneras de entender la realidad. Entre distintas maneras de entender lo que son las plantas, sobre todo en comparación con lo que somos nosotros.

Se dice que intentar entender cualquier cultura es como mirar un iceberg: hay niveles profundísimos que quedan ocultos a la mirada. En cuanto a mí, el mundo de los botánicos y su cultura (las ideas con las que trabajaban y que desarrollaban) me recordaban más a una planta rizomática. Desde mi silla, rodeada de los artículos que imprimía y hojeaba, podía ver los brotes. Los nombres, los conceptos... Sin embargo, no pasó mucho tiempo antes de que un botánico me implorara que hablara con otro, que a su vez me dirigió a otro y a otro. Empezaron a aparecer redes de conocimiento, múltiples conexiones subterráneas entre los laboratorios y las revistas científicas. Quién confiaba en quién. Y quién no confiaba. Brotes y estolones, brotes y estolones.

Cada vez que llamaba a un científico, me daba cuenta de que la mayoría de ellos no tenían el más mínimo interés en poner las plantas al servicio del ser humano. Mantuve las mejores conversaciones con los investigadores que estaban completa y absolutamente enamorados de su objeto de estudio, con ese tipo de amor que ansía ser proclamado a los cuatro vientos. Una vez que se convencían de que mi deseo de saber era genuino, se permitían desplegar su entusiasmo volcánico. Me hablaban del rinconcito de mundo que acababan de desmitificar, de su esquirla personal del vasto y caótico rompecabezas biológico que habían encontrado pasando el cedazo más fino por el sedimento del mundo, agitándolo entre las manos. Gracias a la combinación de laboriosos años de lectura, de trabajo de laboratorio y de interés obsesivo habían llegado a entender qué significaba, qué lugar ocupaba su pieza en el rompecabezas.

Era consciente de que esta era una manera parcial de entender la naturaleza. La naturaleza no es un rompecabezas que aguarda a ser resuelto ni un código que espera ser descifrado. La naturaleza es caos en movimiento. La vida biológica es un torbellino de difusión de posibilidades, fractal en su profusión. Todos los organismos y, por supuesto, todas las plantas, han salido propulsados de otro fragmento de la red evolutiva de las cosas con hojas verdes y han seguido variando. Obviamente, la metamorfosis prosigue, porque este movimiento no cesa nunca, salvo en la extinción. La multiplicidad era infinita, imposible de aprehender. Los científicos con los que hablaba lo sabían y, aun así, lo intentaban. Y eso me enamoró de ellos aún más.

Empecé a aprender lo que tenía que decir o, para ser más exacta, lo que no debía decir, para mantener a un científico al teléfono. Por lo general, hablar de la «sensibilidad de las plantas» estaba bien, era un territorio neutro. La «conducta de las plantas» era un territorio más arriesgado y la «inteligencia de las plantas» era un tema potencialmente peliagudo. Aprendí que solo podía mencionar la conciencia una vez que había superado todos y cada uno de estos descriptores sin sentir que corría el riesgo de que me colgaran o me riñeran. Si pronunciaba una palabra que detonaba el conflicto, lo notaba al instante. El investigador se volvía más cauteloso y hermético, sobre todo si aún estábamos en la danza del tanteo mutuo, cuando se notaba que todavía estaba decidiendo si seguir hablando conmigo o no.

De todos modos, de vez en cuando daba en el punto justo. Ese punto en el que se abrían, en el que se hacía evidente que ellos también sentían curiosidad por lo que podían significar esas conductas o por hasta dónde se podía expandir el concepto de inteligencia. Reflexionaban acerca de mis preguntas y, tras cierta indecisión, respondían con palabras meditadas. Con frecuencia, las respuestas revelaban conflictos interiores. Muchas de las personas con las que hablé sentían que la cuestión de la «inteligencia» era peligrosa, y esto es así porque la mayoría asocia inmediatamente este concepto con «inteligencia humana». Pero comparar las plantas con la cognición humana no tenía sentido alguno. Con ello solo se conseguía que las plantas parecieran seres humanos de segunda, animales de segunda. Ese antropocentrismo era peligroso, porque empequeñecía a esos cuerpos verdes, no dejaba espacio al reconocimiento de que las plantas despliegan varios sentidos (¿podríamos hablar de inteligencias?) que superan con mucho todo lo que el ser humano pueda hacer en una categoría parecida. Nuestras versiones de esos sentidos, si es que los tenemos, palidecen en comparación. A esos investigadores les costaba mucho hablar acerca de la inteligencia de las plantas, les preocupaba que les estuviera tendiendo una trampa y los llevara a conclusiones que no representaran la verdadera maravilla de lo que habían aprendido.

A esas alturas, ya hacía más de un año que había dado con esas preguntas. Era agosto de 2019 en Nueva York y el aire era denso y estaba cargado con el olor de la basura y el asfalto recalentados. Cada día salía del horno en que se había convertido mi piso en Flatbush y recorría a pie las seis manzanas que me separaban de Prospect Park. A veces me detenía a comprar agua de coco (una semilla) fría o un poco de caña de azúcar (una hierba) a un vendedor ambulante en una esquina. Cuando pasaba por las columnas de piedra del parque, bajaba el ritmo. La luz se oscurecía y la temperatura descendía gracias a la exhalación simultánea de millones de plantas. Antes de descubrir que la fotosíntesis era una reacción cuyo objetivo es producir glucosa, los naturalistas creían que su función era refrigerar el ambiente.[16] El aire fresco me llegaba a la piel y lo inhalaba con ansia. Olía a hojas verdes, a limpio, y sentía que se me despejaba la mente. Ahora miraba el llantén mayor y la aronia negra con una mezcla de admiración y sospecha. Acababa de descubrir que las plantas junto a las que pasaba tenían una vida mucho más activa de lo que jamás hubiera podido imaginar, tanto sobre la superficie como bajo tierra. Era incluso posible que supieran que estaba paseando entre ellas. Entre todos esos verdes, en los más brillantes y en los más deslucidos, empecé a ver muchas especies distintas y cada vez más individuos, cuyos números crecían exponencialmente ante mí. Sabía que pasaban muchísimas cosas allá donde mirara, aunque no lo pudiera ver, aunque no lo acabara de entender.

Observar las plantas me estaba ayudando a recuperar la intimidad material con la naturaleza. No era una manera de cerrar los ojos ante la catástrofe medioambiental. Era una manera de volver a vincularme con lo que estaba en juego. Cada una de esas plantas era una encarnación del mundo que nos estábamos arriesgando a perder, cada ecosistema era una galaxia. Sin embargo, leer acerca de la inteligencia de las plantas en artículos de investigación era como intentar entender una montaña mirando a través de una lupa. La avalancha de descubrimientos recientes no hacía más que intensificar esa sensación. Los investigadores acababan de descubrir que las plantas podían recordar, pero aún no sabían dónde almacenaban los recuerdos. Sabían que las plantas reconocían a los suyos, pero no cómo los reconocían. Estos descubrimientos eran pistas, briznas de información que apuntaban hacia algo más grande, hacia algo completo.

¿Qué era una planta? Parecía que nadie sabía cómo responder a esa pregunta. Mientras paseaba esa mañana de agosto, decidí dejar mi trabajo y dedicarme exclusivamente a pensar en las plantas. La redacción en la que trabajaba estaba pasando por un momento complicado. Los ingresos publicitarios habían caído, los despidos se sucedían y los inversores tenían miedo. El estado de ánimo de toda la plantilla estaba por los suelos. Ya no le veía sentido a seguir allí. Sentía que me podían despedir en cualquier momento, así que incluso la seguridad de un trabajo fijo empezó a parecer una ficción. Tenía ahorros, me apretaría el cinturón. Era momento de cambiar. Un amigo de la infancia tenía sitio para mí en la antigua granja en la que había crecido, junto a los campos de centeno entre los que habíamos corrido de niños. Me establecería allí y viajaría para ver plantas en más sitios, en sus hábitats ancestrales, en los lugares para los que habían evolucionado.

Merecería la pena. Era evidente que algo muy importante estaba sucediendo en el mundo de la botánica. La ciencia se aproximaba a un precipicio sin retorno posible: nuestra creencia de que las plantas son seres mudos y no sintientes parecía estar completamente equivocada. Parecía que era el momento adecuado. Era una buena historia, demasiado buena para confinarla al oscuro reino de la ciencia. Empecé a pensar que el descubrimiento podía cambiar el mundo. Ya había puesto el mío patas arriba. Parecía que en la historia había en juego mucho más que la atracción que yo sentía por ella. O quizá, pensé, todo fuera una misma cosa. Cuanto más pensaba acerca de las plantas, más tiempo quería dedicar a pensar en ellas. Me sentaba muy, pero que muy bien. Me ayudaba a verlo todo con mucha más claridad.

Volví a casa y miré el gigantesco potus sobre el alféizar de la cocina. Todas las hojas apuntaban hacia arriba. Durante mi ausencia habían girado en dirección al cristal de la ventana, al que prácticamente se habían pegado. Miré el resto de las plantas que tenía en casa. Vi que el filodendro había tendido una raíz aérea marrón hacia el macetero del árbol de jade que tenía al lado. Entonces miré el árbol de caucho, que era un esqueje del árbol de caucho de mi padre, que a su vez había sido un esqueje de la planta de caucho de sus padres, que alguien les había regalado el día de su boda, sesenta años antes. La planta original, ahora un árbol formidable, aún se alzaba junto al piano de cola de su salón, que presidía con majestuosidad. Estuvo a punto de morir en una ocasión, pero la madre de mi abuela cortó la rama superviviente, empapó el extremo cortado en agua hasta que le empezaron a salir minúsculas raíces blancas y logró que volviera a crecer por completo a partir de esa única ramita superviviente. Cuatro generaciones de mi familia habían cuidado de esa planta, que seguía ahí, construyendo en silencio un cuerpo nuevo. ¿Acaso no era eso una especie de memoria en sí misma?

No entenderlo me resultaba insoportable. Tenía que salir e investigar.

CAPÍTULO 2

La ciencia cambia de opinión

Los hechos están cargados de teoría; la teoría está cargada de valores; los valores están cargados de historia.

DONNA HARAWAY, *In the beginning was the word: The genesis of biological theory*, 1981[1]

Preguntar a la humanidad qué significa estar en el mundo [...] es reproducir una imagen muy parcial del cosmos.

EMANUELE COCCIA, *La vida de las plantas*, 2019[2]

La superficie solar de torbellinos de plasma emite un puñado de luz. Las partículas (trillones de fotones) recorren unos ciento cincuenta millones de kilómetros de espacio negro para derramarse, como pan y miel, sobre la carne estirada de la masa viva más abundante sobre la Tierra. Las plantas se alimentan de luz. La fotosíntesis, un proceso tan básico para las plantas, es un prerrequisito para casi todas las formas de vida restantes. Mediante la fotosíntesis, las plantas llenan la atmósfera del oxígeno que respiramos.

¿Cómo llegamos aquí? Hace unos mil quinientos millones de años una célula semejante a un alga ingirió una cianobacteria. Esa cuasi alga fue el organismo primigenio del que luego evolucionarían tanto los animales como los hongos, y la cianobacteria es el antepasado de las increíblemente diversas bacterias que inundan el mundo hoy. Sin embargo, su unión dio lugar a una rama de vida completamente nueva.* Flotando en las turbias aguas del Precámbrico, este heraldo solitario de un nuevo reino empezó a hacer la fotosíntesis. Atrapó la luz del sol y, con ella, sometió a los escasos materiales de su entorno (agua, dióxido de carbono y, quizá, algunos oligominerales) a un proceso alquímico que los transformó en azúcares.

La primera planta fue una quimera,[3] un organismo compuesto por células genéticamente distintas. Las hojas de todas las plantas verdes del planeta conservan la impronta genética de esa primera unión: las células vegetales que hoy atrapan los fotones a medida que llueven del espacio son quimeras en miniatura. Esa primera cianobacteria sigue en su interior,[4] fiel a su labor de alquimista y transformando la luz en alimento.

Mil quinientos millones de años después de esa primera creación, las plantas han evolucionado y proliferado y se han diversificado en medio millón de especies que crecen en todos los ecosistemas del planeta. Su supremacía es absoluta. Si las pesáramos, el peso de las plantas equivaldría al ochenta por ciento de toda la materia viva.[5]

Cuando las plantas salieron del océano hace unos quinientos millones de años, llegaron a terrenos yermos envueltos en una inhóspita niebla de dióxido de carbono e hidrógeno. Inhós-

* También intervino un tercer organismo, un parásito bacteriano que ejerció de intermediario y que llevaba el alimento de la cianobacteria domesticada a la célula huésped.

pita para cualquier ser vivo, excepto las plantas, claro está. Ya habían aprendido a extraer el oxígeno del dióxido de carbono disuelto en el océano. Solo tuvieron que adaptar la tecnología a su nuevo mundo. En cierto modo, trajeron el océano con ellas. La espiración incesante de esas legiones de primeras plantas terrestres inclinó la balanza de los gases hacia la oxigenación.[6] Las plantas crearon la atmósfera que disfrutamos ahora. No es exagerado decir que crearon el mundo habitable. Tal y como dijo el filósofo italiano Emanuele Coccia, construyeron nuestro cosmos: «El mundo es, en esencia, todo lo que las plantas pudieron hacer de él».

Mediante este mismo proceso, las plantas también han producido hasta la última pizca de todo el azúcar que hemos consumido a lo largo de la historia. Las hojas de las plantas son la única cosa en todo el mundo conocido capaz de generar azúcar a partir de materias que nunca han estado vivas: la luz y el aire. El resto de los seres vivos somos meros usuarios secundarios y nos limitamos a reciclar lo que la planta ha producido. Sí, es posible que nuestras recombinaciones sean pura genialidad, pero la materia no es original. La original se produce del siguiente modo: los fotones solares caen sobre las partes verdes de la planta desplegada; los cloroplastos de las células de las hojas transforman la partícula de luz en energía química; y la energía solar queda almacenada en el interior de moléculas especializadas en el almacenamiento de energía, que son como las baterías recargables del mundo vegetal.

Al mismo tiempo, la hoja extrae dióxido de carbono del aire gracias a los estomas, que son unos orificios minúsculos, semejantes a poros, en el envés de la hoja. Bajo el microscopio, los estomas son como pequeñísimas boquitas de pez que se abren y se cierran. Al fin y al cabo, respiran. Absorben dióxido de carbono, que se encuentra tanto con la energía solar almacenada en los cloroplastos como con el agua que fluye incesantemente por las venas de la hoja. El encuentro con la energía pura de la luz destripa las moléculas de agua y de dióxido de carbono. La mitad de las moléculas de oxígeno de ambas partes se alejan flotando y regresan al mundo exterior por los labios entreabiertos de los estomas: se convierten así en el aire que respiramos. La planta teje el carbono, el hidrógeno y el oxígeno que permanecen en su interior y produce hebras de glucosa. Para ser exacta, hacen falta seis moléculas de dióxido de carbono y seis moléculas de agua, separadas por la energía solar, para formar seis moléculas de oxígeno y (este es el verdadero objetivo de todo el proceso) una valiosa molécula de glucosa. La planta usa la glucosa para construir hojas nuevas, que luego empleará para producir más glucosa. También la envía hacia la parte inferior del cuerpo hasta que alcanza la estructura subterránea, donde se emplea en el desarrollo de más raíces, que absorberán más agua y la harán ascender por el cuerpo, para ser descompuesta a fin de producir más glucosa que volverá a bajar a las raíces. Y así sucede la vida.

Nosotros también estamos hechos de glucosa. Sin un aporte constante de los azúcares de las plantas, nuestras funciones vitales se detendrían rápidamente. Piénsalo: todos los órganos animales se han construido a partir de azúcares vegetales. La carne que envuelve nuestros huesos y, de hecho, los propios huesos llevan la firma de esas moléculas. Nuestro cuerpo está fabricado con hebras de un material tejido originalmente por las plantas. Del mismo modo, las plantas han hecho posible hasta el último pensamiento que te haya pasado por el cerebro.

Es una afirmación abrumadoramente cierta. Sin un aporte constante de glucosa, la comunicación entre neuronas se ralentiza primero y cesa después. La memoria, el aprendizaje y el pensamiento se detienen. Sin glucosa, el cerebro se marchita poco antes de que lo hagamos nosotros. Toda la glucosa del mundo, ya llegue al cuerpo en forma de plátano o de rebanada de pan de molde, proviene de una planta que la fabricó a partir del aire en los momentos siguientes a que fotones solares se posaran sobre ella.

Por eso estamos en una conversación constante con las plantas, y ellas con nosotros. Los pensamientos, y los productos de estos (el tejido de nuestras culturas, la dirección de nuestro ingenio) se apuntalan sobre billones de cuerpos vegetales que, con su alquimia, hacen realidad el mundo.

Sin embargo, y a pesar de todo aquello de lo que son capaces, las plantas no se pueden desplazar. Visto así, el hecho de que hayan podido distribuirse de un modo tan generalizado a pesar de su limitadísima movilidad podría ser una de las gestas más impresionantes de la vida. Colonizar los siete continentes terrestres exigió innovación, adaptación y suerte. Sin embargo, llegar solo fue una gesta. Sobrevivir, reproducirse y consolidar comunidades complejas al tiempo que se enfrentaban a las presiones de los depredadores, las estaciones, la escasez y los desastres fue algo muy distinto.

Nadie lo sabe mejor que un botánico especializado en plantas raras que trabaja en una isla remota. Steve Perlman es el botánico principal en el Programa para la Prevención de Extinción de Plantas de Hawái. Cuando lo conocí, tenía sesenta y nueve años, era de constitución fuerte y tenía la cabeza cubierta de cabello blanco. Antes de entrar en el espinoso mundo de la investigación sobre la inteligencia de las plantas, quise hablar de una botánica menos escabrosa, más tradicional. Había ido a ver su trabajo, pero, de momento, mientras avanzábamos sobre una renqueante furgoneta que subía como podía por las curvas de un sendero de arcilla en el extremo noroeste de la isla de Kauai, el tema de conversación eran las emociones. No tomaba Prozac, como sí hacían otros botánicos de plantas raras a los que conocía. En lugar de eso, escribía poemas. La cuestión, me dijo, es que hay que hacer algo cuando una planta a la que conoces desde hace mucho se extingue. Cada una de esas plantas que perece en una muerte tan singularmente solitaria marca el fin de un proyecto evolutivo que comenzó hace muchos millones de años. El gran experimento genético de esa especie ha concluido. Esa planta ya no tiene descendientes.

Todas las plantas nativas de Kauai, la cuarta isla más grande del archipiélago hawaiano y el hogar de Perlman, son el resultado de un extraordinario golpe de suerte y azar. Todas las especies que la habitan llegaron en forma de semilla única flotando en el mar o volando como polizontes en el abdomen de un ave que había emprendido el vuelo a miles de kilómetros de distancia: el continente más próximo a Kauai está a más de tres mil kilómetros sobre el mar abierto. Los botánicos creen que, cada mil años, una o dos semillas logran completar la travesía.

Kauai se formó tras una erupción volcánica hace cinco millones de años y la tectónica de placas la alejó del punto caliente volcánico. La isla sigue a la deriva, rumbo noroeste, y se desplaza poquito a poquito, año tras año. Otra isla, y luego otra y otra, surgieron en ese punto de nacimiento biológico para luego flotar hacia la izquierda del mismo modo. Fue la primera isla de Hawái y, por lo tanto, es la más anciana y la que más tiempo ha tenido para recoger semillas errantes. Cuando una nueva semilla echaba raíces en su tierra joven, la planta evolucionaba y daba lugar a una especie completamente nueva o, por lo general, a varias especies nuevas, cada una de las cuales probaba un estilo de vida distinto en la comodidad que ofrecían las condiciones climáticas perfectas de la isla. Es un proceso que se conoce como radiación adaptativa y que da como resultado miles de variaciones de unas pocas especies. Cada nueva variante se convirtió en una especie endémica (vive exclusivamente en la isla).

Mientras miraba por la ventana de la furgoneta que saltaba sobre los baches, intentaba tener presente la grandiosidad de ese hecho. Perlman conducía. Frondas espesas acariciaban los lados de la furgoneta como manos enguantadas.

A un lado del camino, un precipicio caía varios centenares de metros y se abría hasta convertirse en un cañón forrado de verdes claros. Cuanto más ascendíamos, más espesa era la niebla que envolvía la furgoneta. Pronto, la densa vegetación al otro lado de la ventana se convirtió en un borrón verde y húmedo. El camino se allanó, Perlman se detuvo y bajó del vehículo. Estábamos muy altos. Se acercó al precipicio hasta que las punteras de sus botas de trabajo quedaron sobre el aire y miró hacia abajo. La caída vertical cubierta de helechos recordaba a un espeso abrigo de piel, con pequeñas palmeras que sobresalían en ángulos raros, asomando la nariz entre la niebla. Los precipicios formaban un valle en medialuna a los pies de las montañas, y el otro borde era el océano Pacífico. Esos centenares de metros de caída estaban cubiertos de todas las tonalidades de verde posibles. Perlas de humedad se aferraban a todo, como una tela de araña.

En muchos aspectos, Kauai es el ejemplo definitivo de cómo sería el mundo si las plantas llevaran las riendas. Toda la isla está cubierta en el surrealismo a que da lugar la plena libertad vegetal. Cuando las plantas pueden evolucionar sin miedo, se vuelven escrupulosa y espectacularmente específicas. Veamos, por ejemplo, el género *Hibiscadelphus*. Estas plantas, que solo se encuentran en Hawái, tienen largas flores tubulares, diseñadas especialmente para el garfio que es el pico del mielerito, el pájaro que las poliniza. Luego tenemos *Brighamia insignis*, la palmera hawaiana (*olula*, en hawaiano), un árbol cuyo apodo es su mejor descripción: «col pinchada en un palo». A lo largo de decenas de miles de años ha evolucionado de tal modo que solo la puede polinizar la extremadamente rara polilla esfinge verde fabulosa (sí, se llama así de verdad).

La palmera hawaiana, en peligro crítico de extinción en su forma silvestre, se salvó de la extinción total gracias al trabajo de Perlman al comienzo del programa para la prevención de la extinción, cuando se tejió un arnés con cuerdas anudadas y lo usó para colgarse de los acantilados de la costa de Nā Pali. Allí, colgado a más de mil doscientos metros del suelo, usó un pequeño cepillo cosmético que le había pedido prestado a su mujer para imitar a la polilla y transferir cuidadosamente el polen de las flores macho a la hembra. «Era fácil saber si lo habías hecho bien —dijo—. Cuando volvías, te encontrabas con frutos rebosantes de semillas». (Ahora, la palmera de Hawái se cultiva como planta de interior en los Países Bajos, donde hay invernaderos llenos. Me pregunto si las personas que tienen una palmera de Hawái en el alféizar de su ventana saben de las peripecias que fueron necesarias para que llegara allí). Otras plantas se adaptaron a vivir a altitudes muy específicas donde, por ejemplo, el agua que gotea de los helechos que se aferran al precipicio, justo por encima de ellas, crea el equilibrio perfecto de humedad para ellas.

Fuera de Kauai, en casi el resto de los lugares del planeta, las plantas han seguido una trayectoria evolutiva muy distinta. Las primeras plantas con semillas y flores aparecieron hace unos doscientos millones de años. Desde entonces se empezaron a separar y evolucionaron hasta dar lugar a cientos de miles de especies que se han tenido que adaptar a amenazas de todo tipo y que se ciernen sobre ellas desde el mismo instante en el que brotan.

Cuando una semilla decide echar raíces, hace una apuesta fortísima. Las semillas son embriones envueltos en nutrientes; un científico especialista en semillas me las describió una vez como una «planta metida en la fiambrera». Una semilla contiene todo lo necesario para construir toda la planta, latente pero viva al mismo tiempo. Una semilla puede ir de un lado a otro durante una década, aguardando a que se den las condiciones adecuadas para que pueda echar su primera raíz. Una vez que saca el primer pie fuera, renuncia a toda posibilidad de movimiento en el futuro. Ahora, inmovilizada, se enfrentará a lo que sea que venga (viento, nieve, sequía, bocas de animales...) en ese punto en el que ha decidido crecer.

Una vez que ha decidido asomarse, la incipiente raíz dispone de cuarenta y ocho horas para encontrar agua y nutrientes y hacer brotar una o dos hojas para empezar a fotosintetizar si no se quiere quedar sin recursos y morir. Las primeras partes verdes de todas las plantas ya están dobladitas y montadas con antelación en el interior de la semilla. Esta plántula preensamblada apenas se parece a la planta en la que se convertirá. Consiste en uno o dos lóbulos verdes, como de dibujos animados, aferrados a un tallo verde y corto; es la encarnación del emoji de planta y es completamente temporal. Se despliega y se hincha, llenándose de las primeras gotas de savia extraída por la raíz pionera, y se afana a fotosintetizar. Si tiene éxito, esta protoplanta, esta lanzadera espacial al mundo del aire y de la luz, se desprenderá como el módulo impulsor de un cohete espacial y se verá sustituida por hojas de verdad, de las que encontramos una variedad infinita. Solo después de este periodo de prueba, de esta comprobación para ver qué permanece, empieza la planta a parecerse a lo que se supone que ha de ser y se envuelve en los atavíos de su linaje para adaptarlos a un entorno nuevo.

Incluso entonces la planta acaba de superar apenas el primero de los múltiples retos que amenazan su reciente vida. La probabilidad de que cualquier semilla dada llegue a convertirse en una planta completa es infinitesimalmente pequeña. Muchas de esas amenazas son los animales que se alimentan de ellas; animales y criaturas que pueden correr y pastar a lo largo de terrenos vastos y cuyas funciones esenciales incluyen un sistema nervioso central. Las plantas carecen de todas estas ventajas. No pueden huir; por lo tanto, han tenido que desarrollar mecanismos de defensa tan ingeniosos como complejos para evadir a sus verdugos, además de maneras para obtener nutrientes para toda la vida desde el lugar en el que la semilla echa la primera raíz.

Los peligros de la inmovilidad son precisamente las fuerzas impulsoras que han llevado a las plantas a diseñar algunas de las adaptaciones más impresionantes de la naturaleza. Es posible que el mayor logro de las plantas sea su descentralización anatómica. Las plantas son modulares. Si les arrancamos una hoja, desarrollan otra. Como carecen de un sistema nervioso que proteger, tienen órganos vitales repartidos por todo el cuerpo y, además, los tienen por duplicado. Eso significa que las plantas también han desarrollado maneras extraordinarias de coordinar el cuerpo y de defenderse. Tienen espinas, pinchos y vellosidades urticantes que han desarrollado con gran precisión para perforar la carne o el exoesqueleto del mamífero o bicho que suponga la mayor amenaza para ellas. Secretan azúcares pegajosos para atraer y luego inmovilizar a sus enemigos, cuyas bocas hambrientas quedan pegadas sin esperanza alguna de volver a abrirse. Las flores son muy resbaladizas para desalentar a las hormigas afanadoras de néctar. Sea cual sea la adaptación, todas tienden a ser muy económicas en su especificidad. Hasta la variación más insignificante es deliberada. Esto es cierto para todas las áreas de la fisiología vegetal. Todas y cada una de las partes de la arquitectura del cuerpo de la planta están ahí por un motivo y se han calibrado para que lleven a cabo una tarea específica. Ni más ni menos.

Toda idea de que inmovilidad sea sinónimo de pasividad se desvanece en cuanto se observa la enorme capacidad que tienen las plantas para construir armas químicas. Las plantas son expertas en química sintética y superan la tecnología humana más avanzada en términos de la sutil complejidad de sustancias que pueden sintetizar. Cuando una hoja percibe que le han hincado el diente, puede producir una nube de sustancias químicas aéreas que advierten a las ramas más alejadas de la planta a la que pertenece de la necesidad de activar sus sistemas inmunitarios y de empezar a fabricar aún más repelentes químicos para desalentar a pulgones y otros bichos que se alimentan de carne verde. Se han descubierto varias especies de plantas capaces de identificar especies de oruga a partir de la saliva de estas y de sintetizar los compuestos exactos para convocar a su depredador principal. Las avispas parasitoides aceptan encantadas la invitación a ocuparse de las orugas.

Sin embargo, las plantas de Kauai carecen de defensas de este tipo o, en todo caso, tienen muchas menos. Cualquier defensa que hubieran podido tener sus antepasadas (espinas, veneno o aromas repelentes) desapareció por completo una vez que aterrizaron en la isla. Ningún gran mamífero o reptil terrestre y tampoco ningún otro depredador había cruzado el mar desde tierra firme a la remota cadena de islas. De hecho, el único mamífero terrestre nativo de Hawái es un pequeño murciélago peludo. (El viaje que tuvo que hacer su antepasado desde América del Norte es casi inconcebible; es muy probable que llegara allí arrastrado por una tormenta). Desde el punto de vista evolutivo, las plantas no tenían necesidad de invertir energía en defensas cuando no había depredadores de los que defenderse, por lo que la menta perdió el aceite esencial de menta y las ortigas ya no pican. Los científicos describen este proceso diciendo que las especies se vuelven «ingenuas» y hablan de ingenuidad ecológica, lo que es un mal augurio.

Una vez que las amenazas hacen su aparición, esa ingenuidad feliz es, con frecuencia, fatal. Ahora, Kauai, como el resto de Hawái, está asediada por especies invasoras que evolucionaron en otros lugares donde sí se tuvieron que adaptar a condiciones menos acogedoras. Esas especies son más agresivas (o tienen más recursos, por usar una expresión con menos carga emocional) porque han tenido que serlo. En Kauai les es muy fácil hacerse con nichos ecológicos y las especies nativas no tienen nada que hacer. Como resultado, Hawái pierde especies de plantas al ritmo de una al año, en comparación con el ritmo natural de fondo de aproximadamente una cada diez mil años. Y es ahí donde Perlman entra en acción. Junto a Ken Wood, su compañero en el campo, se ocupa exclusivamente de plantas de las que quedan cincuenta o menos individuos. Con frecuencia, quedan muchos menos, dos o tres, quizá. De las doscientas treinta y ocho especies que componían esa lista cuando visité las islas, ochenta y dos estaban en Kauai.

Sin Perlman, las raras plantas hawaianas están condenadas a morir para siempre. Con él, al menos tienen una posibilidad.

Para llegar a ellas, Perlman desciende por barrancos haciendo rápel y, en ocasiones, incluso salta de helicópteros porque hay un grupo de a veces solo cinco plantas aferradas al lateral de un acantilado remoto en una isla del Pacífico. En los casos en el que las plantas masculinas supervivientes están demasiado alejadas de las femeninas para poder polinizarlas y reproducirse, Perlman recoge el polen de las primeras y lo transporta afectuosamente hasta las segundas, para aplicarlo con un pincel sobre sus partes sexuales. Encontrar estas plantas exige hacer senderismo durante días y comer barritas de cereales y paquetitos de atún envuelto en papel de aluminio para ahorrar el máximo espacio posible en la mochila y poder llevar las voluminosas herramientas botánicas. A veces llega a la planta demasiado pronto, cuando aún no ha madurado sexualmente y la flor todavía no se ha abierto, y ha de posponer toda la aventura para más adelante.

Este proceso exige tanto tiempo que es inevitable que Perlman forje vínculos con las plantas a las que quiere salvar. No siempre tiene éxito; es imposible. «Ya he presenciado la extinción de unas veinte especies silvestres», dice. Se ha sentado junto al último ejemplar de una especie y la ha acompañado mientras moría. La muerte de una planta es, como la muerte humana, una cuestión tanto de biología como de filosofía. ¿La persona muere cuando el corazón deja de latir o cuando el cerebro se apaga? Técnicamente, es posible reproducir una planta en el laboratorio a partir de solo un puñado de células vivas. Sin embargo, una planta con un puñado de células vivas no es una planta sana. Perlman considera que una planta ha muerto cuando han sucumbido tantos tejidos que ya no tiene posibilidad de vivir de forma silvestre. Se deshidrata, se marchita, se vuelve marrón y se desploma.

Para Perlman, que el ingenio evolutivo de una planta acabe ahí es motivo suficiente para intentar salvarla. Las especies no se abandonan sin más, no si aún se puede llegar a ellas, por mucho que estén sobre el muro de un acantilado remoto y escarpado. O, en palabras de Wood: «Lo intentamos, porque no estamos dispuestos a dejar de intentarlo». Por desgracia, el fracaso forma parte del trabajo. Una vez, cuando el último ejemplar conocido de una flor nativa por fin se marchitó y murió, Perlman la excavó del suelo y se la llevó a un bar. Abrumado por la emoción, brindó por la vida de la planta.

Es justo decir que la mayoría de las personas no piensan demasiado en las plantas raras y que aún son menos las que tienen alguna idea de la batalla que se libra para recuperarlas. Mientras que muchos pueden diferenciar entre varias razas caninas, muy pocos son capaces de distinguir entre una haya y un abedul o entre una espiga de trigo y una espiga de centeno. Y es normal. Las plantas están mucho más lejos de nosotros en términos evolutivos, porque han evolucionado en un contexto muy distinto al nuestro. Fabrican su alimento a partir de la luz y crecen ancladas en un mismo sitio, donde pasan décadas o siglos encontrando el sustento en su entorno inmediato. Su forma de vida es tan ajena a la nuestra que, con frecuencia, ni siquiera imaginamos que tienen un modo de vida.

Esta ceguera se ha convertido en una enfermedad con nombre de la que se lamentan los botánicos: es la «ceguera botánica», o la tendencia a ver la vida vegetal como una masa indistinguible, como un borrón verde en lugar de como miles de individuos frágiles y genéticamente distintos, tanto como un león lo es de una trucha. El término aparece en artículos de investigación y en conferencias, donde científicos preocupados se tiran de los pelos en el intento de que el público vea, como mínimo, a lo que han dedicado toda su vida como investigadores. Para los botánicos, la ceguera botánica significa una lucha constante a fin de lograr financiación para la investigación más básica o para convencer a quien sea de que hay que salvar una planta cuando esta no pertenece a las pocas que cuentan para la economía humana, como el tipo de maíz más rico en almidón que usamos para alimentar al ganado o las dos especies de café que bebemos.

En términos generales, la humanidad sabe muy poco acerca de la tierna pulpa verde que enmarca nuestro paisaje y puebla casi cada centímetro de terreno sin asfaltar alrededor de nosotros. El reino de las plantas mantiene sus secretos muy escondidos ante una especie que ni siquiera se molesta en mirar. Sin embargo, tiene la autoridad suprema para influir en nuestra biología y en nuestra cultura, una esfera de influencia que comparte, hay que decirlo, con los reinos de las bacterias y de los hongos, a los que se ignora tanto o más que a las plantas. Parece que nos aflige la enfermedad del mal criterio y hemos establecido alianzas lamentablemente erróneas.

Una de las explicaciones más habituales para justificar nuestra falta de interés general es que las plantas son lentas. Su mundo existe en una escala temporal distinta a la nuestra. Es cierto que no solemos ver sus movimientos diarios, como la manera en que un pepino joven riza y estira sus zarcillos y se balancea hacia delante y hacia atrás varias veces al día. Sucede tan lentamente que solo los más pacientes de nosotros podríamos verlo. Sin embargo, la lentitud es relativa. Un árbol de cuarenta y tres años será mucho más alto que un hombre de la misma edad. Una planta de judías puede alcanzar la altura de un niño de diez años en menos de un mes. El arrurruz japonés puede envolver un automóvil en dos semanas.

En mi opinión, la ceguera botánica es algo más profundo y ligado a los sistemas de valores, que, por supuesto, son un producto de la perspectiva cultural. En efecto, no todas las culturas tienen este problema. Prácticamente todos los grupos indígenas del mundo tienen una relación y un reconocimiento más íntimos con las plantas. Muchas culturas las humanizan y consideran que el ser humano es un tipo de persona más, y que las personas humanas y las personas vegetales son literalmente familia. Los canela, un pueblo indígena de Brasil, incluyen algunas plantas en sus estructuras familiares.[7] Los jardineros son padres y madres, y las legumbres y las calabazas son sus hijos e hijas. En *Plants Have So Much to Give Us, All We Have to Do Is Ask*,[8] una colección de enseñanzas anishinabek tradicionales acerca de las plantas, Mary Siisip Geniusz escribe que la primacía de las plantas es un concepto básico en la concepción del mundo de su pueblo, del área de los Grandes Lagos. Las plantas son los «segundos hermanos» del mundo, creados justo después de las fuerzas del «primer hermano», el viento, las rocas, la lluvia, la nieve y el trueno. Las plantas dependen de esos hermanos mayores para sobrevivir, a la vez que sustentan toda la vida creada después de ellas. Los animales no humanos son «terceros hermanos», que dependen de los elementos y de las plantas. La humanidad es el «hermano pequeño», el último ser vivo en ser creado. Solo los seres humanos necesitan a los otros tres hermanos para sobrevivir. «Los seres humanos no son los dueños del mundo —escribe Geniusz—. Somos los bebés de la familia a la que pertenecemos. Somos los más débiles, porque somos los más dependientes».

Allá donde Geniusz habla de vínculos, de dependencia y de familia, la mayoría del pensamiento europeo se centra en la distancia y en el desapego. Es posible que la ilustración más clara de ello sea cómo hemos corrompido la palabra *vegetal*, que ahora se usa para aludir crudamente a un ser humano en estado de muerte cerebral. Sin embargo, *vegetabilis* procede del latín medieval,[9] que aludía a algo que crece o florece. El verbo *vegetāre* significaba *animar* o *dar vida*. *Vegēre* era el estado de estar vivo, de estar activo. Claramente, no siempre ha sido así.

Pienso en la teórica Jane Bennett, que estudia el lenguaje que usamos para hablar acerca de la vitalidad de las cosas no humanas. Afirma que ponemos demasiado empeño en la tarea de trazar líneas en la arena para separar a los sujetos de los objetos. «Con demasiada frecuencia, el proyecto filosófico de nombrar dónde empieza y dónde termina la subjetividad acaba enredado en la fantasía de que el ser humano es único», escribe en su libro *Materia vibrante: Una ecología política de las cosas*.[10] Si no, parte de nuestro supuesto dominio sobre la naturaleza y de nuestra superioridad a ojos de Dios, o cualquier otra afirmación de este tipo, lo que hace que todo el proceso no sea más que una fantasía sin apenas utilidad material. Estaba convencida de que lo podíamos hacer mejor.

Entonces, ¿por qué la perspectiva europea blanca acerca del lugar que la humanidad ocupa en el mundo se alejó tanto de la realidad inequívoca de nuestra dependencia de las plantas?

Las raíces de la respuesta a esta pregunta son muy profundas. Los filósofos de la Grecia antigua incluyeron a las plantas entre los seres poseedores de alma casi en el mismo instante en que el concepto de «alma» empezó a diferenciar lo animado de lo inanimado. Empédocles asignó alma a las plantas en su descripción del mundo, y las describió como animales porque estaban animadas, vivas, y no halló motivo alguno para no incluirlas en la categoría. Más adelante, Platón afirmó que las plantas tenían un alma que «deseaba» y «sentía» y que, aunque era la inferior de distintas clases de alma existentes, era inteligente porque, para él, no había sensación sin inteligencia y no había deseo sin intención.[11] El ser humano también tenía un alma que deseaba y sentía, pero se trataba de un alma muy mejorada por el raciocinio y la moralidad, por lo que el ser humano, y sobre todo los varones libres, eran casos especiales. El raciocinio comenzaba a ser el signo de un sentido superior, algo a lo que Platón creía que solo los hombres podían acceder y que estaba fuera del alcance de mujeres, niños y esclavos. Por lo tanto, lo racional era que los hombres gobernaran a esos seres inferiores, además de a toda la naturaleza.[12]

Unos años después, Aristóteles intensificó esa jerarquía. Describió una escala natural, o *scala naturae*, donde las plantas ocupaban el escalón inferior, y la humanidad, el superior. Afirmó que allí abajo no había inteligencia; ni siquiera había sensación. Los animales estaban justo en el escalafón siguiente y estaban dotados de sensación, pero no de raciocinio. A estas alturas, la filosofía griega ya se empezaba a inclinar claramente hacia una creencia ferviente en la racionalidad de la causa y el efecto y a alejarse de las creencias de los antiguos griegos, convencidos de la necesidad de mantener una relación respetuosa con el resto de los seres vivos. Mantener esa paz ya no exigía actos rituales de deferencia hacia los elementos y las criaturas no humanas, sino, sencillamente, una comprensión racional de la causa de los fenómenos naturales.[13] Aristóteles arrebató a las plantas incluso su capacidad anterior de sentir y desear. Existían íntegramente como instrumentos del hombre.

Y, ahora, llegamos a una bifurcación en el camino. Toparme con ella fue toda una sorpresa. La bifurcación se llamaba Teofrasto y presentaba un final alternativo a esta historia, una senda que el pensamiento occidental decidió no tomar, pero que hubiera podido emprender. Cuando Aristóteles falleció, legó su escuela a Teofrasto, uno de sus alumnos destacados a quien las plantas le interesaban especialmente. Sus primeros textos conocidos versaban sobre las plantas, no sobre el servicio que estas podían prestar al ser humano.[14] En esos textos, describía su conducta: cómo crecían, qué buscaban y lo que, en apariencia, les gustaba y les disgustaba. Escribió que las plantas no eran en absoluto pasivas, sino que estaban en un movimiento constante con el objetivo de satisfacer sus deseos. Por increíble que parezca, describió la agricultura como una relación colaborativa. Vio que la esperanza de vida de las plantas cultivadas era más corta que la de sus pares silvestres, pero pensó que era posible que las plantas entendieran la reducción de su esperanza de vida como un precio razonable que pagar a cambio de los múltiples beneficios que suponía contar con la protección de los depredadores y con el aporte de todos los nutrientes y toda el agua que necesitaran.[*,15] Teofrasto parecía estar más que dispuesto a considerar las plantas como seres vivos autónomos, con deseos y con la voluntad de satisfacerlos.

Y algo igual o más interesante: este filósofo y botánico griego explicó las múltiples maneras en que las plantas se diferenciaban por completo de los animales y de los seres humanos, pero sin juzgar en qué posición las ubicaba eso en una jerarquía imaginada, como sí había hecho Aristóteles. Estableció ciertos paralelis-

* La planta podría «aceptar esas modificaciones internas como adecuadas para sí; y es razonable que las exija y las busque», escribió Teofrasto en *De causis plantarum*, 1.16.12.

mos entre las plantas y las personas y, por ejemplo, equiparó el líquido que fluye por las plantas con la sangre de los animales y señaló que ambos fluyen por venas, y a la parte interna de los árboles, lo que vendría a ser su «corazón», la llamó duramen, un término que seguimos utilizando hoy en día.[16] Sin embargo, también se apresuró a aclarar que no pensaba en las plantas como en meros humanoides inferiores. Constituían una categoría propia que no debía ser comparada con los animales. Las comparaciones entre el corazón y el núcleo de los árboles eran una manera útil de tender puentes que facilitaran el entendimiento. «Debemos apelar a lo más conocido para explorar lo desconocido, y lo que más conocemos son las cosas más grandes y más sencillas para nuestros sentidos», escribió.[17] Me parece profundamente humano. Conectaba con sus lectores allá donde estaban y usaba metáforas relevantes para ellos, limitados como estaban por su perspectiva humana. En resumen, al escribir acerca de la complejidad de las plantas, reconocía los límites de las personas. ¿Cómo sería la historia moderna de haberse impuesto el modelo de Teofrasto?

Sin embargo, el momento y las tendencias imperantes llevaron a que fuera la jerarquía aristotélica, y no la postura de Teofrasto, la que acabó impregnando las ciencias naturales y la moralidad occidental desde entonces. ¿Cuál ha sido el resultado? Múltiple y variado. Sin embargo, quizá lo más simbólico de esta herencia sea la disección quirúrgica de perros vivos en aulas magnas hasta casi principios del siglo XX.

Aristóteles creía que los seres humanos tenían «almas racionales» y que el resto de los animales solo tenían «almas locomotrices» (o sensitivas) que les permitían avanzar hacia la reproducción y la supervivencia, pero sin pensamiento. Esta idea general imperó en el mundo occidental durante dos mil años y René Descartes, el filósofo y científico del siglo XVII francés que creía que los cuerpos animales no eran más que rompecabezas resolubles de física y química y que popularizó el concepto de «animal-máquina»,[18] la revitalizó.

La idea era que «la mecánica permite explicar los fenómenos vitales, como el resto de los fenómenos del mundo físico», como también dijo el biólogo Thomas Huxley en 1874, doscientos años después.[19] El paso del tiempo no había hecho más que afianzar la influencia cartesiana en las ciencias, porque parecía que cada nuevo avance de la época la corroboraba. La fisiología y la anatomía habían hecho descubrimientos cruciales acerca del funcionamiento del cuerpo y de cómo digerimos la comida, respiramos y nos movemos. Todos estos procesos parecían muy mecánicos. Los científicos europeos sentían que estaban al borde de descubrir la propia fuerza vital que, estaban seguros, sería aún otro ingrediente mecánico, como la sangre o los huesos. Esta era la era del monstruo de Frankenstein: si montamos las piezas correctamente, podemos crear vida de la nada.

Sin embargo, y a pesar de la naturaleza también mecánica de su cuerpo, el ser humano tenía un sentido inefable de razón y un alma que lo distinguían de otros animales. Los perros carecían de la una y de la otra, se creía entonces. La manera en que un perro percibe su entorno o siente sensaciones no eran experiencias verdaderamente conscientes, sino reflejos mecánicos de un autómata. Toda expresión de dolor, como los ladridos, era una muestra de lo mismo: un mero reflejo. Esto se consideraba una verdad científica. Y la base mecánica de los animales absolvía a los humanos de toda culpa cuando los diseccionaban vivos en aras de la investigación científica.

La vivisección, como se llamaba esta técnica, volvió con fuerza en la primera década del siglo XIX y trajo consigo nuevos conocimientos científicos. El fisiólogo inglés William Harvey fue el primer europeo que describió correctamente la circulación sanguínea, gracias a la disección de animales vivos. (Ibn Nafis, un médico árabe de Damasco, la había descubierto mucho antes y ya había descrito correctamente la circulación pulmonar hacía trescientos años).[20] Se dice que Claude Bernard, el célebre fisiólogo francés, diseccionó en vivo a su perro en la década de 1860. Cuando su mujer y sus hijas llegaron a casa y descubrieron lo que Bernard había hecho, lo abandonaron y se unieron a una de las primeras sociedades en contra de la vivisección. La técnica pasó de moda no porque la ciencia hubiera cambiado de opinión, sino por la aparición de las primeras organizaciones de defensa de los animales (en su mayoría lideradas por mujeres) que se oponían a ella.

Reflexionar acerca de cómo se veía a los animales hasta hace muy poco nos ayuda en nuestra historia de las plantas, porque es un ejemplo muy potente de cómo fluctúa la opinión científica. También demuestra que la filosofía y la ética pueden tener mucho que decir acerca de cómo vemos a las criaturas no humanas. Si hubiera quedado exclusivamente en manos de la ciencia, hubiéramos tenido que esperar mucho más para que se entendiera que los animales merecen un trato más humano (si es que se hubiera llegado a entender alguna vez). Ahora no damos demasiada importancia al hecho de que adscribimos los beneficios de la personalidad y de la inteligencia a algunos animales. También hemos decidido que hacerles daño es cruel. Por supuesto, la moralidad de lo que se debería o no hacer a un animal aún es muy permisiva y hay especies a las que tratamos como favoritas. En cualquier caso, la cuestión es que ahora existe una ética de bienestar animal que antes no existía, y que la damos por sentada.

En realidad, que la ciencia adscriba consciencia a cualquier animal es algo tan reciente que incluso internet es más antigua. En 1976, un zoólogo llamado Donald Griffin publicó *The Question of Animal Awareness*, donde afirmaba que había que tomarse en serio la cognición animal. En 1944, un colega y él descubrieron que los murciélagos navegan por ecolocación.[21] Ahora, tras una vida dedicada a observar a esas criaturas, estaba convencido de que tenían mundos interiores. Afirmó que demostraban flexibilidad conductual, o la capacidad de modificar su conducta en respuesta al cambio de las circunstancias externas, una de las características de la verdadera inteligencia. Observó cómo desarrollaban técnicas ingeniosas para encontrar comida; era evidente que podían tomar decisiones sobre la marcha y que demostraban muchas de las capacidades de resolución de problemas presentes en el ser humano. Afirmó que el pensamiento y el razonamiento animales merecían ser estudiados en serio. Al fin y al cabo, a pesar del despegue de la neurociencia, nadie había encontrado esa parte del cerebro únicamente humana que albergaba la sagrada conciencia. Quizá iba siendo hora de pasar página.

Griffin recibió críticas muy duras por haber cometido el pecado de la antropomorfización. Pasaron años antes de que nadie lo tomara en serio. Sin embargo, con su obra al menos puso sobre la mesa la idea de una conciencia animal.

Hubo que esperar a la revolución de la neurociencia de la década de 1960 para que los investigadores empezaran a pensar en la «mente» como en algo que se podía estudiar examinando la conducta observable de las personas en lugar de observando directamente sus cerebros. Llegadas las décadas de 1990 y 2000, zoólogos ambiciosos usaban esas mismas técnicas con delfines, loros y perros. Descubrieron que los elefantes se podían reconocer en el espejo, que los cuervos construyen herramientas y que los gatos presentan los mismos estilos de apego que los niños pequeños humanos.[22]

Ahora, justo cuatro décadas después de la súplica de Griffin a sus colegas, hablar acerca de la cognición animal, estudiar las conductas de animales concretos y adscribirles personalidades ha dejado de ser una herejía. De hecho, se está convirtiendo en la norma. En 2012, un grupo de científicos se reunió en la Universidad de Cambridge para conferir formalmente consciencia a todos los mamíferos, aves y «muchas otras criaturas, incluidos los pulpos».[23] Los animales no humanos presentaban todos los marcadores físicos de estados conscientes y era evidente que actuaban de un modo intencional. «En consecuencia, el peso de las pruebas científicas indica que los seres humanos no son los únicos que poseen los sustratos neurológicos que generan consciencia», afirmaron.

Era una lista muy breve: mamíferos, aves y pulpos. Sin embargo, parece que, miren donde miren los científicos, la vida interior de todos los animales es mucho más profunda de lo que antes se creía posible. ¿Qué viene después de los mamíferos y de las aves, en nuestro concepto del orden de las especies? ¿Los reptiles? ¿Los insectos? Hace mucho que los lagartos han demostrado su capacidad para encontrar la salida de un laberinto,[24] lo que sugiere flexibilidad conductual, ese marcador de inteligencia del que hablábamos antes. Hace poco se ha visto que las abejas pueden distinguir entre estilos de arte[25] y que son capaces de ejecutar individualmente una «danza a sacudidas» elaborada y muy simbólica con la que comunican con precisión a sus compañeras de colmena a qué distancia y a qué ángulo respecto al sol han de volar si quieren encontrar comida.[26] Estudios más recientes sugieren que las abejas podrían contar con una forma de subjetividad,[27] un marcador que algunos científicos usan para denotar conciencia. ¿Dónde mirar después de los insectos? ¿Quizá debemos observar las plantas?

Actualmente hay botánicos que afirman que es el momento de ampliar el concepto que tenemos de la conciencia y de la inteligencia para que incluya a las plantas, mientras que otros replican que es una vía irracional. Son muchos más los botánicos que se han quedado en un terreno intermedio, a la espera de ver hacia dónde se inclina el debate más amplio. Yo les estoy haciendo compañía. Tampoco sé hacia dónde se inclinará la balanza. Pero creo que estamos al borde del abismo, mirando a una manera nueva de entender la vida de las plantas. La ciencia puede parecer un monolito: lo que hoy dice que es verdad siempre será verdad. Pero las cosas pueden cambiar a toda velocidad.

Una vez, en una biblioteca de libros botánicos raros en la Virginia rural, pude tocar los productos de una era distinta en el conocimiento botánico. Antaño, estos textos botánicos, pintados a mano sobre papel hecho a mano, fueron el cénit de la tecnología botánica. Decían a los lectores cómo curarse con emplastos de plantas o les ofrecían una primera imagen del follaje de continentes lejanos. Con mucha frecuencia, eran un mero artículo de lujo que anunciaba el estatus de quien lo poseía. Eran obra de personas que habían batallado durante cientos de horas con pigmentos imprevisibles a la luz de una lámpara. La biblioteca de Virginia era la colección privada de un filántropo acaudalado ya fallecido. Solo se podía visitar con cita previa y parecía que muy pocas personas ajenas al mundo de los libros raros la conocían. Por lo tanto, tenía el aire tranquilo de un jardín secreto, con estanterías de madera rubia que llegaban al techo y estaban cargadas con miles de volúmenes escritos entre los siglos XV y XIX. Tony, el versado bibliotecario, hacía las veces de sumiller de libros, evaluaba los intereses del visitante y localizaba los ejemplares que creía que le gustarían.

Mirar textos botánicos antiguos es un verdadero placer: los colores, el peso del papel antiguo hecho a mano, la increíble atención a los detalles más minúsculos que hacen que las plantas parezcan tan vivas como una pantera a punto de saltar de la página. Sin embargo, hallo el mayor placer en los libros antiguos que son evidentes frutos de la pasión por el tema, no meros encargos. No anuncian el estatus; a veces, las plantas son muy ordinarias en su región de origen y apenas hay un puñado de plantas exóticas importadas. En ocasiones, las ilustraciones son incluso algo juveniles; el narciso no acaba de ser esbelto o el tallo del croco es demasiado grueso y rompe la cuarta pared visual. Se trata de libros personales, a veces guardados y desarrollados a lo largo de toda la vida del pintor. Tony pensó que me gustaría ver uno de esos libros. Extrajo de la estantería un volumen grueso, encuadernado en piel. Era una crónica personal, sin palabras. Charles Germain de Saint-Aubin comenzó a escribir el libro en 1721, cuando aún era adolescente, y pintaba las páginas de una en una. Siguió añadiendo hojas hasta que falleció, en 1786. Su estilo y nivel de refinamiento cambian a lo largo de su vida y mejoran desde el punto de vista técnico. Pero, para mí, eso era lo menos importante. Todas las imágenes tienen la misma cualidad emocional: la devoción hacia esas plantas, la tierna necesidad de registrarlas en plena floración y disponerlas en pequeños ramilletes. Hacerlas permanentes mediante la pintura parecía un placer evidente: eran los retratos de las flores y las frondas con las que Saint-Aubin había compartido una vida. Era obvio que las plantas eran más que una mera decoración. Eran casi sus compañeras.

La botánica, o el estudio de las plantas, es tan antigua como el pensamiento humano. Sin embargo, las preguntas acerca de la vida de las plantas, de cómo viven en realidad, tardaron más en aparecer en los textos. Los misterios que guardan siempre han sido vitales para la supervivencia y, por lo tanto, la información sobre ellas como alimento y medicina aparece ya en los primeros ejemplos de escritura, basada, sin duda, en conocimientos transmitidos oralmente de generación en generación durante miles de años antes de quedar registrada. Cuando aún no existían los fármacos, las plantas y los hongos (un reino de vida en sí mismo y colaborador habitual de las plantas) eran las medicinas para todos los males que nos aquejaban.

La primera información escrita sobre las plantas, más allá de su utilidad para el ser humano, aparece en la *Historia de las plantas* de Teofrasto, hacia el año 350 a.C. Clasificaba las plantas en categorías en función de su estructura, reproducción y crecimiento. Con frecuencia, esta obra se considera la primera de la botánica. De todos modos, pasaron más de dos mil años antes de que la conducta de las plantas llegara por fin a la literatura occidental. A finales de la era victoriana, la botánica se había convertido en un pasatiempo popular para la clase intelectual acaudalada, que operaba bajo la premisa de siempre: las plantas eran básicamente inactivas, como rocas que, por casualidad, crecían. Se centraban casi de forma exclusiva en clasificarlas e ilustrarlas.

Entonces, a finales de la década de 1860, Charles Darwin se quedó fascinado por las plantas. En ese momento ya era famoso;

hacía varios años que había publicado *El origen de las especies* y parecía que los viajes a islas, los animales exóticos y la geología volcánica encajaban mejor en su versión más joven. Ahora, más mayor, decidió centrar su atención en temas más próximos a él. A sus pies. Casi todos los libros que escribió después de *El origen de las especies* tratan de plantas. Por lo tanto, a lo largo del libro hablaremos mucho de él.

Durante las docenas de experimentos que llevaron a múltiples libros, Darwin observó que las plantas se movían con un atletismo extraordinario, aunque lo hacían muy lentamente (*El movimiento y los hábitos de las plantas trepadoras*, 1865); que, en ocasiones, producían curiosas versiones irregulares de sí mismas (*La variación de los animales y las plantas bajo domesticación*, 1868, y *Las diferentes formas de flores en plantas de la misma especie*, 1877); y que las plantas carnívoras se valían de trucos para atraer y devorar a insectos (*Plantas insectívoras*, 1875). Trataba a las plantas como a sujetos capaces de actividad y de propósito.

El poder del movimiento en las plantas, su penúltimo libro, investigaba por qué las plantas se mueven como se mueven. Rebosaba de experimentos con raíces de plantas que había llevado a cabo junto a su hijo Francis. Llegaron a una conclusión asombrosa: escribió que el extremo último de la raíz de una planta está cubierto de una discreta cutícula que, al parecer, es un centro de mando. Si se pincha o se quema, la raíz crecerá en dirección opuesta al ataque. Si se la coloca entre un puñado de tierra húmeda y otro de tierra seca, crecerá hacia la humedad. Si se la ubica entre rocas y arcilla blanda, se alejará siempre, sin falta, de la roca antes de llegar a tocarla y se volverá en dirección contraria, para atravesar la arcilla.

La cofia de la raíz (llamada pilorriza) es capaz de percibir la humedad, los nutrientes, los obstáculos y los peligros, clasificarlos y responder en consecuencia. Darwin la describió como «el cerebro de la raíz». Despojadas de la cofia, las raíces siguen creciendo, pero a ciegas: prosiguen en la dirección hacia la que están orientadas cuando se elimina la cofia. Entonces sucede el milagro: la pilorriza se empieza a regenerar al cabo de unos días, de la misma manera que antes. Una de las mayores fortalezas de las plantas es que pueden regenerar prácticamente cualquier parte que se les ampute; sin embargo, cuando una hoja vuelve a crecer, crece distinta a como era antes. La pilorriza es la única parte que reaparece exactamente igual a como era.

«Creemos que no hay estructura más maravillosa en las plantas, en cuanto a lo que a funciones se refiere, que la punta de la radícula», escribieron Charles y Francis en el último párrafo del libro, con un entusiasmo indisimulado. Le hicieran lo que le hicieran a la cofia, esta reaccionaba en consecuencia. «No exageramos al decir que la punta de la radícula, con esas capacidades y con el poder de dirigir los movimientos de las partes adyacentes, actúa como el cerebro de uno de los animales más básicos; el cerebro se halla en el extremo anterior del cuerpo, recibe las impresiones de los órganos sensoriales y dirige los distintos movimientos».

Tendemos a pensar en la ciencia como en una progresión constante hacia la verdad. Cabe pensar que, de haber sido considerada cierta la hipótesis del cerebro de la raíz, esta nueva manera de pensar en las plantas hubiera arraigado de inmediato y hubiera cambiado el rumbo de la ciencia, que habría empezado a verlas como semejantes a los animales en su capacidad para dirigir su propia vida. Sin embargo, el mayor defecto de la ciencia (así como también su mayor virtud) es que casi siempre confunde el acuerdo con la verdad. Y nadie estuvo de acuerdo con Darwin. Los botánicos contemporáneos rechazaron de forma rotunda su hipótesis. La hipótesis del cerebro de la raíz cayó enseguida en el olvido y se ignoró durante los ciento veinticinco años que siguieron. Hoy en día continuamos sin saber si es cierta o no.

En *La estructura de las revoluciones científicas*, Thomas Kuhn plasma la historia de la ciencia no como un progreso lineal, donde los descubrimientos nuevos se suman a los anteriores, sino como una serie de abruptos cambios de paradigma en campos específicos, cuando un conjunto de condiciones se alinea y provoca una crisis científica que da lugar a que se pase de un sistema de pensamiento a otro por completo nuevo. La clave está en la palabra *crisis*. La «ciencia normal» es la manera de hacer ciencia que prevalece antes de la crisis. Y la ciencia normal se muestra necesariamente hostil a todo lo que se aleje demasiado de ella. Recordemos cómo se trató a Copérnico o a Galileo cuando afirmaron que la Tierra giraba alrededor del Sol, o a Darwin cuando planteó la teoría de la evolución en la era de la voluntad divina. Louis Pasteur se enfrentó a una resistencia extrema por parte de la comunidad médica cuando presentó su teoría microbiana de la enfermedad. La lista de luminarias científicas que fueron duramente castigadas antes de que sus teorías se aceptaran es muy larga. «La búsqueda de fenómenos nuevos no tiene la menor cabida en el objetivo de la ciencia normal. Con frecuencia, los fenómenos que no encajan en el marco son invisibles», escribió Kuhn.

Un paradigma no puede formular preguntas acerca de lo que no ve y cuya existencia desconoce. La resistencia de los científicos ante los nuevos descubrimientos es un hecho conocido.[28] Sirve como escudo ante la charlatanería. Sin embargo, también supone la pérdida de descubrimientos reales o su demora. El reconocimiento de algo como una anomalía significativa que necesita explicación (en palabras de Ian Hacking en su introducción al libro de Kuhn) es un «evento histórico complejo». Y ni siquiera eso basta para iniciar una revolución científica. Para poder rechazar un paradigma existente, necesitamos otro con el que sustituirlo. «Rechazar un paradigma sin sustituirlo simultáneamente por otro supone rechazar la ciencia», escribe Kuhn.

Aceptar la idea de que las plantas son seres inteligentes, e incluso conscientes en algunos aspectos, supondría, ciertamente, un cambio de paradigma. Sin embargo, errar en el intento supondría arriesgarnos a rechazar la ciencia en sí misma y saltar a la nada. Las pruebas (y, luego, la aceptación generalizada de estas) se han de acumular primero. La situación actual en el campo de la botánica es un estudio de caso para una revolución científica que aún no se ha resuelto. Y se trata de una resolución que ni siquiera está garantizada.* La comunidad científica está en plena reorganización, y el paradigma básico de la botánica, en estado de transición. Por lo tanto, tenemos la oportunidad de presenciar en directo cómo se genera el conocimiento científico.

¿Qué sucede una vez que se ha dado el cambio de paradigma? Kuhn dice que todo vuelve a la normalidad. Rápidamente, cuesta incluso creer que antes hubiera imperado una idea distinta. Lo que comenzó como unas cuantas piedras agitadas ha provocado una avalancha y no se puede hacer otra cosa que unirse a ella. Casi todo el mundo que al principio dudaba adopta el nuevo paradigma como si siempre hubiera sido evidente, natural, preordenado. Me pregunto si sucederá lo mismo con las plantas. ¿Miraremos atrás, dentro de cuarenta años, y veremos que nuestras creencias actuales respecto a la botánica son tan absurdas e inciertas como las que se tenían en el pasado acerca de la vivisección?

Al final, explica Kuhn, la resistencia queda reducida a un puñado de investigadores mayores. «Y ni siquiera podemos decir que estén equivocados», añade. Al fin y al cabo, estuvieron en lo cierto durante la fase de la historia científica a la que se siguen aferrando. Sin embargo, el mundo cambia. «Quizá quiera decir que aquel que se sigue resistiendo cuando el resto de sus compañeros de profesión ya han aceptado el nuevo paradigma ha dejado de ser científico». No participan, se quedan desfasados, se los deja atrás.

En 2006, un grupo de investigadores botánicos intentó desencadenar deliberadamente una avalancha pequeña pero impo-

* Kuhn escribe que una comunidad científica en plena crisis se lanzará a una investigación «extraordinaria» en lugar de «normal» y verá la «proliferación de articulaciones que compiten entre ellas, el deseo de intentar cualquier cosa, la expresión del malestar explícito, el recurso a la filosofía y al debate por encima de lo básico». La primera vez que leí esta frase me sobresalté: encaja perfectamente con el estado actual de la botánica.

sible de pasar por alto, con la esperanza de que diera lugar a un cambio de paradigma. En un artículo muy controvertido,[29] estos investigadores acusaron a los científicos de aplicar, consciente o inconscientemente, una «autocensura», debido a la alargada sombra de *La vida secreta de las plantas*, que los seguía amordazando. El miedo a la estigmatización los inhibía e impedía que formularan preguntas legítimas acerca de los posibles paralelismos entre la neurobiología y la fitobiología, y «perpetuaba el desconocimiento» de ideas fantásticas, en concreto la hipótesis darwiniana del cerebro radical, que querían revisitar.* Este nuevo grupo, compuesto en su mayoría por científicos con carreras consolidadas, apelaba a que se investigara la idea de las plantas como seres inteligentes, en el sentido de que podían procesar múltiples formas de información para tomar decisiones informadas. Todos contaban con experiencia observando a las plantas hacer precisamente eso y, al parecer, se habían cansado de hacer contorsionismos lingüísticos para hablar de lo que sucedía en realidad: las plantas actuaban con inteligencia. Se llamaron a sí mismos Sociedad para la Neurobiología de las Plantas. František Baluška, biólogo celular en la Universidad de Bonn, Elizabeth van Volkenburgh, bióloga de plantas en la Universidad de Washington, Eric D. Brenner, biólogo molecular en el Jardín Botánico de Nueva York, y Stefano Mancuso, fisiólogo de plantas en la Universidad de Florencia, fueron algunos de los miembros fundadores. Nuestra concepción de las plantas es tan cruda que solo la podemos considerar rudimentaria, afirmaron. «Necesitamos conceptos nuevos, necesitamos formular preguntas nuevas».[30]

Invocar a la neurociencia fue una demostración de osadía, demasiada, según muchos de los botánicos con los que he hablado más de diez años después. Sin embargo, intentaban lanzar un

* Vuelvo a recordar a Kuhn: «Con frecuencia, aparece un nuevo paradigma, al menos en forma embrionaria, antes de que la crisis se haya desarrollado demasiado o se haya reconocido explícitamente».

mensaje. Claro que las plantas carecen de neuronas o de cerebro. Al mismo tiempo, la investigación estaba sugiriendo que quizá dispusieran de estructuras análogas o, al menos, fisiología que podía hacer cosas similares, además de una capacidad cognitiva que merecía ser tomada en serio. Las plantas producen impulsos eléctricos y parece que, en el extremo de las raíces, tienen nodos que hacen las funciones de centros de mando locales. El glutamato y la glicina, dos de los neurotransmisores más comunes en los cerebros animales, también están presentes en las plantas y, al parecer, desempeñan un papel crucial en la transmisión de información a lo largo de los tallos y las hojas. Se ha descubierto que forman, almacenan y recuperan recuerdos, perciben cambios increíblemente sutiles en su entorno y responden ante estos lanzando al aire señales químicas muy sofisticadas. Envían señales a distintas partes del cuerpo para coordinar la defensa. El propósito de la neurobiología de las plantas es «estudiar las plantas en toda su complejidad sensorial y comunicativa», escribieron.

¿Y qué es un cerebro, sino un conjunto de células especializadas y excitables que se activan mediante impulsos eléctricos? Sí, es cierto que el uso de «neurobiología de las plantas» no era literal, pero tampoco era algo tan descabellado, afirmaban. No necesitamos palabras nuevas para cosas que funcionan de un modo similar, basta con añadir prefijos y descriptores. Cerebro vegetal, sinapsis vegetal, pensamiento vegetal... Dijeron que Darwin ya lo había hecho hacía más de cien años.

En algún momento después de la era de los filósofos-naturalistas, de Humboldt y de Darwin, la ciencia se convirtió en una actividad de especialistas. A pesar de los gestos relativamente recientes hacia la interdisciplinariedad académica, seguimos inmersos en una era de especialistas, donde cada uno ve su restringido territorio dentro del problema más amplio de cómo funciona la vida. Esto ha hecho posibles avances tremendos en el conocimiento: con la especialización, viene la profundidad. Sin embargo, en la mayoría de los casos, los especialistas desconocen qué sucede con la imagen global. Quizá, cuando hablamos de las plantas, nos hallamos ante una fórmula para la ignorancia. Una planta es un organismo multidimensional en una conversación biológica constante con su entorno, con las bacterias, con los hongos, con los insectos, con los animales y con las otras plantas que componen su mundo. No debería sorprendernos que los zoólogos y los entomólogos hayan hecho algunos de los descubrimientos más innovadores acerca de las plantas a las que, con frecuencia, observan desde el prisma de los animales y los insectos. Con esto no quiero criticar a los botánicos, pero en una era dominada por la genética, muchos han dejado de ver las plantas como un todo pulsátil, para considerarlas una amalgama de interruptores genéticos y de puertas de proteínas. Por supuesto, también podríamos ver así a los seres humanos. Pero ¿qué nos perdemos cuando miramos de esta forma?

La Sociedad para la Neurobiología de las Plantas acabó renunciando a su provocador nombre y se rebautizó a sí misma como Sociedad para la Señalización y la Conducta de las Plantas. La palabra *conducta* siguió produciendo cierta urticaria a algunos botánicos. La caja de Pandora ya estaba abierta. Era el momento de las refutaciones. Y algunas fueron muy ácidas.

Los académicos están armados con una capacidad extraordinaria de lectura y análisis y pueden ser muy crueles a la hora de mostrar su desacuerdo con algo. En las páginas de *Trends in Plant Science* (TiPS), leí a investigadores escépticos destilar veneno académico apenas disimulado. Un investigador me describió el incidente como la «Gresca de TiPS» y me habló de versiones de cartas de colegas que no se publicaron o a las que habían tenido que rebajar el tono antagónico antes de ser aprobadas para su publicación. Sea como sea, un párrafo de una carta escrita desde el bando antiinteligencia me pareció especialmente revelador: «Darwin acertó en muchas cosas, pero su analogía del cerebro no resiste el menor escrutinio», escribió Lincoln Taiz,[31] el autor del manual *Fisiología vegetal*, en una carta firmada por él y varios otros colegas. «Si la pilorriza, en el extremo de la raíz, es un centro de mando semejante al cerebro, también lo son la punta del brote, la punta del coleóptilo, la hoja, el tallo y el fruto. Las interacciones regulatorias ocurren en toda la planta y, por lo tanto, podríamos ver toda la planta como un centro de mando semejante a un cerebro. Sin embargo, en ese caso, la metáfora perdería todo el valor heurístico que supuestamente tenía al principio».

El comentario se escribió como una crítica, pero, cuando yo lo leí, lo entendí como una demostración de falta de imaginación. Sí, quizá podíamos ver a toda la planta como un solo centro de mando, semejante a un cerebro. ¿Y qué? Pensé en el pulpo, con sus tentáculos-cerebro, con neuronas repartidas por todo el cuerpo. Apenas estamos empezando a imaginar el aspecto que tiene el mundo para ellos. No me cabe duda de que lo ven de un modo absolutamente distinto a como lo vemos nosotros. Tampoco me cabe la menor duda de que sus sustratos neuronales distribuidos forman parte de lo que les permite demostrar una conducta tan inteligente, además de la distinción de consciencia que tan recientemente nos hemos dignado a concederles. Ver las plantas de esta misma manera las sumaría a las conversaciones ya incipientes acerca de distintas formas de inteligencia distribuida: la idea de que las redes descentralizadas que construyen los hongos y los mohos mucilaginosos pueden ser inteligentes y, quizá, más ágiles en su capacidad de reacción ante nuevos retos precisamente gracias a su naturaleza difusa.

De hecho, el cerebro humano empieza a dejar de verse como un sistema centralizado de procesamiento del cuerpo. Cuando los neurocientíficos exploran su interior, encuentran una red distribuida. No hay un centro de mando discernible. Parece que también nuestra inteligencia nace de una red de neuronas especializadas que intercambian información entre ellas, pero que no responden a una fuerza rectora. Las decisiones inteligentes que tomamos no manan de un lugar específico, sino de una red, de una ciudad consolidada de regiones interconectadas y comunicativas en el interior del cráneo.* Tal y como dijo una vez el periodista Michael Pollan, es muy posible que no haya un mago al otro lado de la cortina.[32]

Las ideas nuevas en la ciencia dan lugar a métodos nuevos y a teorías nuevas. Sin revoluciones, la ciencia degeneraría. Es importante mantener esto en perspectiva. Kuhn dijo que los cambios de paradigma en la ciencia pueden cambiar la visión del mundo en el que vivimos. «Por supuesto, el mundo sigue siendo el mismo», matiza Kuhn. Las plantas continuarán siendo plantas, pensemos lo que pensemos de ellas. Sin embargo, cómo decidamos pensar acerca de ellas sí que lo podría cambiar todo para nosotros.

* Esto da lugar a preguntas acerca de la conciencia que reverberan con aún más fuerza. Entonces, ¿no hay tampoco un fantasma en la máquina? La cuestión de la conciencia humana es, fundamentalmente, un debate constante entre dos bandos. En uno, hallamos a quienes creen que debemos la conciencia a una fuerza más allá de los mecanismos materiales del cerebro, algo semejante al alma, digamos, o una propiedad aún por descubrir más allá o separada de la materia cerebral física. Los panpsíquicos se ubican en este bando. El segundo bando corresponde a quienes creen que la conciencia es un fenómeno puramente biológico y surgido de la evolución, como todo lo demás en la naturaleza y que su causa se halla, con toda probabilidad, en la inconmensurable complejidad del órgano que habita en el cráneo; lo que sucede es que aún no hemos descubierto el mecanismo en cuestión. A veces, quienes mantienen esta postura reciben el nombre de materialistas. Sin embargo, ninguna de las dos teorías requiere, técnicamente, un cerebro, al menos no de la manera en que existe el nuestro. De hecho, ambas podrían dejar espacio a la posibilidad de una conciencia gradual, más que absoluta, que o se tiene o no se tiene. Si la consciencia es el resultado de una propiedad trascendente e independiente del universo, ¿no sería posible que una criatura la tuviera en mayor o en menor medida que su vecina? Y si la conciencia no es más que una propiedad emergente de la evolución biológica, ¿no sería posible que ese rasgo se haya reforzado más o menos en función de la trayectoria evolutiva de cada criatura? Si hablamos de plantas, la cuestión es si es posible que la conciencia aparezca en otros seres además de en los humanos y en unos pocos animales escogidos.

CAPÍTULO 3

Las plantas se comunican

Me levantaba al amanecer porque descubrí que ese era el momento en el que el mundo estaba más vivo. ¿Cómo era posible que no me hubiera dado cuenta de ello hasta entonces? Al amanecer, todo bullía de actividad. En comparación, el día ya comenzado parecía casi muerto. Las aves de la marisma salina que había junto a la casa graznaban y se llamaban con fuerza, como si ya se hubieran tomado tres cafés. Yo no me los había tomado todavía, pero me gustaban esos minutos soñolientos antes de que la mente se enfocara a cuestiones más humanas. Estaba en una residencia literaria en Punta Reyes (California) para seguir pensando y escribiendo sobre las plantas. Quería esclarecer qué cuestiones debía plantear y cómo tenía que organizar mi curiosidad. El reducido grupo de escritores del que formaba parte vivía justo al borde de la falla de San Andrés, colgado al filo de una enorme placa tectónica que miraba directamente a otra, al otro lado de la marisma. El patio estaba cubierto de salvias, a las que, mentalmente, había coronado como reinas de las plantas aromáticas y que difundían alcanfor y aceites especiados. Había ejemplares enormes de salvias púrpuras del desierto (*Salvia dorrii*), salvias azules plateadas (*Salvia leucophylla*) y unas caléndulas silvestres (*Tagetes lemmonii*) con miles de flores doradas. La marisma estaba salpicada por espesos arbustos de romero brillante cuyas flores azul hielo cerraban los pétalos por la noche.

Salí al porche. Daba la impresión de que el liquen de barba que colgaba de un abedul papirífero que se alzaba junto a mí había ascendido muy deliberadamente por el tronco del joven árbol, al que abrazaba como un calcetín tubular. Ahora avanzaba, desgarbado, hacia las ramas inferiores. Tuve la sensación, quizá por estar aún medio dormida, de que se había detenido justo en ese momento, para evitar que lo viera moverse. La escala temporal del liquen es mucho más lenta que la humana, por lo que, en cierto sentido, había sido así; él y todos sus hermanos están en movimiento, pero congelados en el instante en que los vemos. Bajé sigilosa como un ciervo, olisqueando el aire y avanzando por el césped descuidado como si el menor movimiento pudiera perturbar el velo de perfume. No fue así. Claro que no. Esos aromas no eran para mí. La noche antes había estado leyendo sobre las nuevas teorías del lenguaje de las plantas, y estoy segura de que esas ideas animaban mi mente aún no amanecida. Había leído que el lenguaje del aroma enviaba mensajes por el aire. Empecé a entender que estaba rodeada de una trama dramática con múltiples capas, con más personajes y líneas argumentales que una novela épica rusa. Podía oler algunas de esas historias, mientras que muchas otras escapaban a mi nariz.

Decidí empezar por ahí. ¿Se comunicaban las plantas? Y, si lo hacían, ¿qué podría cambiar ese hecho? Comunicarse implica reconocerse a uno mismo y a lo que está más allá de uno; es decir, implica reconocer la existencia de otros. La comunicación teje hilos entre individuos. Es una manera de hacernos útiles en la vida de los demás, de hacernos importantes ante ellos. Transforma a individuos en comunidades. De ser cierto que bosques y campos enteros se comunican, la naturaleza de esos bosques o campos cambiaría por completo. Cambiaría la idea de qué es una planta. ¿Qué es una planta que no se puede comunicar? Una cáscara. Y, sin conversación, un bosque no es un bosque.

La noche anterior había leído el artículo que había cambiado la botánica para siempre.[1] Había caído prácticamente en el olvido y parecía haber escapado al registro digital: Richard (Rick) Karban, ecologista de plantas e insectos en la Universidad de California-Davis, me lo mandó escaneado por correo electrónico. Yo sabía que había provocado discusiones y que había supuesto el fin de la carrera profesional de, como mínimo, un científico y que había abierto la cuestión de la comunicación entre las plantas para los futuros botánicos. Sin embargo, y a pesar de todos los cambios que desencadenó, el artículo que tenía entre manos era obsequiosamente templado. El lenguaje no podía ser más comedido. Y era lógico. Existía al filo de la navaja. Llegaba a una conclusión tan novedosa que rechazarla era mucho más fácil que aceptarla. Y, en la época en que se escribió, rechazar era la norma. El mundo de la biología vegetal estaba en tensión. David Rhoades tenía que ser muy precavido.

Era 1983 y las repercusiones de *La vida secreta de las plantas* aún se hacían notar. David Rhoades (Davey, para la mayoría) era zoólogo y químico en la Universidad de Washington, donde estudiaba, sobre todo, insectos. Era británico, sociable, corpulento, fumador empedernido y dado a la gesticulación. El grueso bigote superaba las comisuras de los labios y, cuando reía, se le cerraban los ojos. Se tomaba los datos que obtenía muy en serio, le encantaba diseñar experimentos con el mínimo gasto posible y preparaba cebos para insectos con lo que encontraba en tiendas de comestibles. Su artículo lo cambió todo y, en un giro cruel del destino, puso fin a su carrera. Porque, entonces, nadie le creyó.

El artículo, publicado en *Plant Resistance to Insects*, una publicación relativamente poco conocida (¿te sorprende?) de la Sociedad Estadounidense de Química, envolvía sus datos incendiarios en capas y capas de lenguaje científico ignífugo. A lo largo de doce aburridas páginas, Rhoades copió diligentemente pesos de crisálidas y la pérdida de hojas de árboles. Había observado cómo el bosque experimental de la universidad había quedado diezmado tras la invasión de orugas tejedoras unos años atrás. Sin embargo, de repente, algo cambió: las orugas empezaron a morir. ¿Por qué las voraces orugas habían dejado de comer? ¿Por qué dejaban intactas las hojas de los árboles? ¿A qué se debía esa muerte súbita?

Rhoades halló la respuesta, que resultó ser tan improbable y extraordinaria como peligrosa: los árboles se comunicaban entre ellos. Los árboles a los que las orugas no habían llegado todavía estaban preparados para el asalto: habían transformado sus hojas en armas. Las orugas que las comían enfermaban y morían.

El hecho de que los árboles se comunicaban a través de las raíces era algo que ya se sabía desde un poco antes de que Rhoades publicara sus conclusiones. Sin embargo, esto era distinto. Los árboles estaban demasiado alejados como para que se pudieran pasar información por las raíces. El mensaje (la llegada inminente de las orugas) se transmitía igualmente. La emoción que Rhoades sintió al pensar en lo que eso implicaba fue más de lo que pudo disimular. Una vez que hubo explotado todo el margen para la descripción más árida y no quedaba otra opción que desembuchar, Rhoades no pudo evitar espetar el verdadero mensaje del artículo y usar la puntuación más reveladora: «¡Esto sugiere que los resultados se podrían explicar por la acción de feromonas aéreas!».[2] Estaba diciendo que los árboles se enviaban mensajes a larga distancia por el aire.

La comunicación es aún otro de los muchos procesos vitales básicos que carece de una definición científica consensuada. Para la mayoría de nosotros, comunicar significa expresar algo para decirle a otro ser lo que creemos que ha de saber. Sugiere una forma compleja de intencionalidad, previsión y conciencia de causa y efecto. Y, aunque bien podría ser así, lo cierto es que, en función de cómo lo definamos, la vida se empezó a comunicar antes del advenimiento de la existencia más compleja. Comenzó con el primer organismo pluricelular, hace al menos seiscientos millones de años. Para que la vida se abriera a la posibilidad de la pluricelularidad, las células individuales se tuvieron que coordinar entre ellas. Hasta ese momento, toda la vida había sido unicelular. Esos diminutos seres autónomos flotaban a la deriva en el océano antiguo, sobreviviendo por sí solos. Para que pudieran emerger formas de vida más complejas, las células individuales tuvieron que empezar a compartir información.

Hasta la fecha, para combinarse y formar un organismo, todas y cada una de las células que lo componen han de saber quiénes son y qué hacen. Las células se entienden a sí mismas a través de otras células; en una cadena de tres células, por ejemplo, la tercera sabe que es la tercera y que, por lo tanto, es la responsable de una tarea especial reservada para las terceras células. Es consciente de la existencia de la primera célula y de la segunda. Esa es la naturaleza de los cuerpos que se autoorganizan, de los cuerpos cohesionados. Sin embargo, cómo sabe la tercera célula que es la tercera sigue siendo un misterio. Sabemos que las células con las que colabora le han de pasar información.[3] Sea cual sea esa información, comienza con la primera división celular, cuando una sola célula se convierte en dos, luego en cuatro, etc., que es la estrategia que todos los organismos pluricelulares usan para crecer. ¿Cuál es el medio por el que se transmite esa información? ¿Electricidad? ¿Sustancias químicas? ¿Algún otro? No lo sabemos. La naturaleza de esa comunicación sigue siendo una de las grandes preguntas de la embriología animal. Nos encantaría saber cómo se autoorganizan un espermatozoide y un óvulo para crearnos.[4]

Las células vegetales hacen lo mismo. Se «hablan», en el sentido más amplio de la palabra. De esta manera, todas las células entienden para qué sirven o, dicho de otro modo, quiénes son. Barbara McClintock, la genetista premio Nobel que descubrió que los genes podían cambiar de posición en el maíz, describió esta conciencia celular como el «conocimiento que la célula tiene de sí misma».[5]

Cuando las células hablan, pasan muchas cosas. Toda la vida vegetal procede de estas interacciones fundacionales. En 2017, investigadores de la Universidad de Birmingham descubrieron que las semillas latentes cuentan en su interior con un «centro de toma de decisiones»[6] que integra la información y decide cuándo ha de germinar la planta. Este centro está compuesto por un grupo de células ubicadas en el extremo de la raíz embrionaria de la semilla. Las células se hablan entre sí acerca del nivel de dos hormonas en la semilla: una que promueve la latencia y otra que promueve la germinación. Las células integran información acerca de los cambios de temperatura de la tierra que las rodea y regulan los niveles de cada hormona a partir de esta información. Así, ese conjunto de células decide cuándo pulsar el interruptor para que la planta salga al mundo. El momento en que se toma esa decisión es crítico. Es una decisión muy arriesgada, pero más precisa gracias a las respuestas acumuladas de múltiples células: al tomar la decisión a partir de dos variables opuestas (la cantidad relativa de dos hormonas sensibles a los cambios de temperatura), aumentan las probabilidades de que la planta tome la decisión adecuada en un mundo que fluctúa. Los investigadores afirmaron que este método de comunicación es análogo a algunas estructuras del cerebro humano. Las células cerebrales también se intercambian hormonas antagonistas para mejorar el proceso de toma de decisiones en un mundo que fluctúa. El cerebro no toma la decisión de mover un músculo concreto basándose en un solo estímulo, sino que acumula información hormonal de distintas células y descarta la información irrelevante por el camino. En esencia, se trata de comunicación celular.

Las plantas son sistemas que se autoorganizan mediante las conversaciones de las células que las componen. Sin embargo, la idea de que plantas enteras se puedan comunicar entre ellas de manera intencional (que la comunicación pueda ir más allá de una misma planta para llegar hasta otras) sigue siendo relativamente nueva y controvertida en el mundo de la botánica. Hay un problema básico que inclina la cuestión hacia el debate: no hay una definición consensuada acerca de qué cuenta como comunicación,[7] ni siquiera cuando hablamos de animales. ¿Ha de ser deliberada la señal? ¿Ha de provocar una respuesta en el receptor? Como la conciencia y la inteligencia, que tampoco cuentan con definiciones establecidas, la comunicación queda entre los reinos de la filosofía y de la ciencia, sin poder afianzar su posición en ninguno de los dos. Para que podamos seguir con cierta claridad, entenderé que la comunicación sucede cuando una señal se envía, se recibe y causa una respuesta. No he dicho que la señal se deba enviar intencionalmente. La intencionalidad es más difícil de discernir, en parte porque no sabemos cómo es ser una planta. La intención plantea un problema más complicado, porque no se puede descubrir directamente. Solo podemos crear conocimiento alrededor de la cuestión de la intención y acercar cada vez más el perímetro a ella, con la esperanza de que, al rodearla, empiece a adoptar una forma que podamos entender.

De todas maneras, al principio, la mera idea de que las plantas pudieran tener información alguna que comunicarse entre ellas no estaba ni por asomo en el mapa científico. Lo único que Rhoades sabía era que una plaga había comenzado y luego había terminado. En la primavera de 1977 el bosque experimental de la Universidad de Washington estaba en su tercera primavera consecutiva de ataque sostenido y truculento por parte de orugas tejedoras. Los alisos rojos y los sauces de Sitka, por lo general capaces de soportar las molestias derivadas de hospedar durante unos meses a estas devoradoras de hojas y tejedoras de redes, sucumbían a centenares. Las orugas los deshojaban casi por completo y los condenaban a la hambruna: un árbol sin hojas con las que hacer la fotosíntesis en la estación de crecimiento no puede producir azúcares y muere de hambre.

Sin embargo, la primavera siguiente, en 1978, el equilibrio de poder empezó a cambiar. Ahora las que morían eran las orugas tejedoras. Sus poblaciones se desplomaron. Aparecían muy pocos huevos en las hojas que quedaban en los árboles, mientras que en la primavera anterior estaban por todas partes. Sin huevos no hay orugas. Llegada la primavera de 1979, las orugas habían desaparecido por completo. Los árboles no morían. Las hojas eran frondosas y productivas. La suerte había cambiado de bando.

Todo ecologista sabe que nada cambia en un ecosistema sin un buen motivo para ello. Algo había motivado ese cambio. Rhoades, que tenía un doctorado en química orgánica y en zoología, empezó a buscar una explicación. Hacía años que cultivaba una idea muy provocadora, aunque carecía del apoyo de sus colegas: creía que las plantas podían desarrollar resistencia a algunas amenazas tras haberse visto expuestas a ellas, de un modo similar a como el sistema inmunitario animal desarrolla anticuerpos para combatir las enfermedades con las que ya se ha enfrentado. Se dio cuenta de que con frecuencia los insectos comenzaban a comer una planta y que, de repente, dejaban de hacerlo a pesar de que seguían quedando abundantes hojas jugosas que comer a su alrededor. De nuevo, en la naturaleza no sucede nada porque sí. Algo hacía que los insectos pararan de devorar hojas.

¿Era posible que la planta detectara la invasión y organizara una especie de respuesta inmune para atajarla? Eso explicaría la demora; las plantas operan en una escala temporal más lenta que la de los insectos, por lo que tenía sentido que reaccionen también más lentamente. Rhoades llevó a cabo experimentos de laboratorio que lo confirmaron. Vio que, cuando las hojas llevaban cierto tiempo soportando el ataque de las orugas devoradoras, modificaban su composición química. La planta alteraba el contenido de las hojas para que resultaran menos nutritivas para las orugas. No obstante, la mera idea de que una planta se pudiera defender activamente era una herejía respecto a la premisa básica de cómo los científicos creían en esos momentos que operaban las plantas. Las plantas no eran tan activas y no podían presentar reacciones tan espectaculares y estratégicas. Rhoades encontró a muy pocos que apoyaran su hipótesis.

Sin embargo, la invasión de orugas en el bosque de la universidad le ofreció un escenario perfecto en el que estudiar su teoría en el mundo real. Los asediados árboles acabaron por modificar la composición de sus hojas y, así, provocaron que las orugas enfermaran y murieran de hambre por las diarreas que sufrían. Rhoades estaba entusiasmado. Su teoría parecía sólida. Sin embargo, se dio cuenta de otra cosa: las hojas de los árboles más lejanos, a los que las orugas no habían llegado aún, también modificaron su composición. Habían recibido el aviso, un aviso que, de algún modo, había recorrido una larga distancia. Las plantas eran maravillosas sintetizadoras de sustancias químicas, y algunas de estas flotaban en el aire. Por ejemplo, todo el mundo sabía ya que la fruta madura producía etileno aéreo, que estimulaba la maduración de las frutas próximas. La industria frutera comercial lo usaba para madurar almacenes llenos de plátanos verdes justo a tiempo para venderlos, lo que hizo posible el comercio mundial de una fruta que, de otro modo, se pudría muy rápidamente. No era descabellado imaginar que sustancias químicas vegetales pudieran contener información de otro tipo (por ejemplo, que el bosque está siendo atacado) que también flotaba en el aire.

Rhoades presentó su hipótesis en conferencias. La historia de los árboles parlantes se extendió, susurrada de botánico en botánico, como chismes arbóreos. ¿Sería cierto? Sin embargo, ninguno de sus colegas estaba dispuesto a asumir el riesgo de publicar algo tan excéntrico. El descubrimiento acabó enterrado en un volumen escondido. Rhoades pasó los siguientes años llevando a cabo las funciones académicas habituales. Daba clases y conferencias, mientras soportaba los ataques encarnizados de sus colegas en revistas y conferencias.[8] Se centró cada vez más en su rol de mentor, porque los estudiantes y los profesores nuevos se mostraban considerablemente más abiertos, quizá porque el conservadurismo institucional aún no los había cegado del todo.

Rhoades empezó a escribirse con Rick Karban, un recién nombrado profesor de entomología que había mostrado interés por su idea de «resistencia inducida», el fenómeno por el que una planta mordisqueada por insectos alteraba su composición química para reducir las probabilidades de que la siguieran mordisqueando. Karban pensaba que la visión convencional de las plantas como seres a merced de su entorno no podía ser cierta. Había estudiado las cigarras, que ponen los huevos en árboles. Cuando las larvas salen del huevo, caen al suelo, horadan las raíces del árbol para acomodarse allí y, durante diecisiete años, se alimentan de su savia. Para el árbol es muy molesto perder toda esa nutrición en la raíz antes de que pueda ascender a la parte superior del cuerpo. Cuando aún era un científico joven, Karban leyó un artículo de JoAnn White, una pionera en la investigación de las cigarras, donde explicaba que había descubierto que algunos árboles podían ubicar el lugar exacto de la rama donde las cigarras ponían los huevos y, entonces, envolverlos en una especie de callo que los asfixiaba antes de que las larvas pudieran salir.[9]

Karban creía que era imposible que las plantas fueran pasivas, así que Rhoades lo invitó a dar una conferencia ante su clase de posgrado, después de lo cual siguieron en contacto. Rhoades leía los manuscritos de Karban y apoyaba sus solicitudes de subvención, sin embargo, mientras tanto su vida se desmoronaba. Sus colegas continuaban criticándolo y tenía dificultades para replicar su propio estudio. Siguió intentándolo durante dos años, pero no siempre funcionaba. Tras una sucesión de rechazos, renunció a continuar solicitando financiación, lo que para un científico equivale a dejar de comer. Finalmente, abandonó el mundo de la investigación. Empezó a dar clases de química orgánica en centros de ciclos formativos superiores y abrió un motel en la costa del Pacífico. En la década de 1990 le diagnosticaron un cáncer terminal y murió en 2002. Con su trabajo, había llegado al lugar correcto, pero en el momento equivocado.

Sin embargo, mientras tanto, la marea empezaba a cambiar, al menos para otros. Seis meses después de que Rhoades publicara su artículo, Ian Baldwin y Jack Schultz, entonces investigadores jóvenes en el Dartmouth College, publicaron unas conclusiones muy similares. En el arco de la historia científica, no siempre queda claro por qué la suerte favorece a unos y esquiva a otros. En este caso, es probable que fuera en parte cuestión de suerte y, en parte, consecuencia del diseño del estudio. Llevaron a cabo su investigación en la seguridad que da un laboratorio. El aire libre es un lugar muy caótico donde hacer ciencia. El trabajo de laboratorio es limpio, controlado y específico. Baldwin y Schultz colocaron pares de plantones de arce azucarero en el entorno estéril que es una cámara de crecimiento. Los plantones compartían el mismo aire, pero no se tocaban.[10] Entonces los investigadores rasgaron las hojas de uno y midieron la respuesta en el otro. En menos de treinta y seis horas, el arce intacto había cargado sus hojas con taninos. En otras palabras, a pesar de que el arce intacto no había sufrido daño alguno, se había puesto hojas a la obra para volverse menos apetecible.

Baldwin y Schultz admitieron que no eran los primeros que habían detectado el fenómeno y, en su artículo, reconocieron el trabajo de Rhoades. Incluso se atrevieron a usar la palabra *comunicación* en su artículo, mientras que Rhoades había utilizado diferentes recursos para esquivarla. La prensa generalista, como es normal, se aferró a la palabra y empezó a lanzar titulares acerca de «árboles parlantes». Sus colegas los criticaron por usar un lenguaje tan humano para hablar de plantas, pero, al contrario de lo que le sucedió a Rhoades, sus carreras no se vieron perjudicadas. Ahora Baldwin es uno de los investigadores más exitosos y prolíficos en el ámbito de la conducta de las plantas. Cuenta con un amplio equipo de alumnos de posgrado y de posdoctorado que investigan cómo las plantas de tabaco se comunican, se defienden y deciden con qué otras plantas de tabaco aparearse. Jack Schultz fue, durante décadas, uno de los investigadores más importantes en el campo de la comunicación entre las plantas y los insectos y se dice que afirmaba que el aroma del césped recién cortado es el equivalente químico del grito de una planta. Ambos afirman que Rhoades fue su inspiración.

Años después del fallecimiento de Rhoades, Jack Schultz dijo que creía saber por qué este no consiguió que los árboles volvieran a comunicarse de la misma manera que había observado en un primer momento.[11] Ahora se sabe que, además de toda la serie de drásticos cambios estacionales por los que pasan los árboles, las sustancias aéreas que producen también son estacionales. Rhoades llevó a cabo su estudio original en primavera e intentó replicarlo en otoño. No es de extrañar que el resultado cambiara: los árboles estaban en una fase distinta de su ciclo anual. Rhoades no estaba equivocado, lo que sucedía es que aún no era consciente de algunas variables.

Rhoades me recordaba a Gregor Mendel, el fraile agustino y padre de la genética que intentó replicar sus maravillosos estudios de cruce de guisantes con hierbas de halcón.[12] No hubo manera. Falleció frustrado y abatido, convencido de que la obra a la que había dedicado su vida era imposible de replicar y, por lo tanto, inútil. Por supuesto, fue de todo menos eso. Lo que Mendel no sabía era que las hierbas de halcón tienen una habilidad muy curiosa: pueden producir semillas aleatoriamente, sin necesidad de ser polinizadas. En otras palabras, se clonan a sí mismas periódicamente en lugar de reproducirse mediante relaciones sexuales vegetales, lo que echa por tierra cualquier intento de estudiar los cruces genéticos. La naturaleza nunca es un camino llano, siempre tiene algún recodo oculto. El mundo es un prisma, no una ventana. Allá donde miremos, encontraremos refracciones nuevas.

Hacia la misma época en que Rhoades, por un lado, y Baldwin y Schultz, por el otro, defendían sus respectivos descubrimientos, y más allá del mundo de la botánica, un gestor de la vida silvestre surafricano estaba llevando a cabo lo que solo se puede calificar de evaluación anecdótica. Aunque no fue un experimento revisado por pares, he oído tantas repeticiones exitosas (incluidas algunas que el mismo gestor de vida silvestre surafricano llevó a cabo) que creo que merece la pena mencionarlo aquí, aunque con todas las advertencias pertinentes. Lo presento como lo que es: una historia.

En 1985 Wouter van Hoven estaba en su despacho del departamento de zoología de la Universidad de Pretoria cuando recibió una llamada inusual de un guarda forestal. Durante el último mes, más de mil kudús, una especie de antílope especialmente majestuoso con elegantes bandas en el pelaje y una larga cornamenta en espiral, habían muerto súbitamente en varios ranchos de la cercana región de Transvaal. El invierno anterior había sucedido lo mismo. En total, habían muerto unos tres mil kudús. No parecía que les pasara nada, no tenían heridas abiertas y no estaban enfermos, aunque algunos parecían más delgados de lo habitual. ¿Podía Van Hoven acudir lo antes posible? Los propietarios de los ranchos se tiraban de los pelos. Van Hoven era un zoólogo especializado en la nutrición de la fauna silvestre y, en concreto, en los ungulados africanos. Pensó que estaba capacitado para resolver el enigma y respondió que se desplazaría hacia allí enseguida.

Cuando Van Hoven llegó al primer rancho, se encontró con kudús muertos esparcidos por el suelo, como si de un campo de batalla se tratara. Sin embargo, lo primero de lo que se dio cuenta, después del hedor, fue de que había demasiados animales para un rancho de ese tamaño. Por norma, no debía haber más de tres kudús por cada cien hectáreas de terreno, y en este rancho había unos quince por cada cien hectáreas. Lo mismo sucedía en el resto de los ranchos que visitó. La popularidad de la caza de animales salvajes criados en cautividad había explotado y, para beneficiarse de ello, los rancheros estaban llevando sus explotaciones al límite.

Abrió en canal varios kudús y vio que tenían el estómago lleno de hojas de acacia sin digerir. Entonces observó a las jirafas que pastaban a lo largo de la amplia sabana, mordisqueando acacias y, obviamente, vivas.

Al cabo de unas semanas empezó a hacerse una idea de lo que sucedía: cuando las acacias empiezan a ser mordisqueadas, aumentan la cantidad de taninos amargos en las hojas. Era algo que Van Hoven ya sabía, es un mecanismo de defensa suave. Al principio, el nivel de taninos sube muy poco. No es peligroso, pero proporciona un sabor desagradable. Normalmente, eso bastaría para desalentar a un kudú. Sin embargo, los últimos dos inviernos habían sido muy secos. Toda la hierba estaba seca. Demasiados kudús, hacinados por las vallas, no tenían otra cosa que comer ni otro lugar al que ir. Dedujo que habían seguido comiendo las hojas de acacia, a pesar del sabor amargo, porque no tenían otra opción. Extrajo un puñado de hojas de acacia masticadas del estómago de un kudú y las llevó a un laboratorio.

Van Hoven sabía que los kudús pueden tolerar hasta un cuatro por ciento de taninos en las hojas. Por encima de ese nivel, tienen problemas. Imaginó que las acacias habían seguido aumentando el nivel de taninos en las hojas. Ojo por ojo... Y los kudús siguieron comiendo. Hasta que, como era obvio, las acacias habían alcanzado una dosis letal. Las hojas sin digerir que Van Hoven había extraído del estómago del kudú contenían un doce por ciento de taninos.

Según este zoólogo sudafricano, la naturaleza había decidido que tenía que reducir la población de kudús. Y lo hizo.

Van Hoven recordó que, hacía unos años, había leído algo acerca de la comunicación química entre árboles, probablemente fuera el artículo de Rhoades o el de Baldwin y Schultz. Con eso en mente, rompió algunas ramas de acacia y analizó el aire. Como esperaba, los árboles dañados empezaron a liberar nubes de etileno lo bastante grandes como para llegar a los árboles próximos, y estos, al recibir el aviso, modificaban su conducta. Era un envenenamiento coordinado.

Volvió a las jirafas. ¿Por qué las hojas de acacia con una alta concentración de taninos no les afectaban a ellas? «Comen y comen y, de repente, dejan de comer y se van. Aunque aún quedan muchas hojas que comer». No tenía sentido desde el punto de vista de la conservación de energía. Sin embargo, pronto se dio cuenta de que solo comían de uno de cada diez árboles y nunca en la dirección del viento. Supuso que las jirafas habían aprendido a comer solo de los árboles que aún no habían recibido el aviso que activaba la liberación de taninos.

A Rick Karban no le gusta esta historia o, al menos, no la manera en que se explica. Se ha pasado su carrera peleando para publicar estudios no convencionales, pero eso no significa que haya perdido la fe en el arduo proceso de la revisión por pares como una salvaguarda esencial contra los falsos caminos. Sin ella, la ciencia pierde toda credibilidad. Todo el mundo necesita del consejo de sus iguales para mantener a raya la amenaza del error humano. Y la historia de los kudús no ha pasado por el filtro de este tipo de revisiones. Otros botánicos a lo largo de todo el espectro de creencias respetan muchísimo a Karban, aunque no crean que las plantas son capaces de hacer nada con intención. Sin embargo, cuando hablan de Karban, usan palabras como *riguroso* y me dicen que debería observar cómo trabaja.

Karban es un hombre ágil, camina erguido como una vara y tiene el pelo fino y blanco. El día que lo veo por primera vez, en su despacho de la tercera planta del edificio de Biología de la Universidad de California-Davis, lleva zapatillas deportivas de un naranja encendido y está sentado sobre la pelota de yoga que usa como silla de despacho. Son las doce del mediodía y el pájaro del reloj de pared empieza a cantar. «Es viejo, los pájaros no están bien», dice, como para explicar por qué un pinzón ha trinado como un arrendajo azul.

El despacho es un pequeño rectángulo que sale de un amplio laboratorio abierto de entomología donde varios recipientes con diminutas mariposas muertas ocupan un banco y hay dos redes para cazar insectos, con palos más altos que yo, apoyadas contra la pared. Le pregunto qué hace un botánico en un laboratorio de insectos y se encoge de hombros. «Comencé con las cigarras», me recuerda. Desde entonces, la mayor parte de su trabajo se mueve en la intersección entre las plantas y los insectos. Hace veinte años que lleva a cabo sus estudios de campo en la ladera de una montaña en los lagos Mammoth (California), un bellísimo paisaje lunar de bosque subalpino y de desierto de artemisa en lo alto de las montañas. Vamos hacia allí.

El área del estudio ecológico Valentine en los lagos Mammoth es propiedad de la Universidad de California en Santa Bárbara y es una reserva natural de unas sesenta y tres hectáreas situada en la caldera de un volcán antiguo, a unos dos mil cuatrocientos metros sobre el nivel del mar. No hay vallas que mantengan alejados a los turistas, pero un cartel solitario advierte que está prohibido el paso a personas no autorizadas. Tampoco es que mucha gente llegue allí. La entrada es un perímetro de pinar desaliñado, sin sendero que lo atraviese, y es mucho menos atractivo que el área de esquí casi colindante.

Sin embargo, una vez superada la barrera de árboles, el terreno se abre inmediatamente y se convierte en una subida que, en julio, cuando la visito, está forrada del verde invernal de la artemisa y de brillantes coronas de manzanitas. Gigantescos pinos de Jeffrey, armados con escamas de corteza naranja oxidado con aroma a vainilla, se alzan sobre las plantas más bajas. Cebadillas, *Phlox* rosa pálido, orquídeas blancas, orejas de mula, guillomos y el naranja de castillejas hemiparasitarias emergen del suelo seco y pedregoso. Dos ciervos, machos jóvenes con chichones por cornamenta, se alejan brincando mientras camino. Lo mismo hacen los saltamontes. Sobre el espectáculo desplegado a nivel del suelo, se alzan las dentadas cumbres de Sierra Nevada, todavía salpicadas de nieve a pesar del sol de julio.

Y luego está Karban, inclinado sobre una artemisa y retirando diminutos escarabajos negros con unas pinzas. Me pasa un par de pinzas y un recipiente de cartón, como el que se usa para el helado, pero con orificios para respirar, y me dice que empiece a recoger bichos, que usará en experimentos futuros. Como periodista científica, no me canso jamás de descubrir una y otra vez lo mucho que la investigación de campo se puede parecer a las artes plásticas. Él mismo había depositado los escarabajos en la planta la noche anterior. Que siguieran allí o no sería una señal de lo mucho o poco que la planta se había esforzado en librarse de sus depredadores.

Pero los escarabajos tienen sus propios depredadores.

«Ah, una mariquita se está comiendo uno —exclama Karban, momentáneamente molesto por haber perdido una fuente de datos—. Qué le vamos a hacer. Es la vida...».

La investigación de Karban ha demostrado que las sustancias químicas que emite la artemisa pueden ser interpretadas incluso por el tabaco silvestre que crece cerca de allí, y que ese mismo tabaco silvestre, cuando empieza a ser atacado, puede convocar a depredadores para que se coman a las orugas que lo devoran. También ha descubierto que la artemisa responde más a las señales enviadas por sus parientes genéticas. Si una artemisa recibe una señal por el aire, quizá advirtiendo de la proximidad de depredadores, las probabilidades de que atienda el aviso son mayores si este procede de un pariente cercano.

En el momento de mi visita, hacía poco que la ecóloga evolutiva Aino Kalske, la ecóloga química japonesa Kaori Shiojiri y el ecólogo químico de Cornell André Kessler habían descubierto que las varas de oro que viven en zonas con relativamente pocas amenazas por parte de depredadores emiten señales químicas de alarma increíblemente específicas y descifrables solo para los parientes más próximos en las raras ocasiones en que son atacadas.[13] Por el contrario, las varas de oro que viven en territorios más hostiles se comunican con sus vecinas mediante frases químicas fácilmente comprensibles para todas las varas de oro de la zona, no solo para sus parientes biológicos. En lugar de usar redes de suspiros cifrados, estas varas de oro gritan la amenaza a pleno pulmón, por decirlo de alguna manera. Es la primera vez que la investigación ha confirmado que este tipo de comunicación química beneficia no solo a las plantas que la reciben, sino también a las que la envían.* Cuando las cosas se ponen feas de verdad, uno no quiere ser el único que queda en pie al final, si es una planta. No habrá nadie próximo con quien emparejarse, nadie que ayude a atraer a los polinizadores. Y, como sabemos, para algunos, la intención es un indicador de conducta inteligente.

Una y otra vez, Karban ha encontrado la manera de aplicar a la investigación de las plantas métodos de la investigación de la conducta animal. Y, una y otra vez, le sale bien. Karban recordó una investigación acerca de aves cantoras que pensó que, quizá, se podría aplicar a lo que sucedía con la artemisa. Intentó replicar el artículo finlandés para comprobarlo. Y funcionó. La artemisa también usa medios de comunicación «privados»[14] que advierten solo a sus grupos familiares del ataque de insectos cuando la amenaza es relativamente baja. Usan canales privados, compuestos químicos complejos y específicos para ellas y sus aliadas más próximas. Pero cuando toda la comunidad se ve sometida a un ataque, la artemisa pasa a usar canales «públicos» y emite señales de alarma más universales. Esto encaja perfectamente con algo que se sabe desde hace mucho tiempo acerca de las aves cantoras. En lugares tranquilos, donde apenas hay depredadores peligrosos, las aves usan fraseos extraordinariamente específicos que advierten solo a su grupo familiar de que algo va mal.[15] Sin embargo, cuando esos mismos pájaros se enfrentan a un peligro

* Antes de que se descubriera esto sobre las varas de oro, una de las maneras en que se interpretaba la comunicación entre las plantas era que no se trataba de comunicación en absoluto. Lo que sucedía era que las plantas habían aprendido a atender a las señales que la planta vecina enviaba a sus propias ramas, para avisar a otras partes del cuerpo que debían prepararse para un ataque. En palabras de un investigador, las señales químicas volátiles no era comunicación, sino un «soliloquio». El artículo sobre las varas de oro puso fin a esta idea. Todas las partes de la conversación se beneficiaban de ella. Véase Martin Heil y Rosa M. Adame-Alvarez, «Short Signalling Distances Make Plant Communication a Soliloquy», en *Biology Letters*, vol. 6, n.º 6, 2010, págs. 843-845.

generalizado, cambian la llamada y emiten sonidos de alarma que todos en la zona puedan entender, incluso miembros de otras especies de ave. Aquí también, esto tiene sentido en términos de supervivencia de la comunidad. Cuando todo el vecindario se ve amenazado, la mejor estrategia es salvar a tantos como sea posible, independientemente de que sean familia o no.

Pensé acerca de lo que esto significaba para las plantas. Ahora que se ha visto que es algo que sucede en más de una especie, parece seguro asumir que ocurrirá lo mismo entre ejemplares de otras especies y que es posible que incluso se pueda aplicar a todo el reino vegetal. Esto significa que podríamos decir que las plantas tienen dialectos y son lo suficientemente conscientes de su entorno como para saber cuándo los han de usar. Más que eso, tienen una idea muy clara de quién es quién. Quién es de la familia y quién no lo es. Están en contacto con su entorno y con el estatus fluctuante de sus enemigos. Su comunicación no es en absoluto rudimentaria, sino compleja y con múltiples niveles, viva y con variados significados.

Esta capacidad para la variación hace que las plantas estén más próximas a nosotros de maneras cruciales, aunque aún rudas. Por supuesto, distintos cambios en nuestra vida suscitan respuestas distintas en nosotros. Evaluamos la amenaza y adaptamos nuestra reacción para que sea adecuada. Sin embargo, esto me hizo pensar en la variabilidad entre individuos: los seres humanos no somos iguales y nuestras respuestas ante las amenazas son muy personales en cada uno de nosotros. El nivel de valor o miedo, de atrevimiento o de precaución, varía muchísimo de una persona a otra. Aunque no pensé que conceptos como «miedo» se pudieran aplicar directamente a las plantas, sí que me pareció que merecía la pena formular una pregunta más conservadora: ¿las plantas individuales presentan también este abanico de variabilidad?

Me alegré al saber que los últimos experimentos de Karban abordaban precisamente eso: quería saber si las plantas tienen personalidad. La investigación de la personalidad llegó al mundo de la zoología hace bastante poco tiempo. Durante los últimos veinte años, la ciencia animal ha empezado a valorar en serio la posibilidad de que los animales individuales tengan personalidad (maneras estables y únicas de responder ante el mundo) y de que esas personalidades sean dignas de estudio.[16]

Karban conversa con frecuencia con colegas que estudian rasgos de personalidad en animales y ha llegado a una conclusión tan simple como avanzada acerca de cómo enfocar su propia investigación: los animales y las plantas son muy distintos, está claro, pero comparten el mismo mundo. Sus afanes diarios son muy parecidos. Tienen que encontrar comida y tienen que encontrar con quién aparearse. Y tienen que hacer todo eso mientras otras cosas intentan comérselos. «Si los animales han resuelto un problema de una manera concreta, parece razonable preguntarse si..., bueno, si las plantas han hecho algo parecido».

Por lo general, cuando los científicos miden características de organismos (ya se trate de plantas o de animales), examinan el promedio de las tendencias de todo un grupo. Durante al menos los últimos cien años, en biología vegetal, las plantas individuales dentro de una misma especie se han considerado replicantes. Los rasgos individuales no interesan a la ciencia, que solo busca el promedio de los rasgos de una población entera. Si un individuo se aleja demasiado del promedio, lo habitual es que sea descartado del estudio por ser un valor atípico. «Lo que hacen los individuos se considera ruido», explica Karban. Sin embargo, su trabajo con la artemisa tira por la ventana la relevancia de los promedios. La investigación de la personalidad trata las diferencias individuales como datos valiosos. Cada una es un punto en el espectro conductual. El ruido se convierte en la señal. «Es la estrategia contraria: se trata de prestar atención a las variaciones entre individuos».

Tras una larga carrera estudiando cómo las artemisas se comunican entre sí, Karban ha adquirido una enorme sensibilidad ante la variabilidad en este proceso. Ve que la comunicación no siempre es igual. A veces una planta envía una señal de alarma y sus vecinas no producen compuestos defensivos, o sencillamente producen menos. Karban cree que esto se podría deber a la variabilidad en la tolerancia al riesgo entre distintas plantas. Dice que algunas podrían tener una personalidad semejante a las personas temerosas por naturaleza y emitir señales de alarma a la menor perturbación. En ese caso, el resto de las plantas de su familia la tratarán como al niño que grita que viene el lobo: no le harán caso. Es decir, no producirán compuestos para reenviar la señal.

Ese día, mientras andábamos entre artemisas, hablamos de nuestras vidas respectivas. Descubrí que Karban era un neoyorquino lejos de su casa. Resulta que creció en el mismo complejo de pisos del Lower East Side en el que mi madre vive ahora. En la década de 1960, Lower East Side era una zona complicada donde crecer y, para un niño, significaba tener que estar dispuesto a pelearse a puñetazos para defenderse y no quedarse sin desayuno. Esa no era la manera de funcionar de Karban. Dijo que tenía «aversión al riesgo». No encajaba, siempre sintió que estaba separado del mundo de alguna manera, y era escéptico acerca de las intenciones que los demás tenían para con él. Era una oveja negra. Así que pasaba mucho tiempo en casa, deseando estar en otro sitio, en un sitio más amable, más allá de la humanidad implacable de la ciudad. En cuanto pudo, se trasladó a la otra punta del país para estudiar la complejidad de las criaturas no humanas. Aún insistía en hacer la mayor parte de su investigación al aire libre, en la caótica realidad de los ecosistemas impredecibles.

Por supuesto, el trabajo de Karban acerca de la personalidad está en el perímetro exterior de la investigación sobre la conducta de las plantas. Se lo puede permitir. Es un científico respetado con cuarenta años de investigación a sus espaldas, por lo que su interés enfocado a la posibilidad de que las plantas tengan personalidad es una señal (para quien esté prestando atención) de que es el momento de llevar a la práctica ese experimento mental. Si logra resultados contundentes y replicables, las consecuencias podrían ser enormes y reverberar mucho más allá del diminuto mundo de los investigadores botánicos. Cabría decir que la diversidad de respuestas ante el entorno nos hace más resilientes como especie. Lo mismo podría ser cierto de las plantas.

En 2017 Charline Couchoux, ecóloga conductual en la Universidad de Quebec en Montreal, le mandó un correo electrónico a Karban para hacerle una propuesta. Uno de los requisitos del doctorado que estaba llevando a cabo era colaborar con alguien ajeno a su campo; había desarrollado una metodología para identificar diferencias conductuales individuales en animales y creía que él la podía adaptar a las plantas. Couchoux había invertido miles de horas de verano observando ardillas en los bosques de la frontera entre Vermont y Quebec. Había anillado cada una de las docenas de ardillas con aros de distintos colores, pero, para cuando terminó la observación, ya las podía distinguir solo por su aspecto y su conducta.

Las ardillas tienen llamadas de aviso distintas: una para cuando detectan un depredador aéreo, como un halcón, y otra para los depredadores terrestres. Algunas chillaban sin cesar. «Había ardillas que estaban comiendo semillas tan tranquilamente y, si en ese momento caía una hoja al suelo, entraban en pánico y empezaban a chillar» para avisar de un ave de presa imaginaria. Esas eran los ejemplares temerosos. «Otras seguían comiendo sin levantar la cabeza». Cuando controló las variables de sexo, estatus social y edad, las diferencias en la personalidad de las ardillas siguieron siendo significativas y estables en el tiempo. A algunas les gustaba el riesgo, a otras no.

Lo que decidieran hacer las ardillas al oír los chillidos de miedo dependía, al parecer, de lo fiable que consideraran al avisador en cuestión. «La idea básica es que, si hay ardillas que dan la señal de alarma indiscriminadamente, no se les ha de hacer caso». Grabó las llamadas de varias ardillas que encajaban en distintos puntos a lo largo de lo que sus colegas y ella denominaron «continuo de temor-atrevimiento» y las reprodujeron ante otras ardillas. Al escucharlas, los animales se enderezaban y prestaban atención cuando oían una señal de alarma procedente de una compañera atrevida, mientras que mostraban cierta indiferencia ante las señales de las que se alarmaban con facilidad.

Desde un punto de vista evolutivo y de supervivencia del más fuerte, cabría pensar que las ardillas más temerosas estaban destinadas a morir. Sin embargo, Couchoux descubrió que no era así. Las ardillas menos agresivas asumían menos riesgos, por lo que comían menos y tenían menos crías cada año. Sin embargo, tendían a vivir más. Asumir menos riesgos reducía la probabilidad de que acabaran siendo devoradas por un águila. En el otro extremo del espectro estaban las ardillas muy valientes. «Se reproducen antes, comen mucho y asumen más riesgos. Tienen más crías, unas tres al año. Pero mueren devoradas por un depredador».

«Son estrategias distintas, pero las dos tienen su función —explica—. Esto se ha visto en muchas especies, desde muflones canadienses a peces». Cuando se trata de personalidades, hay sitio para todos.

En otra estación de campo a unos trescientos kilómetros al norte de los lagos Mammoth, Karban cuida de noventa y nueve artemisas a las que conoce personalmente. Sus alumnos de posgrado y él han confeccionado los perfiles genéticos de cada una de ellas y conocen las relaciones familiares entre ellas. Ya han demostrado que las artemisas responden en mayor medida a las señales emitidas por otras genéticamente próximas a ellas. Ahora han adaptado la técnica de toma de muestras de sustancias químicas para estudiar la personalidad de las plantas.

Para ello, sus alumnos de posgrado y él dañan una artemisa, normalmente arrancándole algunas hojas, y la cubren con una bolsa de plástico para atrapar las sustancias químicas volátiles que inevitablemente emite. Recogen con una jeringa gigantesca parte del aire cargado de sustancias químicas del interior de la bolsa y, a continuación, rocían con ese aire otra planta y registran su respuesta. El siguiente paso consiste en confeccionar un perfil de personalidad para cada planta. Una vez que lo tienen, pueden registrar las respuestas de la planta a lo largo del tiempo, para ver si la personalidad se mantiene estable durante toda su vida. Si una planta temerosa sigue siendo temerosa, que es lo que Karban espera, es muy posible que el campo de investigación de la personalidad de las plantas acabe desarrollándose y se determine cómo llevarlo a cabo.

A medida que el estudio de la comunicación de las plantas evoluciona, da la impresión de que aparece información nueva allá donde los investigadores decidan mirar. Colleen Nell, investigadora en la Universidad de California en Irvine, descubrió hace poco que las plantas hembra de la jara amarilla, un arbusto con flores que crece en el desierto, atienden a las señales que envían tanto las plantas femeninas como las masculinas, pero las masculinas solo atienden a las señales que envían las masculinas.[17] En otros casos, parece que las plantas prefieren recibir la información de su propia familia. Uno de los estudios de Karban concluyó que las artemisas escuchan a sus parientes genéticos, pero no a los completos extraños genéticos.[18]

Esta nueva investigación plantea preguntas existenciales sobre lo que consideramos una comunidad de plantas sana y qué significa, en realidad, protegerlas. Dadas estas conclusiones, limitarnos a cultivar plantas no basta; si la comunicación es una de sus funciones vitales, nuestros cuidados deben incluir su capacidad para «hablar» entre ellas.

Luego, al volver a casa, cuando pensaba en la investigación de Karban, me quedaba mirando las plantas que tenía en las macetas. ¿Las estaba silenciando? ¿Estaba privando de una cualidad esencial a esas compañeras de piso que hacen que el espacio parezca más vivo? Daba la sensación de que sí. Para empezar, estaban en macetas. Si hablamos de comunicación raíz a raíz, estaban literalmente aisladas de toda conexión con el resto de la vida vegetal, por no mencionar la red de hongos y de bacterias con las que normalmente se asociarían. Sin embargo, ¿estaban también aisladas de la forma química del discurso vegetal? Casi todas las plantas que tenía en casa eran variedades tropicales cultivadas masivamente en invernaderos. Lejísimos de sus antepasadas silvestres. ¿Eran estas plantas una versión reducida y domesticada de sus familiares silvestres, a tantas generaciones de distancia de las junglas de su especie que habían olvidado cómo hablar porque quizá nunca habían oído su propio idioma? Y, dejando a un lado el linaje, ¿las estaba guardando cautivas, como animales en cajas, confinadas, amordazadas en sus macetas? Pensarlo me daba escalofríos. ¿O quizá eran más como perros y lobos, y estas plantas necesitaban que las cuidara, ahora que habían perdido el contexto y los rasgos necesarios para la autosuficiencia total? Tampoco sabía muy bien cómo sentirme al respecto. Era consciente de que la imaginación se me estaba desbocando. Probablemente estuviera dejando que mi mente fuera demasiado lejos. Es muy fácil que suceda cuando se empieza a pensar en la agencia de las plantas. Sin embargo, me empecé a reñir, ¿qué es «demasiado lejos» cuando el tema en cuestión es la agencia de seres vivos?

Volvamos de nuevo a los lagos Mammoth, donde Karban cuenta escarabajos tendido boca abajo sobre la grava y ataviado con pantalones de nailon. La gorra de trabajo de campo con la que se cubre la cabeza asoma sobre la artemisa en la que ha enterrado el rostro.

Sentada en el suelo, cerca de él, inhalo el aroma del característico olor alcanforado de la planta, un aroma a hierba ligeramente especiado. Es el buqué de algunas de las muchas sustancias químicas volátiles que la planta usa para comunicarse con distintas partes de su cuerpo y que las artemisas próximas pueden detectar, para luego responder, si quieren. Karban piensa que eso puede ser la versión vegetal de «expresivo» o «silencioso», si aprendemos a escuchar, claro.

Busca patrones de conducta en las plantas, al igual que se hace con los humanos, en los que la mente se estudia por inferencia (a partir de lo que hace la persona), no por mecanismos neurológicos. «Me encanta usar lo que se ha aprendido a lo largo de décadas de psicología y aplicarlo a las plantas. En algunos casos no se puede, y no pasa nada», dice.

Sin embargo, ha encontrado un método de investigación en psicología que parece que encaja de verdad. El método ayuda a los investigadores a analizar la conducta dividiéndola en dos procesos. El primero es el criterio, o la percepción de información bruta; el segundo es la toma de decisiones, o cómo se sopesan los costes y beneficios de distintas acciones para elegir la más adecuada. Esto es perfectamente aplicable a las plantas, en opinión de Karban. La manera en que una planta puede sopesar la amenaza que suponen los depredadores y pasar a la acción para defenderse (por ejemplo, amargando sus hojas o, en el caso del tabaco, convocando químicamente a depredadores que se coman a lo que sea que se las esté comiendo a ellas) podría ser un indicador potente de su personalidad. Identificar cuán grave consideran la amenaza y cómo deciden responder ante ella podría enseñarnos mucho acerca de la variabilidad de la actitud de las plantas ante la vida.

Abandonamos la seca llanura donde estábamos trabajando y bajamos a un barranco sombreado por donde pasa un arroyo. Todo es intensamente verde. Karban me señala un lirio de tigre, una pastinaca de vaca. Ve una agrupación de mímulos amarillos, con forma de pico. «Cuando creen que los han polinizado, el estigma se cierra. Si es polen de verdad, permanece cerrado. Como diciendo "Vale, sí, ya tengo lo que quería". Pero los puedes engañar con una hojita de hierba». Me enseña cómo hacerlo: pincha la flor amarilla con una brizna de hierba. «Se cerrará, pero dentro de una media hora se dará cuenta de que no es lo que quería y se volverá a abrir».

Seguimos caminando. Álamos temblones, miosotis, alisos...

Le pregunto cómo ha cambiado esta investigación la manera en que ve las plantas. «La gente me pregunta si las plantas sienten el dolor», me responde. Mi pregunta no ha sido la adecuada. «Las plantas saben que se las están comiendo. Probablemente lo experimenten de una manera muy distinta a como lo experimentamos nosotros. Son muy conscientes de su entorno, son organismos muy sensibles. Y se preocupan por cosas muy distintas de las que nos preocupan a nosotros. Se dan cuenta de cuando me inclino sobre ellas y proyecto una sombra. Es absurdo pensar que prefieren la música clásica al rock. Pero son sensibles a la acústica», dice.

Se queda pensativo y se detiene. «Siento mucho respeto por ellas... No sé si hablar de conciencia al referirse a las plantas es lo más adecuado, pero sí que son muy conscientes de su entorno. Y eso es algo nuevo para mí, me he dado cuenta durante los últimos diez años. Los datos no son nuevos, pero mi visión del mundo sí que lo es». Le pregunto por qué ahora, después de tantas décadas trabajando en este campo. «Soy de esas personas que cambian de postura poco a poco», responde.

En 1840 el barón y químico alemán Justus von Liebig publicó una monografía en la que, además de enumerar los tres elementos químicos principales que las plantas necesitaban para crecer, explicó también la fertilidad del suelo, un enigma que persistía desde la antigüedad.[19] Al cabo de unas décadas, esos tres elementos (nitrógeno, fósforo y potasio) se convirtieron en la base de la revolución de los fertilizantes modernos,[20] que transformaron la agricultura para siempre. Sin embargo, desde entonces hemos aprendido que la salud de las plantas es algo mucho más complejo y que el uso constante de fertilizantes sintéticos puede causar un daño irreparable tanto a los ecosistemas como a la fertilidad de la tierra a largo plazo. Ahora se han empezado a estudiar estratos nuevos de complejidad respecto a la salud del suelo, como relaciones entre distintas especies de infinidad de microbios y de hongos.

La personalidad de las plantas podría constituir aún otro nivel de complejidad. En este momento, la variabilidad individual en la respuesta de las plantas ante las plagas es un fenómeno fundamentalmente inexplicable, tal y como lo fueran antaño las nociones básicas de la fertilidad del suelo. Entender que no todas las plantas son iguales, así como las maneras en que son distintas, podría ser un primer paso para que los investigadores pudieran entender las conductas características de las plantas y, quizá, desarrollar cultivos más resistentes.

Sin embargo, respetar esa individualidad será un reto aún mayor. Los investigadores agrícolas han advertido de los peligros de los monocultivos (plantar una única variedad genética de cultivos en grandes extensiones de terreno) desde el siglo XIX, cuando un microbio causó una enfermedad conocida como mildiu de la patata que resultó especialmente letal para la variedad Lumper, un cultivo básico en la Irlanda de la época. El mildiu destruyó los cultivos de patata, lo que provocó una hambruna que se saldó con aproximadamente un millón de muertos. Sin embargo, y dada la economía de la agricultura moderna, que valora la productividad ante todo, muchos de los alimentos básicos se cultivan en todo el mundo en vastos campos indiferenciados. Los cultivos se seleccionan pensando en la productividad por encima de todas las cosas, con frecuencia a costa de sacrificar otros rasgos, como la capacidad de autodefensa. Por lo tanto, con frecuencia se necesitan cantidades enormes de pesticidas y fertilizantes para mantenerlas vivas. Me pregunto si estos monocultivos son también monocultivos de un mismo tipo de personalidad.

¿Qué sucedería en esos campos, en términos de personalidad, si se permitiera una mayor variabilidad genética? Es posible que cambiara la cultura del lugar, que más estilos de vida compartieran un mismo espacio. Contamos con gran cantidad de estudios que demuestran los beneficios de la biodiversidad para la resistencia de los campos de cultivo y de los ecosistemas. Sin embargo, podría ser que la diversidad de personalidades sea otro de los factores que intervienen para que todo salga bien. Podría ser que un campo de multiplicidad florezca precisamente en relación con las múltiples maneras de enfocar la vida que contenga. Tal y como ilustran estas primeras conclusiones, ni los temerosos ni los valientes pueden perpetuar una especie por sí solos.

CAPÍTULO 4

Sienten y padecen

Somos una mera especulación biológica,
vibramos aquí sentados
y no sabemos qué nos hace vibrar.

George Clinton, «Biological Speculation»,
para Funkadelic, 22 de mayo de 1972

La electricidad es una fuerza muy astuta y, si bien no está viva, con mucha frecuencia sí que es el mejor signo de la presencia de vida. Es un indicador de vitalidad, o quizá sea la vitalidad misma. La electricidad interviene en todos los aspectos de nuestra vida y subyace a nuestra capacidad para movernos, pensar y respirar. La electricidad no tiene pulso, pero el pulso tiene electricidad; o, mejor dicho, el pulso existe porque tiene electricidad. ¿Cómo calificar algo que no está vivo del todo, pero que tampoco es en absoluto inerte? La teórica Jane Bennett lo llama «vibrante». Me gusta. La electricidad tiene su propia vibración. Y es la que favorece nuestra existencia.

La electricidad también da lugar a las plantas, o al menos eso es a lo que apunta la ciencia. Desde cierta perspectiva, una planta es una bolsa de agua o, para ser algo más precisa, una bolsa semejante a una piel, compuesta por células llenas de un líquido acuoso circulante. (Igual que nosotros, por cierto). Esta configuración otorga a las plantas una conducción eléctrica extraordinaria. Los pulsos eléctricos se desplazan a gran velocidad por el cuerpo de la planta. La pregunta es: ¿pueden las plantas usar esa electricidad para entender el mundo y reaccionar ante él, como hacemos nosotros? ¿Para moverse, crecer y enviar mensajes a sus partes más distales? La mayoría de los impulsos eléctricos de nuestro cuerpo pasan por el filtro del cerebro, que los vuelve a expulsar transformados en información, pero las plantas carecen de este recurso. Así que, en ausencia de cerebro, ¿cómo podría la electricidad facilitar que las plantas se envíen mensajes y den sentido a los mensajes que reciben? En estos momentos, los científicos están haciendo todo lo que pueden para responder a esta pregunta. Varios de ellos me dijeron que intuyen cómo esto puede ocurrir, pero se trata de una sospecha que roza lo místico. O, como mínimo, roza una concepción de la vida completamente nueva, algo que, con frecuencia, comienza sonando muy místico.

Tócate la piel de la mejilla. Nota la sensación, tanto en la yema del dedo como en el punto del rostro en el que se ha posado. Debes esa sensación a la electricidad y a una elaborada reacción en cadena que se origina en las células de las yemas de los dedos y la mejilla y llega hasta el cerebro, para regresar al origen de nuevo. En el cuerpo humano, la electricidad funciona del siguiente modo: el potencial de las membranas celulares en reposo tiene una carga ligerísimamente negativa. El plasma intercelular está repleto de elementos con carga positiva (iones de sodio, de magnesio, de potasio y de calcio) que flotan en él. Son los electrolitos. Cuando se las toca, las células abren los canales de la membrana y permiten que esos iones las crucen. Son como las compuertas que dejan entrar y salir el agua de los canales de riego.

De repente, la carga negativa de la célula se vuelve positiva gracias al influjo de iones. Esto produce una «chispa» de electricidad que recibe el nombre de *potencial de acción.* El chispazo repentino hace que se abran también las compuertas de iones de la célula vecina, que se electrifica a su vez. Esta reacción en cadena avanza a gran velocidad y envía información mediante la corriente eléctrica que mana de las células electrificadas del dedo (y de la mejilla) y llega al cerebro para regresar de nuevo al origen. Casi todas las células del cuerpo son capaces de generar electricidad. Los músculos están eléctricamente activos siempre que se contraen y se relajan, un movimiento que solo es posible gracias a la electricidad. Lo mismo sucede con el músculo liso que rodea las venas y que se contrae y se distiende para que la sangre fluya sin cesar por el cuerpo. El cerebro, por supuesto, también es fantásticamente eléctrico y nos alerta de la caricia en la mejilla incluso antes de que hayamos tenido tiempo de preguntarnos cómo será esa sensación.

¿Qué sucede cuando la electricidad se reduce? Una persona bajo anestesia general no responde al tacto.[1] Tocar el cuerpo de una persona anestesiada (o abrirlo en canal con un bisturí) no produce la algarabía de chispazos eléctricos que estallaría en una situación normal. Los fármacos interfieren en los potenciales de acción.[2] Del mismo modo, cuando los investigadores ponen bajo anestesia general a una venus atrapamoscas (colocándola bajo una campana de vidrio y saturando el aire del interior con éter etílico), la planta también deja de responder al tacto.[3] No se cierra, por mucho que se estimulen las vellosidades que disparan el mecanismo de cierre. Cuando el éter desaparece, las trampas vuelven a funcionar con normalidad pasados unos quince minutos.

Lo mismo sucede con la especie *Mimosa pudica*, más conocida por su apodo «planta sensitiva». En su estado normal, las mimosas cierran sus hojas de abanico al menor contacto y las pliegan ordenadamente, como un estor veneciano. Si se insiste en tocarla, la hoja al completo se desploma súbitamente desde el punto en que se une al tallo, como una muñeca. Esto tiene una explicación:

si eres una oruga mordisqueando una hoja que, de repente, se desploma, es posible que te caigas. Sin embargo, una mimosa anestesiada no cierra las hojas por mucho que se la toque.[4]

Los brotes de guisante, que, por lo general, agitan hasta tal punto los zarcillos en periodos de aproximadamente veinte minutos que parece que estén bailando, se encogen y detienen el baile cuando son sometidos a la influencia del éter etílico. Cuando este desaparece, los brotes se recuperan y reanudan su danza.

El misterio de la electricidad de las plantas evoca otros misterios más corporales, más humanos. Nuestro cerebro eléctrico cuenta con circuitos tan enrevesados que aún no se han podido cartografiar todas las vías. El misterio también me lleva a pensar en cómo funciona la anestesia en nosotros, en el mecanismo desconocido por el que la anestesia puede desactivar sin más nuestros circuitos sin apagarnos del todo y para siempre. Sabemos que, en el cerebro humano, la anestesia profunda modifica el patrón de los impulsos eléctricos. Las ondas cerebrales se reducen,[5] lo que a su vez reduce la actividad de forma general. El flujo de información se ralentiza o desaparece. En algunas escuelas de pensamiento, la presencia de consciencia se hace evidente justo por lo contrario: por la capacidad de quedar inconsciente.

En nuestro cerebro, la electricidad avanza en oleadas. En los escáneres cerebrales, la información aparece en forma de impulsos de colores, como una ola que se desplazara entre dos orillas. Los neurólogos usan la complejidad y la coherencia de esas olas para determinar la salud del cerebro y nuestro estado mental. Christof Koch, investigador principal en el Instituto Allen de Ciencias del Cerebro en Seattle (Estados Unidos), va más allá. Suscribe la teoría desarrollada por Giulio Tononi,[6] un neurocientífico que plantea que la complejidad y la integración de las ondas cerebrales crean un sentido de realidad coherente en nosotros y son una de las maneras en que percibimos nuestra propia conciencia. Tononi afirma que la conciencia surge de la riqueza de ese patrón de ondas.[7] Koch, Tononi y sus colegas han desarrollado un sistema que, al menos en teoría, mide cuán integradas están esas ondas; cuanto más integradas estén (es decir, cuanto más organizada esté cada región discreta del cerebro y cuanto más conectadas estén las distintas regiones entre ellas), más elevado será el nivel de conciencia que indiquen. Cree que usar esa fórmula sugiere un potencial de conciencia para todos los seres vivos. En su opinión, la diferencia entre distintas formas de vida no está en la presencia o ausencia de conciencia, sino en el nivel y la intensidad de dicha conciencia. Un insecto tiene menos conciencia que un ser humano, pero un insecto tiene cierto nivel de conciencia. Es una gradación. Y todo parte de las olas, de las ondas.*

La forma de las ondas aparece en toda la naturaleza: las ondas son una manera excelente de transmitir información biológica. El moho mucilaginoso instruye su propio movimiento enviando pulsos ondulantes que cruzan todo su cuerpo, que, en sí mismo, es una sola célula gigantesca repleta de miles y miles de núcleos.[8] Cuando uno de los bordes del moho mucilaginoso detecta el aroma de azúcares y proteínas cercanos, ablanda la parte más próxima de su forma gelatinosa, de modo que el fluido del cuerpo se desplaza y avanza en esa dirección. El reequilibrio de los fluidos hace que todo el saco de la colosal célula, con todos sus núcleos, ondule como una serie de olas que propulsan al cuerpo en dirección a la comida. Este moho también puede emitir pulsos en forma de contracciones diminutas que envían ondas a través del cuerpo fluido con el objetivo de mandar rápidamente señales a las partes distales del cuerpo, lo que le permite actuar de forma coordinada. Por su parte, los hongos también usan ondas para conso-

* Anthony Trewavas y dos de sus colegas defendieron que se aplicara la teoría de la información integrada de Koch para investigar la conciencia en las plantas. Véase Pedro Mediano, Anthony Trewavas y Paco Calvo, «Information and Integration in Plants: Towards a Quantitative Search for Plants Sentience», en Vicente Raja y Miguel Segundo-Ortín (comps.), «Plant Sentience: Theoretical and Empirical Issues», en *Journal of Consciousness Studies*, edición especial, 28, n.os 1-2, 2021, págs. 80-105.

lidar la información de su entorno y transformarla en conducta corporal. Los micelios, que forman el omnipresente cuerpo subterráneo de los hongos, coordinan sus millones de filamentos individuales mediante ondas eléctricas.[9] Así, la información acerca de los nutrientes y de la humedad puede avanzar por un micelio cuyos tentáculos pilosos forman una alfombra que abarca hectáreas de suelo forestal. En el caso tanto del moho como de los hongos, la información se recibe, se absorbe y se traduce en una acción cohesiva sin necesidad de cerebro.[10] Y con frecuencia todo el ciclo comienza con el tacto.

Hace mucho que los científicos han observado que casi todas las plantas son muy sensibles al contacto de cualquier tipo y modifican en consecuencia el modo en el que crecen. Es un fenómeno que incluso tiene nombre: tigmomorfogénesis. Darwin describió la sensibilidad al tacto de las plantas a finales del siglo XIX, pero los agricultores conocían este fenómeno desde mucho antes. Las prácticas agrícolas tradicionales de muchas regiones aconsejan azotar, pinchar o flagelar de otras maneras cultivos concretos para inducir un mayor crecimiento o evitar determinadas plagas. En las décadas de 1970 y 1980, un fisiólogo vegetal de Ohio confirmó más o menos este conocimiento tradicional acariciando a diario los tallos de plantas de invernadero. Mordecai Jaffe, o Mark, para la mayoría de las personas, concluyó que molestar insistentemente a las plantas las hacía más fuertes. Empezó su investigación acariciando metódicamente distintas variedades de plantas muy comunes: cebada, pepino, judías verdes, ricino y brionia blanca.[11] Si acariciaba la planta una sola vez, no había cambios. Sin embargo, si la acariciaba repetidamente, durante unos diez segundos una o dos veces al día, la planta cambiaba mucho. La respuesta era rápida: pasados tres minutos desde que empezaba a frotar el tallo, la planta ralentizaba o incluso detenía su crecimiento vertical, algo que, de otro modo, hacía sin cesar. Cuando Jaffe dejaba de acariciar la planta, esta empezaba a alargarse rápidamente, incluso a mayor velocidad de la habitual, como si quisiera recuperar el tiempo perdido. En las judías amarillas Cherokee, los tallos acariciados se volvían más gruesos y duros.[12] Aunque es imposible no hacer chistes al respecto, se trataba de un asunto muy serio. Jaffe acuñó el término *tigmomorfogénesis*, con el que abrió las puertas a un campo de estudio completamente nuevo en el mundo de las plantas.

Descubrió asimismo que sucedía lo mismo con los abetos Fraser[13] y los pinos taeda jóvenes.[14] En lugar de crecer a lo alto, los árboles se volvían más gruesos y duros. Jaffe especuló que, probablemente, el propósito de la respuesta era «proteger a las plantas del estrés producido por los vientos fuertes y del movimiento de los animales». Si te empujan y te golpean sin cesar, seguramente sea buena idea volverte más corpulento. Por su parte, las judías amarillas Cherokee adoptaban otra estrategia: se volvían elásticas. Jaffe decidió averiguar qué sucedería si las inclinaba un poco. Resultó que, mientras que las plantas a las que no había importunado se doblaban un poco y se rompían enseguida, las que habían sido acariciadas insistentemente podían inclinarse casi en ángulo recto sin romperse. Ahora sabía que tocar una planta podía hacer que creciera más baja, más achaparrada y más flexible. Todas ellas eran estrategias increíblemente útiles para evitar morir en un mundo habitado por vientos potentes y animales desconsiderados.

Más adelante, la revolución del genoma permitió ver hasta qué punto el contacto físico transforma las plantas en los niveles más profundos. Estudiar los genes de la *Arabidopsis thaliana*, una planta herbácea de la familia de la mostaza y el ratón de laboratorio de la biología vegetal, llevó a que los investigadores constataran que el contacto físico activaba una respuesta silenciosa tan drástica en las hormonas y en la expresión genética que inhibía sustancialmente el crecimiento de la planta.[15] Acariciaron la arabidopsis con pinceles suaves y luego analizaron la respuesta genética de la planta. Menos de treinta minutos después del contacto, el diez por ciento del genoma de la planta había cambiado. Era obvio que estaba reorganizando sus prioridades para afrontar la molestia y, por lo tanto, había redirigido la energía que, de otro modo, hubiera destinado a hacerse más alta. Después de que la tocaran varias veces, la arabidopsis redujo el ritmo de crecimiento vertical en hasta un treinta por ciento, tal y como Jaffe había descubierto años antes.

Cuando la tocan, la planta activa su sistema inmunitario. Así, se ha visto que el contacto humano ha ayudado a las plantas a evitar infecciones fúngicas posteriores, porque sus defensas ya están sobre aviso.[16] Sea cual sea la situación, si tocamos una planta, esta se dará cuenta y, por lo general, responderá estresándose muchísimo y poniéndose a la defensiva. A simple vista no parece que la mayoría de las plantas se inmuten cuando las pisamos o cuando les arrancamos una flor. Sin embargo, ahora sabemos que, internamente, se erizan con la fuerza de un puercoespín sobresaltado o un purasangre asustado. Las plantas son conscientes de cómo las tratamos y, a raíz de ello, reorganizan su vida.

¿Cómo es posible esta sensibilidad? ¿Cómo es posible que la planta no solo perciba el contacto físico, sino que, además, lo traduzca en una respuesta? Puede que la electricidad sea la clave. Si tocamos una planta, o un animal, la respuesta aparecerá registrada en un voltímetro.

El biólogo, físico, botánico y escritor de ciencia ficción Jagadish Chandra Bose, más conocido como J. C. Bose, llevó a cabo algunos de los primeros intentos de estudiar la electricidad en las plantas en la década de 1900 en Calcuta (India). J. C. Bose fue el pionero de la telecomunicación inalámbrica y el descubridor de las ondas electromagnéticas de longitud milimétrica (las mismas microondas que hicieron posible la radio y que hoy se usan en la detección a distancia y en los escáneres de seguridad de los aeropuertos). De hecho, construyó el receptor de ondas de radio que luego usaría Guglielmo Marconi para construir el primer aparato de radio funcional. Es posible que fuera el biólogo más célebre de su generación. Lo nombraron caballero, lo eligieron para la Royal Society y fue el primer indio que consiguió una patente en Estados Unidos. Sin embargo, ha caído prácticamente en el olvido más allá de las fronteras del sur de Asia.

En los años que siguieron a sus grandes descubrimientos con las microondas, empezó a pensar en la posibilidad de que todo contara con una especie de vida eléctrica, así que comenzó a experimentar con plantas. Colocó sondas eléctricas en varias plantas y afirmó haber registrado un «espasmo de muerte» en forma de pico de actividad eléctrica. Conectó una col a un voltímetro en presencia del dramaturgo George Bernard Shaw, que se dice que quedó horrorizado al ser testigo de las «convulsiones» eléctricas de la col cuando la arrojaron a agua hirviendo.[17] Cabe decir que Shaw era vegetariano.

Bose también observó que las mimosas producían un impulso eléctrico justo antes de cerrar las hojas por la noche. El científico inglés John Burdon-Sanderson había registrado por primera vez «excitaciones eléctricas» en otra planta sensitiva, la venus atrapamoscas, en 1876.[18] Sin embargo, Burdon-Sanderson solo había estudiado la superficie de las hojas. Bose profundizó más y examinó la respuesta eléctrica en células vegetales individuales con un sistema de registro con microelectrodos que había diseñado él mismo[19] varios años antes de que otros científicos hicieran las primeras lecturas con microelectrodos de neuronas individuales en animales.[20] Observó que el voltaje de células vegetales individuales cambiaba cuando se las irritaba, en lo que era una respuesta evidente al contacto físico. En 1925, unos años después, escribió sobre «nervios vegetales»[21] y sugirió que funcionaban como sinapsis. Para entonces ya se habían publicado las primeras explicaciones del sistema nervioso animal, si bien aún no se había acuñado la palabra *neurona*.

Bose decidió que las plantas debían tener sistemas nerviosos. Estaba convencido de que los impulsos eléctricos mediaban en la mayoría de las funciones de las plantas, como el crecimiento, la fotosíntesis, el movimiento y las respuestas al entorno (luz, calor, exposición a toxinas...). «El resultado de las investigaciones que he llevado a cabo durante los últimos veinticinco años demuestra la generalización de que el mecanismo fisiológico de las plantas es idéntico al de los animales», escribió.[22]

Esto no es del todo cierto: las células vegetales son distintas a las células animales. Tienen paredes celulares y estructuras como los cloroplastos. Además, las plantas no tienen sinapsis. Sin embargo, Bose lo calificó de «generalización» y, si de verdad hablamos en términos generales, parece que tenía razón. Los cuerpos vegetales y animales podrían estar operando con los mismos principios básicos, al menos en lo que a la electricidad se refiere.

No fui en absoluto ni la primera ni la segunda persona en recuperar los experimentos de Bose con las plantas. *La vida secreta de las plantas* le dedica un capítulo entero, una de las pocas partes del libro que soportó el escrutinio posterior. En 1973, el mismo año en que se publicó el libro, una joven estudiante de biología llamada Elizabeth van Volkenburgh acababa de terminar los estudios de grado. Había leído *La vida secreta de las plantas* durante los descansos de su trabajo como técnica en un laboratorio de botánica en la Universidad Duke (Carolina del Norte). El capítulo de Bose le llamó especialmente la atención. La idea de la electricidad vegetal no tardó en echar raíces en su pensamiento.

La primera vez que leí el nombre de Van Volkenburgh aparecía como la presidenta de la Sociedad de Neurobiología Vegetal (ahora rebautizada como Sociedad de Señalización y Conducta Vegetal) y vi que había estudiado los impulsos eléctricos en plantas hacía unos años. Cuando la llamé en 2018, sonó sorprendida. En ese momento era profesora en la Universidad de Washington y apenas conseguía que sus alumnos en cursos de preparación para la Facultad de Medicina (que debían cursar una asignatura obligatoria sobre ecología) se preocuparan demasiado por las plantas, y no digamos ya por los primeros estudios que investigaron por qué se detectaba actividad eléctrica en ellas. Dirigía un laboratorio que estudiaba cómo se expanden las hojas. Pero yo la llamaba para hablar de la electricidad de las plantas, uno de sus intereses de hacía años, cuando aún publicaba artículos sobre el tema. Cuando la financiación aún no había desaparecido.

Van Volkenburgh recuerda 1973 muy bien. Se acababa de graduar en Biología vegetal. Había elegido Biología porque sus notas en todo lo demás eran peores. Su trabajo en el laboratorio de Duke no le exigía pensar lo más mínimo, consistía en contar sin fin las hojas de las plantas experimentales y medir su longitud y su anchura hasta el infinito y más allá. No sabía qué quería hacer ahora que tenía el título, pero tenía meridianamente claro que no era eso. Durante los descansos, leyó *La vida secreta de las plantas.*

Así que, según leyó, las plantas tenían vidas eléctricas. ¿Cómo era posible que nadie se lo hubiera mencionado ni una sola vez durante los estudios de grado? Para empezar, era posible porque Bose había pasado por una fase algo vergonzosa. Había dedicado parte de su carrera a preguntarse si las máquinas estaban vivas. Cuando sus instrumentos científicos empezaron a desfallecer tras un uso repetido, estableció un paralelismo con la fatiga de los nervios humanos. El episodio me recuerda a Alexander Graham Bell, que inventó uno de los dispositivos tecnológicos más importantes del mundo moderno, el teléfono, motivado por su creencia de que la estática que oía en la línea eran mensajes de personas muertas; en su caso, él pensaba que quizá se trataba de su hermano fallecido.

Bell no fue expulsado del círculo científico por eso. Tampoco se expulsó a Thomas Edison, cuyas ideas menos conocidas incluían su fe en la telepatía. Esas partes de sus biografías respectivas cayeron en el olvido, sin más. Por supuesto, eran hombres blancos. Bose era de piel oscura e indio. Un botánico me dijo que la pérdida de su legado es resultado directo del racismo estadounidense.[23]

En 1981, cuando Van Volkenburgh ya se había doctorado y trabajaba como investigadora posdoctoral en la Universidad de Illinois, empezó a experimentar con la electricidad de las plantas. Había llegado para trabajar con plantas de maíz en un problema completamente distinto. Sin embargo, su supervisor había trabajado con potenciales de acción y le enseñó a medirlos. Cortaba un trozo de hoja de maíz, lo conectaba a un voltímetro que pitaba cuando detectaba una corriente eléctrica y entonces lo iluminaba con un foco. Las células de la planta, aún vivas, podían fotosintetizar. Y la fotosíntesis es un proceso inherentemente eléctrico. El voltímetro enloquecía y empezaba a pitar frenéticamente.

«Me emocioné, la electricidad tiene una cualidad escurridiza», dijo. La electricidad es invisible, pero si se conectan sondas a una planta, de repente aparecen señales sobre una pantalla. «Fue maravilloso, casi como si me hablaran. Estaban vivas».

En 1983 había vuelto a la Universidad de Washington, donde, en otro edificio del mismo campus y en la misma época, David Rhoades acababa de publicar los tristemente célebres experimentos acerca de la invasión de orugas en el bosque de la universidad. La noticia acerca de los árboles parlantes corrió como la pólvora.* ¿Plantas que se comunican? En los pasillos, Van Volkenburgh y sus colegas se preguntaban en voz alta si realmente era posible. Si las plantas se podían comunicar enviándose señales aéreas, quizá podían hacer lo mismo con impulsos eléctricos, ¿no?

Sabemos que el cuerpo humano es fundamentalmente eléctrico. Con frecuencia olvidamos que la manera en que ahora entendemos los mecanismos por los que la electricidad gobierna los nervios y los músculos humanos comenzó en las plantas. Los investigadores Alan Lloyd Hodgkin, Andrew Fielding Huxley y John Carew Eccles obtuvieron un Premio Nobel por su descubrimiento de la naturaleza eléctrica de las neuronas en la década de 1950. Basaron su investigación en estudios anteriores donde otros

* Siete meses después, la revista *Nature* publicó otro artículo que llegaba prácticamente a la misma conclusión. Que un artículo se publique en *Nature* es muy importante, porque le da peso. Poco después, otro artículo concluyó que distintas especies de plantas se podían enviar mensajes entre ellas: las sustancias químicas liberadas por una artemisa dañada podían hacer que una tomatera próxima activara sus defensas.

investigadores habían medido los impulsos eléctricos en las células gigantes de la *Chara algae*, un alga habitual en aguas pantanosas. Las células de *Chara* eran enormes (para ser células, claro está: diez centímetros de longitud y un milímetro de diámetro), por lo que eran visibles a simple vista, algo muy cómodo para los investigadores. Era fácil insertar un electrodo directamente en una de ellas. Y eran excitables, como las células humanas.

Pasó mucho tiempo antes de que la ciencia empezara a formular a las plantas más preguntas sobre la electricidad. En 1992, un grupo de investigadores británicos y neozelandeses descubrió que, si bien podían bloquear las señales químicas de los plantones de tomatera, las plantas seguían acumulando proteínas defensivas si dañaban otra parte de la planta.[24] También se dieron cuenta de que, cuando dañaban deliberadamente a un plantón, detectaban un aumento de la actividad eléctrica. ¿Podía ser que la señal de alarma fuera eléctrica en lugar de química?

En una carta publicada en *Nature*, los investigadores llegaron a decir que la actividad eléctrica presentaba «similitudes con el sistema de conducción epitelial que se usa para transmitir estímulos en las respuestas de defensa de algunos animales invertebrados». En la conducción epitelial, la señal eléctrica va de una célula a otra por canales estrechos que dejan pasar iones entre células adyacentes. «Si bien las plantas carecen de estructuras comparables a los nervios animales», escribieron, las células del tejido vegetal están unidas por hilos finos que tienen «conductividades eléctricas casi idénticas» a las de los tejidos animales. ¿Se transmitía así la señal de que había que reforzar las defensas? En caso de ser así, ¿qué significaba eso?

Estos resultados ofrecieron las primeras pruebas definitivas de la relación entre la señal eléctrica y la respuesta bioquímica de las plantas. Hacia esa misma época, Van Volkenburgh tuvo la sensación de que se estaba acercando a algo importante. Primero estudió cómo se expandían las células y cómo eso conducía al crecimiento de las hojas. Luego publicó artículos donde explicaba cómo las membranas celulares externas reaccionaban ante luz con distintas longitudes de onda y cómo afectaba eso al crecimiento de la planta. Se le ocurrió que la membrana celular hacía muchas más cosas que las que se enseñaban en los libros de texto. En los animales, la membrana celular gobierna el flujo de electricidad.

En 1993, veinte años después de que Van Volkenburgh iniciara sus estudios de posgrado, otra científica descifró al fin lo que sucedía en las membranas celulares vegetales. La botánica Barbara Pickard investigaba la electricidad de las plantas desde la década de 1970 y era célebre por fiarse tanto de su intuición como de los datos que obtenía, para dolor de cabeza de sus colegas de investigación. Sin embargo, descubrió un canal que atravesaba la membrana por completo y que contaba con una compuerta minúscula cuyo cometido era permitir el flujo de corriente eléctrica (básicamente, iones de calcio) a través de las células cuando algo ejercía fuerza mecánica sobre ellas. Es decir, cuando algo o alguien las tocaba. Pickard y su equipo encontraron la primera prueba definitiva de la existencia de canales iónicos mecanosensibles en plantas.[25] Por primera vez, los investigadores contaban con una manera de estudiar a nivel celular cómo las plantas experimentan el contacto físico como una fuerza física desde el interior. «Cuando llegué aquí, nadie creía que las plantas tuvieran canales iónicos —dijo Van Volkenburgh—. Los canales iónicos activados por voltaje son la base de los nervios».

Los iones que causaban potenciales de acción en las plantas eran distintos a los que actuaban en los nervios animales, y las proteínas que los regulaban tampoco eran las mismas. Aun así, Van Volkenburgh pensó que era inevitable preguntarse si tenían funciones semejantes a los nervios. Los paralelismos entre las dos estructuras eran imposibles de ignorar. Si resultaba que las plantas tenían funciones semejantes a los nervios, se abriría todo un mundo de posibilidades y de preguntas nuevas. ¿Se podría decir, entonces, que las plantas sienten?

Dos años antes, estudios llevados a cabo en el Reino Unido y en Australia se habían acercado a esa idea, pero no habían llegado a tocarla. Ahora, por fin se había demostrado la existencia de los canales iónicos. Este descubrimiento era de una importancia capital y debería haber marcado un punto de inflexión hacia una carrera ilustre en lo que hubiera sido un campo de investigación completamente nuevo. Sin embargo, en esa época, la conducta de las plantas se había vuelto a quedar sin fondos. En 1995, el entonces presidente Bill Clinton fue informado de que el Departamento de Agricultura de Estados Unidos estaba financiando estudios sobre «plantas estresadas» con el dinero de los contribuyentes.[26] Hizo incluso una broma al respecto durante el discurso del estado de la Unión de ese año, con la que dio a entender que pensaba que el estudio trataba de si las plantas necesitaban psicoterapia, así que prometió poner fin a gastos inútiles como ese. Esta actitud general elevó el muro de escepticismo con el que se topaban los científicos que intentaban ir más allá en el estudio de la fisiología vegetal. Cada vez era más difícil obtener financiación. Pickard, que ya se había puesto en contra a sus colegas al hablar abiertamente de las deficiencias de los estudios de otros, se aisló aún más cuando se negó a jugar al juego de la solicitud de subvenciones para la investigación. «La gente creía que tenía la lengua demasiado larga, pero la realidad es que estaba muy adelantada a su tiempo», dice Van Volkenburgh. Pickard dejó de publicar, se vio cada vez más aislada en el círculo científico y tuvo que renunciar a su laboratorio. Se pasó la última década de su carrera profesional investigando en el laboratorio de otro.

Mientras, Van Volkenburgh se encontró con que el reciente estallido de la revolución genética había convertido en una misión imposible el encontrar financiación para su trabajo sobre las respuestas eléctricas en las plantas. «Todo se volcaba en la genética», explicó. Los genes iban hacia arriba y la electrofisiología, hacia abajo. Era un trabajo difícil y, con frecuencia, inconsistente: las minúsculas membranas celulares eran, literalmente, objetos de ganización interna que haga que una descarga eléctrica en una parte provoque cambios en otra. Entre el descubrimiento de los interruptores sensoriales y el de las estructuras semejantes a nervios, parece que comienza a aparecer una imagen bastante sofisticada (y hasta hace poco inconcebible cuando se hablaba de plantas). De todas maneras, los científicos aún han de encontrar la manera de hacer que todo encaje.

Un profesor de botánica ha empezado a dibujar un mapa en una oscura sala de microscopía en Madison (Wisconsin). Simon Gilroy lleva mucho tiempo pensando en la electricidad de las plantas. En 2013, él y su colega Mastastugu Toyota se convirtieron en las primeras personas que presenciaron en directo cómo la electricidad avanzaba por el cuerpo de una planta. Para su alegría, vieron que lo hacía en forma de onda.

Cuando conocí a Simon Gilroy, este llevaba una llamativa camisa hawaiana de color azul estampada con hojas de filodendro. A los botánicos les encantan las camisas temáticas. Lucía una brillante melena blanca, peinada con raya al medio, que le llegaba casi a la cintura.

Gilroy, un británico al que le gustan los chistes, estudió en la Universidad de Edimburgo en la década de 1980 y tuvo como profesor a Anthony Trewavas, un célebre fisiólogo vegetal. Ambos llevaban décadas convencidos de que la electricidad avanza en un patrón de ondas por el cuerpo de las plantas, algo que creían que tenía sentido: la información se movía en ondas en muchas otras formas de vida. Lo que sucedía era que aún no disponían de tecnología que les permitiera demostrarlo.

En los últimos años, Trewavas ha decidido hablar sin ambages acerca de las plantas y, en el proceso, se ha alineado con un grupo de botánicos que se autodenominan neurofitobiólogos y que publican artículos y libros donde presentan argumentos científicos a favor de la inteligencia y la consciencia de las plantas. Aunque Gilroy se muestra más prudente y es reticente a hablar tanto de la primera como de la segunda, él y Trewavas siguen trabajando juntos. Hace poco han desarrollado una teoría sobre la agencia de las plantas. Gilroy se apresuró a recordarme que hablaba estrictamente de agencia biológica y que no quería dar a entender que hablaba de intención en el sentido de pensamientos y emociones. Asentí y prosiguió: «Si pensamos en las plantas en el mismo marco temporal en el que operan los animales, vemos que hacen cosas muy similares a estos en términos de procesamiento de la información. Hacen cálculos muy complicados acerca del mundo que las rodea. Sería increíblemente impresionante que un ser humano llevara a cabo ese tipo de procesamiento de la información y llegara al resultado al que llegan las plantas». Las plantas logran que sus vidas funcionen en el entorno en el que se hallan. En opinión de Gilroy, eso demuestra que tienen agencia. De todos modos, la prueba sigue siendo fruto de la inferencia más que de la comprensión de los mecanismos que intervienen. «Si hablamos de los mecanismos que permiten esos cálculos, no tenemos el lujo de poder decir "Ah, son las neuronas del cerebro" —explica Gilroy—. La pregunta es: ¿dónde se procesa la información?». La investigación de Gilroy empezaba a permitir observar el proceso, «pero de momento no sabemos cómo funciona». Observar un fenómeno y entenderlo son dos cosas muy distintas.

Cuando Gilroy no está en su laboratorio, imparte la asignatura de Introducción a la Biología a más de novecientos estudiantes de grado por semestre. La asignatura abarca todo lo básico, pero con un sesgo claramente vegetal. Cuando llega a la Gran Oxidación (el largo periodo durante el que la atmósfera terrestre dejó de ser una asfixiante caja de dióxido de carbono para transformarse en un cielo dominado por el oxígeno), se asegura de que los alumnos tengan algo muy claro: las plantas fueron las que originaron ese proceso. Hicieron del mundo terrestre un lugar habitable para que pudieran surgir otras formas de vida y, al final, pudieran respirar. Sin ellas, la vida animal tal y como la conocemos no hubiera tenido la más mínima oportunidad de participar en la carrera de la evolución. Nuestras células no se hubieran formado jamás. «Cosas como las mitocondrias no funcionarían en el entorno ancestral».

La explicación básica de la teoría darwiniana de la evolución dice: un organismo vivo sufre una amplia sucesión de mutaciones aleatorias hasta que algo funciona, y entonces lo mantiene. Eso plantea una imagen bastante pasiva de cómo se forma la vida. Sin embargo, las plantas tuvieron mucho que decir tanto en su propia evolución como en la de su entorno. Gilroy cree que ese es el punto crucial: las plantas han diseñado el mundo que las rodea para que satisfaga sus necesidades. ¿Cómo es posible que no lo veamos? De no ser por ellas, no estaríamos aquí. La idea de que carecen de agencia es absurda una vez que entendemos eso.

Descifrar misterios concretos nos ayudaría a entender cómo son capaces las plantas de procesar tanta información de un modo tan experto. Gilroy dirige un laboratorio de ciencias botánicas que, entre otras cosas, envía con regularidad plantas recién brotadas a la Estación Espacial Internacional y enseña a los astronautas a cuidar de los plantones para poder estudiar cómo la microgravedad afecta a las raíces. Cómo perciben las plantas la gravedad es uno de los misterios más persistentes de la botánica. Nadie sabe cómo lo hacen. Sin embargo, se sabe muy bien cómo perciben la gravedad tanto los seres humanos como los animales: tenemos en el oído interno canales dispuestos en ángulo recto los unos respecto a los otros. Los canales están tapizados de cilios semejantes a los del interior de las venus atrapamoscas. También están llenos de un líquido con cristales en suspensión, como la purpurina en los globos de nieve. Cuando nos inclinamos o giramos, los cristales caen por el efecto de la gravedad y se depositan sobre algunas de las vellosidades sensoriales. Estas se inclinan bajo el peso, como un interruptor, y envían al cerebro una señal para indicar hacia dónde es abajo. (Si giramos rápidamente y nos detenemos en seco, da la impresión de que el mundo sigue girando, porque el fluido en los canales continúa moviéndose, como un globo de nieve al que hubiéramos agitado con fuerza. Los cristales están pulsando los interruptores equivocados. El mundo dejará de dar vueltas cuando la purpurina en el oído se deposite de nuevo). La clave del proceso reside en la señal eléctrica que se envía al cerebro. Solo entonces se transforma la información en algo que el cuerpo pueda entender.

«Es una máquina maravillosa, y sabemos cómo funciona», dice Gilroy en referencia al oído interno. Las plantas tienen un sistema muy parecido. Los científicos han encontrado gránulos que caen en el interior de las células, como los que tenemos nosotros en el oído interno.* «Pero no sabemos qué sucede entonces. No hay vellosidades, no hay sistemas que indiquen qué máquinas están llevando a cabo los cálculos». Nadie sabe qué sucede una vez que cae el cristal. ¿Qué se activa? ¿Adónde va la señal activada? ¿Se transmite mediante impulsos eléctricos? Sigue siendo una caja negra. Sin un interruptor, la mecánica de cómo percibe la planta los gránulos que caen sigue siendo un misterio. Y, sin cerebro, cabría pensar que la información rebota por la planta, sin llegar nunca a un centro de toma de decisiones que lo interprete.

A pesar de todo esto, es evidente que la planta procesa la información arriba-abajo para decidir hacia dónde crecer (por lo general, las raíces crecen hacia abajo, y los brotes, hacia arriba). Si inclinamos una planta, acabará por crecer hacia arriba otra vez. No cabe duda de que perciben la gravedad. Además, integran esa información con la que ya han reunido acerca de otros aspectos de su entorno inmediato, como obstáculos, vecinos, la dirección de la luz o la temperatura del suelo. ¿Cómo hacen todo eso? De momento, nadie lo sabe. «Y no es porque no se haya intentado —dice Gilroy—. Hay investigadores muy, pero que muy inteligentes que ya han hecho lo que uno pensaría que había que hacer para resolver el misterio con experimentos muy ingeniosos. Pero no han dado con la respuesta».

* Pero están compuestos de almidón, no de calcio, como los nuestros.

Y ese es, casi literalmente, el quid de toda la cuestión de la inteligencia de las plantas. ¿Cómo es posible que algo sin cerebro coordine una respuesta a los estímulos que recibe? ¿Cómo la planta integra la información que le llega de su hábitat, la clasifica por importancia y la traduce en una acción que la beneficie? ¿Cómo puede percibir el mundo si carece de un lugar centralizado que procese toda esa información?

Hace unos años, Gilroy y Toyota decidieron buscar la respuesta a esa pregunta. Toyota pensaba que, de haber un interruptor eléctrico asociado a la percepción de la gravedad, como el que se encuentra en el oído humano, era muy probable que viniera acompañado de un pico de calcio. El calcio no es, en sí mismo, una forma de información. Básicamente, es la huella que la electricidad deja a su paso, una especie de «segundo mensajero». En animales, el nivel de calcio en el interior de las células aumenta cuando estas abren los canales iónicos. Y los canales iónicos se abren para dejar pasar la electricidad. Por lo tanto, el calcio aparece en la célula justo después de que lo haga la electricidad.

La tecnología necesaria para visualizar calcio de las células vegetales se soñó hace muchos años. Funcionaba del siguiente modo: los investigadores se hicieron con el gen responsable de producir proteínas fluorescentes verdes en una especie de medusa que brilla de forma natural en el agua oscura y lo modificaron para que respondiera al calcio. Entonces insertaron el gen en el cromosoma de una planta (la parte de la célula responsable de transmitir la información genética a la siguiente generación). Cuando se inserta un gen en un cromosoma, este se duplica en todas las células de los descendientes de ese organismo. Eso significa que todas las semillas que la planta produzca en el futuro darán lugar a una plantita con la capacidad de brillar con luz verde integrada en cada una de sus células. Es curioso, porque prácticamente todos los organismos vivos tienen la capacidad de activar el mismo fragmento de ADN de la medusa. «El código genético de la medusa es universal —me explicó Gilroy—. Se podría insertar el código en cualquier otro organismo y funcionaría igual». ¿También en un ser humano? Me imaginé una persona con un brillo verdoso recorriendo toda su musculatura. Gilroy se echó a reír. «Hipotéticamente, lo podríamos hacer con personas. Éticamente, no».

La proteína de la medusa resultó ser una herramienta de laboratorio muy útil para observar el calcio en movimiento. A esas alturas hacía ya una generación que los investigadores habían estado mejorando las proteínas verdes fluorescentes y las habían alterado para que brillaran con más intensidad cuando se activaban, y habían conseguido resultados excelentes hacía poco. Al mismo tiempo, se habían desarrollado microscopios con un campo de visión lo bastante grande para abarcar una planta entera a la vez y cámaras lo bastante sensibles para detectar fluorescencias relativamente débiles. Por fin, la tecnología permitía poner en práctica ideas que los científicos llevaban queriendo probar desde hacía años. «Fue fantástico», dijo Gilroy.

Él y Toyota pensaron que las proteínas fluorescentes podían ser una manera perfecta de estudiar el misterio de la gravedad. Quizá podrían ver adónde se dirigía la señal observando la senda fluorescente. Sin embargo, pensaron que, antes de intentar usarlas para tratar de responder la gran pregunta sobre la gravedad, deberían tener un grupo de control para asegurarse de que el sistema funcionaba. Algo que hiciera que el calcio se moviera con facilidad. «Las lesiones garantizan la emisión de señales de calcio», le dijo Gilroy a Toyota. Los científicos ya habían demostrado que las plantas producen de inmediato un pico de electricidad en el lugar donde se las corta, muerde o daña de cualquier otra manera. Así que Toyota puso bajo el microscopio varias hojas y las cortó, esperando ver aparecer un montón de calcio en los puntos de corte. Pasados unos minutos, volvió corriendo al despacho. «Tienes que ver esto —le dijo Toyota a Gilroy—. Creo que vamos a investigar las lesiones».

Una oleada verde avanzaba por la planta desde el punto donde Toyota había cortado la hoja.[28] La huella del corte irradió hacia afuera, hasta que el calcio hubo recorrido todo el cuerpo de la planta. La imagen visual era nítida, asombrosa. Era comprensible para cualquiera: de una manera o de otra, toda la planta había recibido información acerca de la herida.

«Todos los fitobiólogos saben que las plantas responden en cuestión de milisegundos. Es algo que nadie discute. Sabemos con certeza que, una vez estimulada la planta, la bioquímica cambia al instante. Sin embargo, poder hacerlo de tal modo que quienes no son biólogos lo puedan ver también es un resultado magnífico. Es recordar a todo el mundo que todos los seres vivos responden rápidamente al mundo que los rodea. Porque, de no hacerlo, no seguirán vivos durante mucho tiempo», dice Gilroy.

Ahora podían ver en directo lo increíblemente sensibles que son las plantas a cualquier tipo de contacto. Tras dejar en paz a la planta durante mucho tiempo (incluso tropezar con la mesa sobre la que estaba podía originar el envío de ráfagas verdes por todo su cuerpo), Toyota cogió la punta de una pipeta de plástico y escribió la palabra *tacto* sobre una hoja. Ondas de luz verde reverberaron hacia fuera desde la palabra escrita. Gilroy usó el vídeo de ese momento en el microscopio como la última diapositiva de su presentación, justo antes de su información de contacto, de modo que la transparencia decía «Mantengamos el contacto».

Es un gélido día de diciembre y he venido a Wisconsin a ver con mis propios ojos esas reverberaciones verdes. Me reúno con Gilroy en su despacho; esta vez lleva una camisa hawaiana de un naranja encendido con un estampado de tablas de surf. Fuera estamos a veinticuatro grados bajo cero.

Gilroy me lleva a su laboratorio, donde Jessica Fernandez, una bióloga molecular de su equipo, nos trae plantas de tabaco y arabidopsis jóvenes que ella misma ha cultivado especialmente para mi visita. Están imbuidas de las proteínas de medusa fluorescentes. Sarah Swanson, la directora del centro de microscopía del departamento y la microscopista jefe del laboratorio de Gilroy, se une a nosotros. También es la mujer de Gilroy.

Fernandez deposita con suavidad la bandeja de plantas sobre el banco del laboratorio y una hoja de una de las arabidopsis bebé toca el borde de una caja y se dobla por la mitad. «No las estimules», dice Swanson, que quiere conservar toda la reactividad de las plantas para cuando estén bajo el microscopio. Había descubierto que era mejor sorprenderlas cuando estaban en un estado de reposo absoluto. «No pasa nada, esperaremos a que se recuperen», responde Fernandez. «Y luego las torturaremos», añade Swanson.

Swanson nos lleva a una pequeña sala dominada por un microscopio conectado a una pantalla de ordenador. Apaga la luz. Fernandez sumerge unas pinzas en una solución de glutamato y me las da. El glutamato es el neurotransmisor más importante del cerebro humano y, hace poco, se ha descubierto que también interviene en la señalización de las plantas, como potenciador de la señal. «Asegúrate de que pinzas la vena principal», dice Fernandez mientras señala la gruesa vena que parte longitudinalmente por la mitad todas las hojitas. Si solo pellizco el borde de la hoja, sin molestar a las venas grandes, es posible que la hoja se encienda en respuesta, pero que la señal no viaje al resto de la planta. Las venas son la superautopista de la información de las plantas. Si pellizcamos la vena, el pulso recorrerá toda la planta en oleadas. Doy un primer pellizco suave y puedo sentir la decepción que impregna la sala mientras aguardamos unos segundos en silencio para ver cambios en el monitor. La hoja se empieza a iluminar, lo que me impresiona, pero como ya he visto los vídeos de Gilroy, sé que puede ser mucho mejor. Me cuesta dañar la planta con entusiasmo. Pero Fernandez vuelve a sumergir las pinzas y me las vuelve a pasar, esta vez con la instrucción de que dé un buen pellizco. Me siento en la versión vegetal del experimento de Milgram con las descargas eléctricas. Como no quiero defraudar al público de científicos, esta vez aprieto más.

La diferencia es drástica. La planta se enciende como un árbol de Navidad, con las venas brillando como carteles de neón. La luminancia verde avanza desde el punto de la herida hacia fuera hasta recorrer toda la planta, en ondas de bioluminiscencia. Soy testigo de cómo experimenta una cascada de sensaciones. Una oleada de sensaciones. Mientras observo la luz avanzar por el sistema de venas, la imagen me recuerda a algo. Es imposible no ver la similitud con el patrón ramificado de los nervios humanos. Swanson vitorea. «¡Sí! ¡De eso se trata! ¡Espectacular!». Gilroy da un silbido y le dice a Fernandez: «Guarda el vídeo». Ella da una palmada y lo guarda en un archivo. Al cabo de dos minutos, las partes más distales de la planta han recibido la señal.

Me explican que el glutamato de las pinzas acelera el proceso. La fluorescencia verde hubiera aparecido igualmente sin él, pero parece que añadir glutamato intensifica la actividad eléctrica. En 2013, un equipo de científicos descubrió que las plantas cuentan con receptores similares a los del glutamato que se desplazan por todo el cuerpo vegetal[29] y activan genes de defensa en cuanto la planta sufre una lesión. Ahora, gracias a sus plantas fluorescentes, Gilroy y Toyota han descubierto que añadir glutamato hace que la señal luminosa verde avance a una velocidad de un milímetro por segundo, la velocidad del rayo para una planta. Una velocidad muy superior a la que se puede explicar por una mera difusión, o el flujo pasivo de compuestos por el sistema vascular de la planta. Se mueve a una velocidad eléctrica.

Gilroy cree que es muy probable que todas las células vegetales alberguen en su interior un depósito de glutamato y que, cuando alguna de ellas es aplastada, como con el pellizco de la pinza, el glutamato se «filtre» y «asuste» a las células adyacentes.[30] Las células perforadas sueltan su glutamato y tienden puentes entre ellas mismas y otras células, preparadas para que los iones de calcio con carga eléctrica las atraviesen. Era probable que la fuerza aplastante del pellizco con la pinza hubiera desencadenado un minitsunami de glutamato.

El sistema nervioso animal funciona de un modo parecido. De hecho, Edward Farmer, el científico que descubrió que unos genes estrechamente relacionados con las sinapsis de glutamato en el cerebro humano participan en la señalización eléctrica entre plantas, me dijo que lo primero que hizo cuando empezó a estudiar las señales eléctricas de las plantas fue comprar un manual de neurobiología. Los mamíferos usan receptores de glutamato para enviar con rapidez señales por el cuerpo. Imaginemos un jugador de fútbol americano que atrapa el balón en la zona de anotación del campo. El balón es el glutamato, y el jugador, el receptor de glutamato. Ahora imaginemos que, al atrapar el balón, el jugador hace que los focos del estadio se electricen de repente. Cuando el glutamato se une a su receptor, hace que iones con carga positiva entren en la célula y aumenten su carga eléctrica. Cuando hablamos de señales eléctricas entre células, hablamos de iones que cruzan las membranas celulares. La electricidad en un cuerpo comienza siempre con química de algún tipo. Por ejemplo, nuestras sinapsis se componen de dos neuronas que se comunican por el espacio que las separa, conocido como hendidura sináptica. En esta situación, las vesículas de una de las neuronas están repletas de glutamato, que la neurona vierte en la hendidura sináptica y activa la neurona siguiente, de modo que la sinapsis se dispara. Se parece mucho a la visión de Gilroy del vertido de glutamato en las plantas.

La presencia de neurotransmisores en las plantas trae consigo sus propias preguntas. Si las plantas usan neurotransmisores para enviar señales eléctricas por el cuerpo, ¿cabría decir que tienen sistemas nerviosos? Gilroy se anticipa a mi pregunta antes de que le pueda preguntar sobre posibles parecidos entre los nervios humanos y lo que sucede con sus plantas. «Es posible que algunos de los factores moleculares sean los mismos. Los receptores de glutamato en las plantas se parecen a los receptores de glutamato en los animales. Pero no se trata de una conducción nerviosa, ya que las plantas no tienen nervios», dice. De todos modos, admite que los sistemas tienen un aspecto muy similar. Aun así, prosigue, no hay necesidad de hablar de nervios en absoluto. Prefiere hablar de «conductos celulares que podrían permitir la propagación de cambios eléctricos que la planta usa como información».

Por mucho que Gilroy no lo quiera llamar sistema nervioso, reconoce que es un ejemplo extraordinario de cómo la biología se replica en distintas especies. «Si la biología tiene algo que funciona bien, aparece con aspecto similar en muchos organismos distintos. ¿Qué necesidad hay de volver a inventar la rueda cuando ya existe?».

La ausencia de nervios vegetales no impidió que dos revisores científicos escribieran en una revista que Gilroy y Toyota habían encontrado una «señalización semejante a la de un sistema nervioso» en las plantas.[31] De hecho, últimamente la cuestión ha franqueado los límites de la botánica y personas de otras disciplinas científicas están empezando a dar su opinión. Hasta donde se sabe, las plantas carecen de neuronas o sinapsis. Y, por supuesto, los animales no tienen ni xilema ni floema. Sin embargo, la manera en que la electricidad se propaga por la planta para enviar señales a distintas partes del cuerpo vegetal ha llevado a varios científicos a establecer comparaciones y, quizá, ninguna resulta tan interesante como la de Rodolfo Llinás, un neurocientífico de la Universidad de Nueva York, en parte porque su objeto de estudio son las personas, no las plantas.

En un artículo titulado «Broadening the Definition of a Nervous System to Better Understand the Evolution of Plants and Animals» [Ampliar la definición de sistema nervioso para entender mejor la evolución de las plantas y de los animales],[32] Llinás y Sergio Miguel-Tomé, un colega de la Universidad de Salamanca, afirman básicamente que no tiene sentido definir el sistema nervioso como algo exclusivo de los animales en lugar de como un sistema fisiológico que podría estar presente en otros organismos con formas distintas. La definición filogenética (que lo asigna exclusivamente a una parte del árbol de la vida) ignora la potente realidad de la evolución convergente, por la que organismos distintos han desarrollado sistemas similares para afrontar dificultades parecidas. Sucede continuamente en la evolución. Las alas son un ejemplo clásico de ello. El vuelo ha evolucionado de maneras distintas en aves, murciélagos e insectos, pero el efecto es muy similar. Los ojos son otro ejemplo. La lente ocular ha evolucionado de maneras distintas en múltiples ocasiones.

Parece razonable imaginar que el sistema nervioso sea otro caso de evolución convergente, afirman Llinás y Miguel-Tomé. Si en la naturaleza existen diversos sistemas nerviosos, es evidente que lo que tienen las plantas es uno de ellos. Si camina como un pato y parpa como un pato, es muy probable que sea un pato. ¿Por qué no lo llamamos sistema nervioso de una vez?

Me di cuenta de que, hasta ese momento en la oscura sala de microscopía de Gilroy, me había costado conectar todo lo que estaba aprendiendo acerca de las plantas con plantas reales delante de mí. A veces parece que la teoría y la realidad física están muy alejadas. En otras palabras, las capacidades de las plantas me parecían literalmente increíbles. No las podía atribuir a nada de lo que veía. Los hechos eran como las ondas de radio o los polos magnéticos: aceptaba su existencia sin por ello internalizar su materialidad. Sin embargo, ver la luz verde propagarse por la planta lo cambió todo para mí. De repente, todo era muy tangible. Había observado cómo la planta adquiría consciencia, a su manera, del contacto físico conmigo.

Entonces ya llevaba varios años investigando sobre las plantas, por lo que pensé que mi lentitud para captar esto era un mal pronóstico para cuando las noticias acerca de todo el potencial del mundo vegetal llegaran a la población general. ¿Cómo se podía esperar que la gente aceptara esta información a la primera si yo había necesitado tanto tiempo a pesar de toda la atención que le había dedicado a este tema? Vi que parte del problema era que los distintos fragmentos de información venían envueltos en capas de lenguaje evasivo que nos distanciaba de las plantas a toda costa. Llamar sistema nervioso al sistema vascular de las plantas podría cambiar eso. Pensé en Teofrasto y en su sabia afirmación sobre la necesidad humana de contar con metáforas con las que conectar. El centro de un árbol era el corazón del árbol. Nadie ha mirado nunca el centro de un árbol esperando hallar una vena cava. Sin embargo, la palabra evoca el significado correcto: se trata de la delicada carne que mantiene vivo al árbol. Y ahí están también los canales por los que avanzan los pulsos de las señales eléctricas.

En cualquier caso, la electricidad de las plantas sigue siendo un enigma en un aspecto crucial: los tejidos y los órganos humanos también se coordinan mediante impulsos eléctricos y sabemos que el cerebro es el destino final de toda esa electricidad. Las plantas carecen de destino final perceptible. Según todo lo que sabemos acerca de la dinámica de la sensación en las criaturas con cerebro, la falta de uno debería significar que toda electricidad generada por la percepción reverbera sin sentido por el cuerpo de la planta sin producir más que una respuesta muy localizada. Pero no es así en absoluto. Ahora sabemos, y lo podemos ver en los vídeos de las ondas de calcio de Gilroy, que una planta tocada en un punto experimentará ese estímulo en todo el cuerpo. A medida que la experiencia del contacto avanza en oleadas por toda la planta, esta toma conciencia de aquel y responde en consecuencia.

Desde el punto de vista de la biología, el contacto físico es una cuestión delicada, incluso en el ser humano. La investigación que quiere entender cómo el cuerpo humano percibe el contacto físico a nivel celular sigue en su adolescencia.[33] Hace poco se han hecho avances muy importantes. En 2021, el Premio Nobel de Medicina se entregó a dos investigadores que habían descubierto los mecanorreceptores que median la percepción del calor, el frío y el tacto. Sin embargo, aún estamos aprendiendo cómo el cuerpo traduce esos estímulos físicos en información celular que se puede transmitir, cargada de sentido, al cerebro. Sabemos que los canales iónicos son importantes para la percepción del tacto en humanos, y ahora sabemos que algunos de esos mismos canales podrían ser fundamentales en cómo las plantas perciben su mundo. Sabemos que los electrolitos son importantes para la conducción eléctrica; los seres humanos usamos, fundamentalmente, iones de potasio como electrolitos, y las plantas utilizan sobre todo iones de calcio. Aunque el área sigue sin estar clara, Elizabeth Haswell es una de las investigadoras cuyo trabajo podría aportar claridad. Es bioquímica de formación y, cuando era investigadora posdoctoral, quedó fascinada por la idea de que la ciencia no supiera explicar todavía cómo las plantas distinguen entre arriba y abajo, el eterno misterio de la gravedad, que verá resuelto, o quizá no, antes de morir. Luego dirigió un laboratorio con siete investigadores en la Universidad de Washington en San Luis, donde se centró en descubrir mecanorreceptores, o los mecanismos que permiten a las plantas traducir estímulos físicos en información celular que puedan transmitir, cargada de sentido, por todo el cuerpo. En otras palabras, nada más y nada menos que qué necesitan las plantas, mecánicamente hablando, para entender el mundo en el que viven.

Haswell no está segura de su posición en el debate sobre la inteligencia animal. «Me cuesta tener una opinión contundente sobre el tema, porque no quiero decir que las plantas tengan cerebro. No me gusta considerar a los animales como un patrón básico, han seguido un proceso evolutivo distinto. Los tenemos que mirar de otra manera». Aun así, algo la atormenta. «Me tomé un periodo sabático y pensé que, a la vuelta, habría desarrollado mi propia visión al respecto, pero no fue así».

Investiga los niveles más micro: cómo células vegetales individuales transforman la presión mecánica en respuestas químicas. Aun así, piensa en la imagen general, en la caja negra. «Sospecho que la planta responde a algunos de esos estímulos a un nivel superior, ya sea un órgano o la planta entera», dice. Menciona los artículos de Jaffe acerca de las caricias a las plantas, y recuerda que la venus atrapamoscas solo se cierra si dos vellosidades se activan dentro de un margen de tiempo concreto. «Saben contar.

[...] Si tocas las plantas una sola vez, no activan ese cambio morfológico tan enorme», pero si las tocas repetidamente, sí que lo harán. «La planta ha de llevar integrado un proceso de toma de decisiones de algún tipo. Ha de integrar de alguna manera todos esos estímulos. Pero no tengo ni idea de cómo lo hace».

Observar el vídeo del flujo de calcio de Gilroy me hizo pensar en los vídeos sobre la actividad cerebral, que también se iluminan. Cuando hablamos del cerebro, disponemos de las herramientas necesarias para observar la electricidad en directo. Las imágenes me resultaban parecidas. Pensé en Haswell, en Trewavas y en tantos otros que, de un modo u otro, se preguntaban lo mismo: ¿Y si fuera toda la planta? ¿Y si lo estamos mirando por donde no es? Es obvio que las plantas no tienen cerebro, pero ¿y si toda la planta fuera algo semejante a un cerebro? No me podía quitar la idea de la cabeza. Era muy simple, pero parecía que encajaba. También me parecía que podía ser una tontería.

Para mi propia sorpresa, un día le formulé esa pregunta a Elizabeth van Volkenburgh mientras conversábamos sentadas a la sombra de los venerables árboles del campus de la Universidad de Washington en Seattle, donde ahora es la decana. Estábamos hablando de potenciales de acción, de dónde vienen y adónde van, y de por qué toda la planta es capaz de responder a algo que sucede solo en una parte lejana del cuerpo vegetal. «¿Y si toda la planta fuera una especie de cerebro?», pregunté. Sonrió. Llevábamos hablando casi tres horas y le quedaban quince minutos. Me había guardado la pregunta hasta casi el final por miedo a que se molestara y decidiera poner fin a la conversación. Y ahora que se la había hecho y la veía sonreír, pensé que acababa de quedar como una tonta.

Se inclinó hacia mí y me susurró: «Es justo lo que pienso yo. Solo que me lo callo».

CAPÍTULO 5

Son todo oídos

Es de noche en el bosque tropical del sureste de Cuba, y un murciélago de lengua larga navega entre los árboles, trazando a toda velocidad y en la oscuridad total un sendero claro entre el denso dosel. Su cuerpo, hecho de encaje de alas membranosas y de terciopelo de camuflaje, apenas alcanza los nueve gramos de peso. Es como un avión de papel. El murciélago emite tonos pulsátiles y atiende al eco que regresa a sus desproporcionadas orejas de chacal. Una cascada de clics conjura un paisaje de objetos y aire a medida que el diminuto mamífero inclina las alas para atravesar la maraña de plantas trepadoras.

De repente, un tono regresa con claridad y precisión. Se repite una y otra vez, de la misma manera, a pesar de que el ángulo de incidencia cambia sin cesar a medida que el murciélago vuela y se acerca. El sonido es de una nitidez irresistible, un señuelo, un faro en la noche. El murciélago llega y se encuentra con una planta trepadora repleta de suntuosas flores de color vino y con el rostro cubierto de polen inclinado sobre cálices rojos repletos de néctar. El murciélago desenrolla la larga lengua e introduce la cabeza en el angosto espacio entre las flores y el cáliz. Empieza a sorber néctar, aleteando mientras bebe. La espalda le queda cubierta de néctar. Justo por encima del anillo de flores crecen hojas brillantes, muy largas y cóncavas, como canoas boca arriba. La forma profunda y redondeada refleja el mismo eco nítido desde muchos ángulos. Para un murciélago en movimiento en el caos acústico que es el bosque, el eco fuerte y repetido que procede de la misma ubicación es una señal muy clara. Y, para la rara planta trepadora polinizada por murciélagos que salpica ese paisaje de gran densidad vegetal, enviar señales claras es de una importancia vital.

La planta trepadora de Cuba (*Marcgravia evenia*), este reflector de sónar de color rubí,[1] es la segunda planta trepadora de la que se sabe que se ha adaptado acústicamente para atraer a murciélagos concretos. La primera fue una planta trepadora con flor que crece en el borde de bosques tropicales de toda Centroamérica. El ojo de buey (*Mucuna holtonii*) produce muchas flores pequeñas que liberan polen de forma explosiva.[2] Para llegar al néctar, el murciélago ha de aterrizar sobre una flor y presionar el morro sobre una hendidura entre dos pétalos semejantes a alas. La presión hace que una segunda pareja de pétalos interiores, llamada quilla, se abra. En el interior de la quilla, inclinado con una tensión tremenda, hay un estambre lleno de polen. Una vez que el murciélago abre la quilla, el estambre catapulta la mayoría de la carga de polen sobre el lomo del animal.

Los científicos observaron que, una y otra vez, los murciélagos aterrizaban solo sobre las flores cuya quilla oculta y repleta de polen seguía intacta, mientras que evitaban las que ya habían proyectado su carga. Había muchísimas flores. ¿Cómo sabían los murciélagos dónde debían aterrizar? Las flores sin abrir están flanqueadas por un pequeño apéndice cóncavo, como si fuera un pétalo adicional fijado con una bisagra. Los investigadores descubrieron que este pétalo es un espejo perfecto para el sónar del murciélago. El eco le es devuelto desde múltiples ángulos y con una «amplitud extraordinariamente elevada», escribieron. Lo mismo sucede con las hojas parabólicas de la *Marcgravia*. Cuando la flor descarga el polen sobre el trasero del murciélago, el espejo desciende y se autoelimina del concierto acústico. Los murciélagos ya no la pueden encontrar, por lo que se dirigen a las flores cuyos espejos permanecen alzados.

Las plantas mantienen una relación especialmente estrecha con el sonido. Este baña todo su entorno, por lo que parece lógico que participen de forma activa en un mundo sensorial tan vasto y variado, sobre todo porque muchas de las criaturas a las que la planta ha de atraer y repeler emiten sus propios sonidos característicos. En respuesta, las plantas han moldeado sus cuerpos con el objetivo de interactuar con el mundo de la frecuencia y de la vibración. No es exagerado decir que han desarrollado orejas.

En 2011, dos investigadores de Misuri hicieron una locura: pusieron pastillas de guitarra en una planta y demostraron que podía oír.

La idea, como tantas otras buenas ideas, surgió por casualidad. Rex Cocroft, experto en comunicación animal, estaba estudiando membrácidos (o diablitos), que son insectos de un aspecto muy peculiar, con exoesqueletos iridiscentes y, en algunas especies, un cuerno absurdamente largo que les nace en vertical de la cabeza. Son como unicornios amantes de los ángulos rectos. Cocroft observó que los membrácidos sacudían de manera deliberada el abdomen a gran velocidad, con lo que enviaban patas abajo una vibración que llegaba hasta la rama del árbol o del arbusto leñoso sobre el que estuvieran. Esas vibraciones viajan por la planta y son recogidas por otros membrácidos, que cuentan con patas muy sensibles y adaptadas a la tarea de actuar como agujas de fonógrafo. Cocroft descubrió que era el modo en que estos insectos decían: «Hola, estoy aquí». Básicamente, usaban la planta como si fuera un teléfono de lata. Era un trabajo muy interesante, pero un día todas las grabaciones que Cocroft había intentado hacer de esas vibraciones quedaron contaminadas por otro ruido. Era una especie de rasgado. Era rítmico. Y no eran membrácidos. «Eran un montón de orugas mordisqueando», dijo Heidi Appel, una investigadora principal en la Universidad de Toledo en Ohio que empezó a colaborar con Cocroft. Se le ocurrió una posibilidad que la fascinó.

Las orugas son el abrelatas del mundo de los insectos. «Me gusta cómo suena», dijo Appel cuando le sugerí la analogía. Amplificado hasta un volumen detectable para el oído humano, el mascar de la oruga suena como grandes dientes de cabra masticando heno seco o como un puñado de grava que frotáramos entre las manos. Supongo que puede ser un sonido extrañamente gratificante, como el de un personaje de dibujos animados masticando una zanahoria. Por el contrario, sin amplificación resulta de lo más sutil. El sonido de los mordisquitos de oruga hace vibrar la hoja apenas dos milésimas de milímetro.

Appel conoció a Cocroft en un seminario de su universidad, durante la pausa para café y galletas. Se presentaron mutuamente explicándose los sistemas que estudiaban, algo habitual en las relaciones sociales de los naturalistas.

—Estudio cómo saben las plantas que les han hecho daño y lo que hacen al respecto —dijo Appel.

—Yo estudio cómo los animales se comunican entre ellos mediante las vibraciones que provocan en las plantas —dijo Cocroft, y le explicó el problema con el que se había encontrado unos días antes—. No funcionó, porque una oruga se estaba comiendo la hoja —dijo.

Se hizo el silencio entre ellos. Se miraron.

—¿Podría ser que la planta lo sepa y lo aproveche? —preguntó Appel. «Fue un momento ajá», recuerda.

Juntos, diseñaron una serie de experimentos. El razonamiento era algo así: los mordiscos de oruga son un elemento omnipresente en la vida de las plantas, y producen un sonido muy característico. Las vibraciones acústicas viajan por las plantas a mayor rapidez que cualquier otra señal que pudieran detectar. ¿Acaso no sería ventajoso para ellas ser capaces de percibirlas?

Se estaban metiendo en terreno pantanoso. La sombra de *La*

vida secreta de las plantas seguía siendo muy alargada en el mundo de la botánica cuarenta años después de su publicación. Preguntar si las plantas habían evolucionado de tal modo que podían oír (o al menos interpretar las vibraciones que nosotros entendemos como sonido) levantaría más de una ceja y de dos. Incluso el marido de Appel, el botánico Jack Schultz, se posicionó en contra. Había sido uno de los primeros en afirmar que los árboles se comunicaban mediante sustancias químicas aéreas, un blanco fácil para los dedos acusadores en la década de 1980, si uno era botánico. Pasaron años, hasta al menos mediados de la década de 2000, para que la comunicación química se dejara de ver como algo absurdo y se consolidara como hecho científico. «Me miró y me dijo que estábamos locos —recuerda Appel. Y añadió, comprensiva—: Es el escepticismo inherente a la ciencia». Era un día cálido de principios de septiembre y estaba junto a su casa, cerca de Toledo (Ohio), mirando un árbol. Schultz estaba dentro, trabajando en un artículo que iban a publicar juntos. Hacía más de treinta años que colaboraban.

Appel no es una fiel creyente en el debate sobre la inteligencia de las plantas que se ha apropiado del campo. Prefiere que se encarguen de ello los filósofos y que los científicos se dediquen a lo suyo, que es investigar. Las palabras que usan los científicos son importantes, porque trabajan con cuestiones muy complejas. Usar palabras indefinidas como *pensar* o *comunicación* solo consigue confundir aún más las cosas. «Soy muy consciente de lo mucho que desconozco, pero no creo que cómo definimos las cosas sea negociable». Sea como sea, no le cabe duda de que las plantas pueden percibir el sonido.

«¡Ay!», exclamó mientras se daba media vuelta para mirar el árbol. Un enorme avispero de papel blanquecino colgaba de una rama. Lo admiró durante unos instantes y luego reanudó el paso hacia su patio trasero, algo más de una hectárea de majestuosos robledales sobre una llanura de inundación con un zorro corriendo entre los troncos. Agarró el pequeño bebedero con agua azucarada que había colgado para los colibríes. Estaba vacío, se había quedado sin agua mucho más rápidamente de lo que parecía posible para estas aves, pero no para las habitantes de un avispero. «Vaya —dijo—, he creado las condiciones ideales para que las avispas construyan su hogar».

Las plantas y los insectos interactúan durante todo el día, cada día y en todas las fases de sus ciclos vitales. Es muy posible que se trate de la relación más importante en la vida tanto de las unas como de los otros; en el caso de los insectos, esta afirmación es cierta sobre todo si son de los que beben néctar o comen hojas, algo que hace la gran mayoría de ellos. Las plantas y los insectos representan la mitad de todos los organismos pluricelulares sobre la faz de la Tierra. Por lo tanto, no es exagerado decir que la suya es una de las relaciones más importantes del planeta. Cuando decidieron comprobar el oído de las plantas, Cocroft y Apple trataban con blanquitas de la col, unas orugas rechonchas, de color verde hierba, capaces de devorar hojas a gran velocidad. Las blanquitas de la col se comen las plantas de la manera siguiente: afianzan sus pares de pies de botón a lado y lado del borde de la hoja, elevan la cabeza con forma de pulgar y empiezan a mordisquear en sentido descendente, hacia la parte inferior de su cuerpo. Luego desenganchan y vuelven a enganchar los pies en una onda que va de detrás hacia delante y, así, ondulan, como gusanos, para avanzar la amplitud de un cabello. Y repiten toda la operación: levantar cabeza, mordisquear en sentido descendente y subir un pelín. A medida que avanzan, dejan tras de sí un espacio negativo con forma de luna creciente, allá donde antes había hoja verde. Si miras cualquier hoja, verás el borde cortado en medialunas, como un copo de nieve de papel. Una oruga pasó por aquí y quedó (brevemente) saciada.

A la planta le interesa mucho evitar este incómodo desmantelamiento y no perder todos esos cloroplastos tan útiles, todo ese potencial fotosintético, que se aleja en la pancita de un insecto gelatinoso. La buena noticia para las plantas es que han desarrollado múltiples estrategias ingeniosas para poner fin a la destrucción mientras la oruga aún está a media comida o, como mínimo, para evitar que invite a sus primos. Tal y como hemos visto ya, algunas plantas secretan taninos amargos en el intento de resultar asquerosas. Otras producen su propio repelente de insectos, que en muchos casos es la parte de la planta de la que los seres humanos disfrutamos más, como el aceite de orégano del orégano o el picante del tubérculo del rábano picante. A veces adoptan una estrategia más siniestra. El humilde tomate es un ejemplo retorcido: la tomatera inyecta en sus hojas algo que hace que las orugas aparten la mirada de las hojas y pongan a sus compañeras en la diana. Pronto, la hoja pierde todo atractivo y las orugas se empiezan a comer las unas a las otras.

Sin embargo, y como hemos visto en el laboratorio de Gilroy, la reacción de la hoja ante el mordisco no queda confinada en la hoja en cuestión; el mordisco activa una cascada de cambios hormonales en toda la planta, lo que significa que las distintas partes de una planta han de tener una manera de hablar entre ellas. La electricidad podría ser una explicación, pero incluso la velocidad a la que esta viaja por el cuerpo de la planta (a unos 0,05 metros por segundo) es inferior a la de algunas de las reacciones que han observado los científicos. Parece que una de las maneras en que se comunica esta amenaza son las vibraciones que percibimos como sonido. Las vibraciones acústicas viajan a una velocidad extraordinaria. En una planta leñosa rígida, viajan a miles de centímetros por segundo, una velocidad que se reduce a medida que aumenta la flexibilidad general de la planta, pero que, en todos los casos, sigue siendo muy elevada. ¿Se puede decir que las plantas oyen a sus invasores?

Para descubrirlo, Appel y Cocroft decidieron poner a prueba la arabidopsis con algo que se la comería sin pensárselo dos veces: una oruga de blanquita de la col. Para el experimento, decidieron usar pastillas de guitarra sintonizadas con la frecuencia exacta del mordisqueo de la blanquita de la col. Como control, conectaron pastillas a otras arabidopsis, a cuyas hojas se permitió permanecer en silencio.

En su primer experimento, reprodujeron el sonido del mordisqueo de las orugas, que envió vibraciones minúsculas por todas las hojas. ¿Cómo podían saber si la planta respondía o no? «Una planta a la que se ataca puede reaccionar al instante o tomar nota de lo sucedido a fin de prepararse para la próxima vez y reaccionar antes», dijo Appel. Así que retiraron las pastillas de guitarra y volvieron a probar, esta vez con orugas reales. Luego tuvieron que esperar para analizar las hojas en el laboratorio y determinar si las plantas habían producido o no compuestos defensivos.

«¿En serio?», exclamó Appel en una sala vacía cuando vio los resultados. Volvió al laboratorio para pedirle a la técnica que comprobara las cifras. La técnica se las envió de nuevo. El resultado seguía siendo increíble. La señal era clarísima. Las plantas oían a las orugas. Llamó a Cocroft. «No te lo vas a creer». Se reunieron e intentaron pensar en todos los errores que podrían haber cometido.

«Quizá las plantas responden a todo, no a insectos concretos», concluyó ella. Repitieron el experimento con muchos controles. Usaron un ventilador pequeño para simular una brisa ligera; tal vez también haría que las plantas activaran sus defensas. Intentaron reproducir el sonido de la canción de cortejo de los cicadélidos (insectos que se alimentan de hojas) —tiene exactamente la misma amplitud de onda que el sonido del mordisqueo de las orugas, aunque el patrón rítmico es distinto—, pero las arabidopsis no se inmutaron. Y es que los cicadélidos no se alimentan de arabidopsis.

Todos estos esfuerzos lo dejaron aún más claro: la planta respondía específica y exclusivamente al sonido del mordisqueo de su depredador genuino.[3] «Por supuesto, la sonrisa no nos cabía en el rostro —dijo Appel—. En la ciencia, los avances en la comprensión de los fenómenos acostumbran a ser muy graduales y la mayoría de nosotros nos pasamos toda la carrera sin encontrar respuestas [...]; digamos que lo más normal es que los experimentos sean infructuosos, y cuando resultan útiles, lo que sea que nos digan acerca de cómo funciona el mundo viene en paquetitos diminutos. Es como los ladrillos de una pared. Se suman uno a uno». Sin embargo, esto no era un paquetito diminuto. Era la demostración de que las plantas oían de verdad, a su manera desorejada. Para ellas, el sonido es vibración pura. Y hacen algo al respecto cuando perciben una vibración que saben que viene asociada a que les hagan daño. Como la de una oruga masticando carne vegetal.

Una vez que se abre la puerta a que las plantas perciben el sonido de las orugas al masticar, entran en juego otras consideraciones. El mundo es un lugar muy ruidoso. ¿Qué más oyen las plantas?

Mientras escribo, los investigadores se afanan en la creación de un campo de trabajo al que algunos llaman fitoacústica. El hecho de que las plantas pueden oír se vuelve mucho más creíble cuando uno intenta adoptar su punto de vista. El sentido del oído es utilísimo, sobre todo si uno está arraigado en un lugar y no se puede mover. Si no se puede ni huir ni luchar, o al menos es algo que no se puede hacer demasiado rápido, contar con el mayor preaviso posible es crucial. A un nivel incluso más básico, el oído es un sentido antiguo y omnipresente, fundamental para la vida. Las plantas tienen mucho que ganar con el uso de la información acústica. Si alrededor de un organismo sucede algo que puede resultarle útil para sobrevivir, es posible que dicho organismo haya desarrollado una manera de percibirlo. La evolución está en busca constante de beneficios y otorgará al organismo en cuestión la manera de usar esa conciencia para aumentar las probabilidades de sobrevivir.

Si los científicos logran hallar la aplicación correcta, este descubrimiento podría ser muy útil para la agricultura. Al fin y al cabo, en el experimento de Appel, una señal sonora hizo que la planta empezara a producir su propio pesticida. Si se pudiera conseguir que las plantas produjeran pesticidas solo exponiéndolas a sonidos determinados, la necesidad de usar pesticidas sintéticos en las explotaciones agrícolas se reduciría o incluso desaparecería. En algunos casos, aumentaría los niveles de los compuestos por los que se cultiva la planta en cuestión. Por ejemplo, si hablamos de la mostaza, es una planta que se cultiva precisamente por el pesticida que produce: el aceite de mostaza. Poner a una planta de lavanda en alta tensión, exponiéndola a los sonidos adecuados, haría que produjera más de los compuestos de defensa que tanto valoramos en el aceite de lavanda.

Investigadores de todo el mundo han intentado determinar si exponer a las plantas a tonos concretos las lleva a actuar de maneras concretas. Experimentan con distintas frecuencias durante distintas duraciones. De momento, la investigación sobre los tonos es bastante dispersa. Un estudio concluyó que exponer a la arabidopsis a una serie de tonos durante tres horas al día durante diez días aumentaba la capacidad de la planta para defenderse de una infección fúngica dañina.[4] Otro concluyó que exponer al arroz a tonos concretos durante una hora mejoraba la capacidad de la planta para sobrevivir en condiciones de sequía.[5] Y los investigadores que sometieron a brotes de alfalfa a tonos de distintas frecuencias durante dos horas observaron un aumento del nivel de vitamina C en la planta,[6] lo que significa que su valor nutricional también se incrementó. Cuando repitieron el experimento con brotes de brócoli y de rábano, el contenido en flavonoides también fue mayor.[7] Cabe imaginar un futuro en el que los agricultores inviertan en altavoces en lugar de en fumigadoras.

El trabajo de Appel encaja en este esquema hasta cierto punto, pero a ella no le interesa tanto exponer a las plantas a sonidos aleatorios como descubrir qué pasa con los sonidos con los que la planta se encuentra en la naturaleza. Cree que la probabilidad de que las plantas presenten respuestas interesantes es mayor cuando se trata de sonidos junto a los que han evolucionado. Los científicos lo llaman «relevancia ecológica». Ciertamente, los sonidos de los depredadores tienen una relevancia ecológica enorme. Si reproducir el sonido de la oruga que come arabidopsis podía activar el sistema inmunitario de la planta, no había motivo para pensar que eso no pudiera ser cierto para otros pares de planta-depredador y planta-polinizador. Por ejemplo, algunas plantas se polinizan entre zumbidos, y reproducir el sonido del zumbido de abejas induce la liberación de polen. ¿Podía ser que las plantas atendieran también al sonido de los animales que se comen sus frutos y que acostumbran a ser muy ruidosos (por ejemplo, los loros) para calcular el momento de madurar? ¿O al sonido del trueno para prepararse para recibir la lluvia? Tendría sentido. Una planta en el desierto se tendría que preparar para almacenar tanta agua como le fuera posible, y una planta con las flores repletas de polen haría bien en cerrar los pétalos antes de una tormenta, para evitar que el agua lo arrastre. La fitoacústica quiere dar respuesta a estas preguntas.

La siguiente pregunta lógica es cómo oyen las plantas. Quizá no tengan orejas en el sentido tradicional de la palabra, pero hay orejas y orejas. En 2017, una colaboración entre investigadores chinos y estadounidenses concluyó que las minúsculas vellosidades de las hojas de arabidopsis funcionan como antenas acústicas y detectan y vibran en la frecuencia de los sonidos que las rodean.[8] Muchas otras plantas cuentan también con estructuras vellosas en las hojas. Se necesitan más estudios para determinar si estas estructuras, llamadas tricomas, también funcionan como antenas en otras especies. Los investigadores ya han comprobado que los tricomas permiten a las plantas percibir los pasos de polillas y de orugas y alzan sus defensas en respuesta.[9] Los tricomas son órganos exquisitamente sensibles. Es inevitable pensar en el oído interno de los animales, que también está tapizado por células vellosas especializadas que vibran en respuesta a las ondas de sonido y que transforman esas vibraciones en señales eléctricas que los nervios trasladan al cerebro. Este es aún otro recordatorio de que, cuando la evolución tiene una buena idea, es muy probable que la veamos reproducida en todo el espectro de vida.

Estudios muy recientes están empezando a sugerir que es posible que el sonido sea vital para la vida de las plantas e influya en la forma que estas adoptan. En 2019, investigadores de la Universidad de Tel Aviv descubrieron que la onagra de la playa (*Camissoniopsis cheiranthifolia*), una flor amarilla con forma de cáliz que crece pegada al suelo, endulza su néctar a los tres minutos de exposición al sonido de una grabación de abejas en pleno vuelo.[10] La onagra ignoraba por completo los sonidos que no encajaran en la frecuencia del zumbido de las alas de abeja. El equipo, dirigido por la bióloga evolutiva Lilach Hadany, formuló la teoría de que, al endulzar el néctar (el nivel de azúcar era superior que el de las flores no expuestas a los sonidos de abeja), las flores resultaban más atractivas para los polinizadores y así aumentaban la probabilidad de polinización cruzada.

Se sabe que múltiples polinizadores se agrupan alrededor de plantas que otro polinizador ha visitado minutos antes, por lo que es lógico que la planta se anticipe a la abeja. ¿Podía la onagra ser como una especie de antena parabólica a la escucha de polinizadores? Hadany y su coautora, Marine Veits, entonces una alumna de grado en el laboratorio de Hadany, descubrieron que, si volvían a reproducir el sonido de las abejas, esta vez con un láser que registraba el movimiento de la onagra, las vibraciones de la flor coincidían con las longitudes de onda de la grabación del sonido de las abejas. La flor era como un amplificador y toda su forma era un altavoz de resonancia. Así, el equipo arrancó algunos pétalos para romper el cuenco perfecto de las flores, y las volvió a poner a prueba. Esta vez no pudieron resonar con la frecuencia de las abejas. Concluyeron que la flor era, sin lugar a duda, uno de los elementos de la planta que favorecía que esta pudiera «oír»; lo que sugiere que las flores habían adoptado la forma de cuenco exactamente por el mismo motivo por el que las antenas parabólicas son cóncavas. «Descubrimos un posible órgano de audición, que es la flor en sí misma», dijo Hadany, que ahora, cuando mira flores, ve orejas por todas partes.

Y parece que las raíces pueden igualar esta sensibilidad acústica. ¿Por qué tener orejas solo por encima del suelo cuando la mitad del cuerpo está en el subsuelo? Ahí también hay mucho que escuchar. Que se lo pregunten a los topos, si no. O, en el caso de Monica Gagliano, a los guisantes.

Los plantones de guisantes en el laboratorio de Gagliano en la Universidad de Australia Occidental llevaban pantalones de plástico gigantescos, o eso parecía. La rizada parte superior de los brotes asomaba por encima de su tubo de PVC correspondiente. Más abajo, cada uno de los tubos se bifurcaba en dos patas, como una Y invertida. Gagliano estaba comprobando la capacidad de audición de las plantas de guisante y, en concreto, si podían oír el movimiento del agua. Los pantalones de PVC eran laberintos en Y, la misma estructura conceptual que se usa para comprobar el aprendizaje y la conducta de ratones de laboratorio. En este caso, la Y comprobaba en qué dirección decidían crecer las raíces del plantón. Gagliano dispuso una bandeja distinta al pie de cada pernera de pantalón. Al cabo de unos días de crecimiento, las raíces de la planta llegarían a la bifurcación del tubo y tendrían que tomar una decisión, al igual que los ratones han de decidir hacia dónde girar en el laberinto. En la primera serie de experimentos, una de las bandejas contenía unas pocas cucharaditas de agua y la otra estaba vacía. Es un hecho muy conocido que las raíces de las plantas pueden detectar «gradientes de humedad» en el suelo, lo que les permite encontrar agua en la proximidad y, como se esperaba, prácticamente todos los brotes tendieron las raíces hacia la bandeja con el agua.

A continuación, Gagliano repitió el experimento, pero en lugar de depositar agua inmediatamente accesible en la bandeja, bombeó agua por una tubería de plástico cerrada cerca de la base de una de las patas de la Y, mientras que la otra siguió sobre una bandeja vacía. Una bomba de acuario rellenaba el agua continuamente. Esta vez, la planta no tenía manera de detectar la humedad. La única señal disponible era el sonido del agua corriente. Sin embargo, de nuevo, casi todas las plantas enviaron las raíces hacia el sonido del agua corriente.[11] A continuación se les dio a elegir entre la bandeja de agua y el agua fluyendo por la tubería cerrada. En este caso, eligieron el agua disponible, lo que sugiere que las plantas dieron prioridad a la humedad real (una bebida garantizada) frente al sonido de esta. Al parecer, los plantones pudieron diferenciar entre distintas señales sensoriales y clasificarlas en términos de prioridad para su propia salud, pensó Gagliano. Sin embargo, lo más increíble era que podían oír y aproximarse al sonido del agua corriente.

Es probable que esto no sorprendiera en absoluto a un fontanero. Los fontaneros están habituados al frustrante fenómeno de encontrarse con raíces de árbol que han perforado tuberías de agua selladas. Cada año, las ciudades se gastan millones en reparar las tuberías municipales perforadas por la «intrusión de raíces». En Alemania, por ejemplo, se destinan unos treinta y siete millones de euros anuales a la reparación de tuberías dañadas por raíces.[12] El Servicio Forestal Estadounidense señala la intrusión de raíces como la causa de más de la mitad de todos los bloqueos de tuberías.[13]

Ahora Gagliano insta al resto de los investigadores a que piensen de forma general acerca de qué otras cosas podrían oír las plantas.[14] Si las plantas pueden oír a los animales, ¿se pueden oír también entre ellas? Hace mucho que se sabe que las plantas emiten clics muy suaves cuando las burbujas de aire en los tallos estallan al ser atravesadas por el agua. Es un proceso llamado cavitación y estos «clics de cavitación» aumentan cuando la planta sufre el estrés de la sequía.[15] Parece lógico: menos agua podría significar más burbujas de aire en el tallo. Gagliano se preguntó si los clics podían ser sonidos intencionales y no meros estallidos accidentales de burbujas.

En 2023, Hadany, que ya había llevado a cabo el estudio con la onagra de playa, descubrió lo que sería la primera prueba sólida de que la teoría de los clics de cavitación podría ser correcta.[16] Ella y Yossi Yovel, que estudia el sonido de los murciélagos, conectaron micrófonos a trigo, maíz, vides y cactus y registraron esos clics ultrasónicos. Escuché las grabaciones, aceleradas y amplificadas para que el sonido fuera audible. Sonaban como palomitas de maíz estallando o como una persona tecleando agresivamente.

Parece que cada especie de planta tenía su propia frecuencia de clic. Por ejemplo, el sonido de los cactus era muy distinto al de las vides. Sin embargo, lo más interesante era que los clics cambiaban drásticamente en función del estado de la planta, me explicó Hadany. Los sonidos que emitían las plantas deshidratadas y estresadas eran muy distintos a los de una planta sana y regada. Por ejemplo, las tomateras emitían un promedio de treinta y cinco sonidos por hora cuando estaban sometidas a estrés hídrico, mientras que, cuando se les daba toda el agua que necesitaban, producían menos de uno por hora. Los clics también se aceleraban de golpe cuando Hadany actuaba como un herbívoro en pleno festín cortando hojas de las plantas, pero las plantas que no tocaba permanecían en silencio. «Cuando se encuentran bien, tanto las tomateras como las plantas de tabaco emiten muy pocos sonidos», concluyó Hadany.

El equipo de Hadany desarrolló modelos de aprendizaje automático capaces de distinguir entre el sonido de las plantas y sonidos generales, y de determinar el estado de la planta (seca, cortada, intacta) a partir solo de los sonidos que emitían. Ciertamente, esto abre la posibilidad de que, algún día, agricultores equipados con sensores ultrasónicos puedan escuchar a sus plantas diciéndoles cuánta agua necesitan.

Aún más fascinante es lo que esto puede significar en cuanto a la comunicación de las plantas. Identidad y estado de salud: eso es mucha información disponible para todo el que lo pueda oír. Los seres humanos no podemos, al menos no sin amplificación. Las polillas, sí. Y también los murciélagos y los ratones. Los sonidos que Hadany grabó son audibles para criaturas pequeñas a hasta 4,80 metros de distancia, según las medidas que tomó. ¿Podían los animales (o, aún más emocionante, otras plantas) detectar e interpretar esos sonidos? En otras palabras, ¿era posible que las plantas se comunicaran mediante el sonido? «Si nosotros lo podemos interpretar, otros organismos también pueden hacerlo», dice.

Hadany se mostró cautelosa por teléfono, no quería exagerar las conclusiones a las que había llegado. Insistió en que estas no decían nada acerca de que hubiera intención por parte de la planta que emitía los clics. Era posible que los clics no fueran más que el producto de un fenómeno físico, como el rugir de las tripas cuando tenemos hambre. «No hablo de lenguaje todavía, porque el lenguaje implica bidireccionalidad». Pero, incluso en el escenario más conservador, dice que cree probable que alguien esté escuchando. Si los clics rápidos significan que la planta sufre los efectos de la sequía o el ataque de insectos, otras plantas podrían usar ese sonido como un aviso. Quizá cierran los estomas o intensifican la respuesta inmunitaria. Eso es lo que Hadany quiere estudiar a continuación, y acaba de conseguir una beca cuantiosa para hacerlo.

Entonces, ¿qué significaría eso para la planta que envía los clics? ¿Podrían ser intencionales? Ahí es donde se complican las cosas. Se sabe que, una vez que un organismo empieza a usar la información que le envían otros seres vivos, la evolución acostumbra a intervenir para refinar al organismo que envía la información. «Quizá sea algo completamente pasivo, pero si otros organismos responden a los sonidos, la selección natural puede actuar sobre el emisor», dice Hadany. En otras palabras, los sonidos podrían haber evolucionado y superado sus orígenes humildes como ruidos accidentales. Es posible que ahora estén optimizados y sirvan a un propósito muy concreto, como la comunicación. «Es complicado. Hemos llegado a esta predicción pensando en herramientas para la comunicación. La ciencia es un proceso largo. Aún no estamos ahí», dice mientras me guiña el ojo.

Gagliano compara el tema con el sónar de los murciélagos.[17] Más de un siglo después de que se encontraran las primeras pruebas al respecto, la ciencia se seguía negando a creer que los murciélagos pudieran usar el sonido para orientarse en el espacio. Se alejaba demasiado de lo que se creía que los animales podían hacer. El escepticismo científico entorpeció el descubrimiento de la ecolocación en murciélagos. ¿Podría estar sucediendo lo mismo con las plantas?

De hecho, ya hay quien ha sugerido la ecolocación como una de las motivaciones de las plantas para emitir sonidos. Se sabe que las trepadoras «sondean» el aire cuando aún son plantones en busca de una vara vertical por la que subir, y parece que localizan las superficies por las que quieren trepar mucho antes de entrar en contacto con ellas. Stefano Mancuso, uno de los primeros defensores de la neurobiología vegetal y colaborador habitual de Gagliano, ha usado vídeos de lapso de tiempo para observar el fenómeno en judías mientras buscan y ubican una vara de metal próxima. Aquí también la cavitación (el sonido puramente accidental de burbujas de aire estallando a medida que el fluido avanza por el tallo) parece una explicación lógica. Claro que ¿se puede decir que haya nada puramente accidental en un organismo vivo? Mancuso plantea que las plantas trepadoras podrían estar usando la ecolocación para percibir la posición de la vara.[18] Gagliano entiende que esto no hace más que seguir la lógica evolutiva más básica. Acceder a información acerca del entorno mediante la emisión de sonidos es ventajoso para las plantas porque «las señales acústicas se propagan rápidamente y con el mínimo gasto energético o de salud», explica. Sin embargo, aún hay que encontrar las pruebas que lo demuestren.

¿Podrían las plantas decir algo al respecto? De ser así, Gagliano lo quiere saber. De momento, estas preguntas aún carecen de respuesta, aunque, en realidad, tampoco se han formulado de verdad, en términos de experimentos genuinos. Sin embargo, hasta hace muy poco lo mismo se podía decir de otro modo de comunicación entre plantas que ahora se acepta, pero antes se negaba: las señales químicas. «El nacimiento de la ecología química vegetal, por ejemplo, reveló que las plantas son sorprendentemente "parlanchinas" y cuentan con un vocabulario volátil muy elocuente», escribió Gagliano.

Los científicos ya han encontrado pruebas convincentes de que el lenguaje no se limita estrictamente al reino humano. Por ejemplo, parece que los perritos de la pradera usan adjetivos, sonidos repetidos concretos que utilizan para describir el tamaño, forma, color y velocidad de los depredadores.[19] El carbonero japonés tiene sintaxis; se vale de patrones de llamada distintos para pedir a sus compañeros que comprueben si hay peligro o para decirles que se acerquen.[20] Ya hemos visto que las aves cantoras emplean medios de comunicación privados para enviar señales de alarma y que las ardillas con aversión al riesgo chillan al menor sobresalto. Quizá seríamos estrechos de miras si nos cerráramos a la posibilidad de que las plantas también cuenten con un lenguaje basado en sonidos.

En estos momentos, mencionar el nombre de Gagliano entre botánicos genera mucha controversia. Se ha convertido en una figura muy discutida en su campo, a pesar de que cada vez es más relevante más allá de la torre de marfil. En 2020, un alumno de posgrado de la Universidad de California en Davis intentó replicar un estudio de Gagliano especialmente radical, con el que había indagado en el aprendizaje de las plantas de guisante.[21] Las puso en laberintos en Y y descubrió que podían aprender a asociar señales benignas con recompensas, como los animales. En este caso, la señal era la brisa suave de un ventilador, y la recompensa era la luz. De ser cierta, esta conclusión pondría el mundo patas arriba: el aprendizaje asociativo es una medida clave de la inteligencia en animales. Sin embargo, el alumno de posgrado no consiguió que funcionara.[22] Sus guisantes no dieron muestras de aprender nada. Empecé a escuchar cada vez más comentarios que, básicamente, desestimaban todo el trabajo de Gagliano. Este episodio dañó su reputación en los círculos botánicos, pero hay que decir que la replicación es un tema muy complejo. Uno de los elementos cruciales para confirmar conclusiones científicas nuevas es que muchas personas distintas puedan repetir un estudio y obtener el mismo resultado que el original; pero que un experimento no se pueda replicar no significa necesariamente que el resultado original fuera erróneo. Lo que sí significa es que el diseño del estudio no es lo bastante robusto. Si las conclusiones son ciertas, tendrán que esperar a que un experimento mejor las confirme.

Para otros, lo que llevó la reputación de Gagliano al límite fue la publicación en 2018 de sus memorias: *Así habló la planta*. En el libro explica que consumió ayahuasca durante un ritual chamánico en Perú y que comulgó con el espíritu de la planta, que le dijo cómo diseñar mejor sus estudios. En la ciencia existe una separación tácita entre la Iglesia y el Estado. En ciencia, ser puro significa no meterse en aguas místicas o, al menos, si se hace, no proclamarlo. La ciencia se compone de personas y, si a esas personas no les gusta tu trabajo o consideran que no eres uno de los suyos, es posible que te critiquen y la financiación desaparezca. Gagliano ha sido criticada y cosida a preguntas en conferencias, donde hombres (siempre son hombres) se han levantado para criticarla, y en revistas, donde grupos de botánicos (sí, también hombres) han escrito cartas de protesta.

Otros han sido menos duros. No entienden por qué se la ha puesto en la picota cuando muchos académicos (hombres) han emprendido rutas mucho más místicas. Y otros ofrecen opiniones más matizadas: sí, parece que el diseño del estudio del artículo sobre el aprendizaje de los guisantes no acababa de ser robusto, pero la idea era buena, y daban las gracias porque hubiera alguien de su campo dispuesto a formular preguntas más osadas, sobre todo en relación con la acústica de las plantas. Su trabajo en defensa de la fitoacústica había marcado una diferencia real. Había llegado el momento de tomarse en serio el mundo del oído de las plantas.

Mientras tanto, resulta fascinante constatar la enorme brecha entre cómo han recibido a Gagliano el mundo científico y el no científico. Habla frente a salas rebosantes de público en congresos de filosofía y en eventos científicos orientados al público general. La sección «Style» (no «Science») de *The New York Times* publicó su perfil en 2019. *Radiolab*, de la emisora WNYC, la presentó en uno de sus episodios y otra media docena de medios divulgativos la han entrevistado también. Sus ideas científicas resuenan profundamente en las personas ajenas a la materia.

Aún no sabemos qué dirá la historia acerca de Monica Gagliano, pero yo la considero un símbolo perfecto de esta era. Tiene cada pie en un mundo distinto, justo cuando la ciencia emergente acerca de las plantas está forzando una confrontación entre ambos. Ha escrito artículos en revistas de teoría feminista en los que parece defender que los científicos apelen más a la intuición en su metodología, si bien reconoce que esto es completamente contrario a lo que dicta la formación científica. En un artículo de 2022 que escribió junto a la antropóloga Kristi Onzik, de la Universidad de California en Davis,[23] citó a la premio nobel Barbara McClintock y habló de su inusual metodología que, en 1944, llevó al descubrimiento acerca de la genética del maíz que cambió ese campo para siempre. McClintock vio que algunos genes podían saltar y cambiar espontáneamente de posición en el cromosoma, una idea inaudita hasta entonces. McClintock observaba sus plantas de maíz durante horas, «perdiéndose» en el acto de reverencia y escuchando con atención hasta que sintió que «conectaba con el organismo» y se podía «comunicar directamente con él». Pasaron años antes de que se desarrollaran tecnologías de escala molecular que le permitieran demostrar a sus colegas que su descubrimiento era correcto. Quizá los científicos deberían dejar de aferrarse con tanta fuerza a las certidumbres racionalistas que sostienen sus carreras, planteaban Onzik y Gagliano.

Onzik, cuyo foco como antropóloga es la cultura de los investigadores que estudian la conducta de las plantas, acompañó a

Gagliano a su laboratorio en Australia, donde intentaba estudiar si las raíces pueden decidir crecer en el sentido de la menor resistencia anticipando y evitando los obstáculos. Se trataba de un diseño similar al del experimento con las raíces que percibían la dirección del agua corriente, pero ahora usaba laberintos más complejos, con cuatro patas en lugar de dos. Onzik observó a Gagliano, cada vez más frustrada por las condiciones estériles del laboratorio y por la prodigiosa montaña de residuos en que se habían convertido las cajas de poliestireno expandido en las que habían llegado las piezas de plexiglás del laberinto. «Sin dudarlo demasiado», recogió los laberintos y se trasladó a una casa en el bosque subtropical de Nueva Gales del Sur, escribió Onzik. Allí, rodeada de «arañas, renacuajos y serpientes», montó el experimento de nuevo. Este ambiente no era estéril y la temperatura no estaba controlada. Había abandonado deliberadamente el reino de la ciencia replicable. Sucediera lo que sucediera a continuación, era muy poco probable que resultara admisible para ninguna de las publicaciones científicas convencionales. Pero estaba intentando encontrar una manera nueva de saber, en palabras de Onzik.

Habitar en el límite entre el mundo científico y el mundo espiritual puede ser muy complicado y, ciertamente, es objeto de muchas críticas e incluso del desprecio por parte de colegas. Sin embargo, parece que Gagliano se siente muy cómoda allí y no tiene la menor intención de moverse. Me da la impresión de que intenta que estos dos mundos se relacionen entre sí. En cierto modo, existe en la encrucijada de la guerra acerca de la inteligencia animal. Probablemente la ayude el hecho de que ahora está financiada por la multimillonaria beca de la Templeton World Charity Foundation, que promueve el estudio de «inteligencias diversas». Está afiliada a la Universidad Southern Cross de Australia, pero la financiación que recibe ya no depende de fuentes federales tradicionales. La aceptabilidad académica ya no le preocupa, al menos no en lo que a financiación se refiere.

A principios de 2020, Gagliano habló en Dartmouth sobre la necesidad de mostrarnos humildes como humanos. «Somos los recién llegados. Debemos respetar a los más ancianos», que en ese caso eran las bacterias, los hongos y las plantas. Calificó la visión de la humanidad sentada en el eslabón superior de la cadena evolutiva como una actitud «arrogante» e «inmadura». «¿Quién ha dicho que la ciencia sea la única manera de acceder al conocimiento? Soy científica y adoro la ciencia —dijo en Dartmouth—. Creo que es una manera maravillosa de describir el mundo. Pero no es la única».

El conflicto existencial a que ha dado lugar la idea de que las plantas puedan oír, en lo que parece un conflicto entre ciencia y espiritualidad, me ha sorprendido. Sin embargo, también me ha sorprendido darme cuenta de que nadie ha cuestionado que las plantas puedan oír. Lo que queda por saber es, por supuesto, qué escuchan. No obstante, esta es, por sí misma, una revelación tremenda para alguien que hasta la fecha se ha pasado la vida convencida de todo lo contrario. Mi mundo sonoro siempre me había parecido distinto a cualquier cosa en la que pudieran intervenir las plantas. Sin embargo, mi idea de lo que es una planta estaba empezando a cambiar por completo. Parece que las plantas hacen incursiones en todos los niveles de nuestro mundo sensorial. De repente, parecía que la esfera en la que existo (el mundo en el que se siente, se comparte y se oye) estaba perdiendo su distancia fundamental del mundo del follaje. El muro que, sin darme cuenta, había levantado entre los dos era cada vez más fino, más transparente, como la membrana húmeda de una pompa de jabón a punto de estallar. Duras yemas verdes empezaban a asomar la cabeza.

CAPÍTULO 6

El cuerpo (de la planta) lleva la cuenta

Es un día excesivamente cálido de septiembre en un Berlín iluminado por el sol. En esta ciudad de largos inviernos grises que se adelantan y comienzan en otoño, da la impresión de que este día soleado puede ser el último en bastante tiempo. Los parques urbanos están salpicados de personas tomando el sol entre setos y rosales. Veo a tres señores mayores sentados en un banco, con el rostro hacia el cielo, los ojos cerrados y en silencio. Es como si intentaran absorber hasta el último fotón por los poros.

La monocromía ya ha invadido el Jardín Botánico de Berlín, donde, sin embargo, algunas de las plantas más resistentes aún están en flor, con los pétalos orientados hacia los rayos en declive. En el paseo me acompaña Tilo Henning, uno de los investigadores del Jardín. Me habla de la *Nasa poissoniana*, una planta con flor de la familia de las Loasaceae que crece en los Andes peruanos, y lo que me cuenta me deja fascinada.

«¿Qué quiere decir que la planta tiene memoria? ¿Dónde guarda los recuerdos?», le pregunto.

Henning, con el largo cabello negro atado en una cola de caballo baja que cae por encima del cuello de su sudadera, niega con la cabeza y ríe. No lo sabe. Nadie lo sabe. Sin embargo, afirma que él y su colega Max Weigend, el presidente del jardín botánico a unas horas de allí, en Bonn, han observado la capacidad de la *Nasa poissoniana* para almacenar y recuperar información. Descubrieron que estas flores multicolores con forma de estrella recordaban el intervalo temporal entre las visitas de abejorros y anticipaban la siguiente visita del polinizador.

Esta investigación suma información nueva y explosiva al mundo de la conducta de las plantas: las plantas tienen memoria. He venido a Berlín porque se me ocurrió que la memoria ha de constituir la base de toda la conducta compleja. Hasta la fecha, había investigado cómo las plantas atienden a los sonidos de su entorno, sienten el contacto físico e intercambian información. Sin embargo, todas estas capacidades estaban limitadas por su temporalidad efímera. ¿Qué utilidad tienen todas esas sensaciones si se carece de la capacidad de recordarlas? Sin memoria se pueden hacer muy pocas cosas inteligentes. Los recuerdos nos permiten aprender y orientarnos en el espacio y en el tiempo. ¿Qué significaba que una planta pudiera recordar? No me refería a la memoria genética, como la de las aves que vuelven a los mismos territorios migratorios año tras año, sino a la memoria individual. A la memoria elástica. A la memoria constituida por recuerdos que cambian cuando cambian las circunstancias.

Las estructuras florales con aspecto alienígena y las dolorosamente urticantes vellosidades de la familia de las Loasaceae absorben la atención de Henning y Weigend desde hace décadas. Han bautizado a docenas de especies nuevas y descrito las vellosidades semejantes a ortigas que tapizan sus tallos y que les han causado múltiples ampollas. Weigend siente una fascinación especial por las cosas que pinchan y pican, y descubrió que las plantas de la familia de las Loasaceae construyen sus vellosidades urticantes con los mismos ingredientes que los seres humanos y los animales usan para construir sus dientes.[1] Y eso es ventajoso, porque la de pinchar no es tarea fácil. Las barbas urticantes están construidas con gran precisión como jeringas hipodérmicas y han de ser lo bastante duras para perforar el exoesqueleto de sus enemigos e inyectar la toxina urticante. Cuando estudiaron otras familias de plantas, vieron que la arquitectura de las barbas urticantes era extraordinariamente específica para cada especie, con distintas combinaciones de minerales en cada una, quizá calibradas para adaptarse a la dureza que necesitaban para perforar la piel del animal que se las comía.[2] Sin embargo, un año después de un experimento inspirado tras haber observado a las abejas revolotear alrededor de sus plantas en un invernadero de Bonn, Henning y Weigend se dieron cuenta de otra cosa. La *Nasa poissoniana* es capaz de presentar su polen cuando anticipa la visita inminente de un polinizador, y lo hace porque recuerda el intervalo de tiempo que ha transcurrido desde la última visita.

A esas alturas, y gracias a su trabajo, ya se hablaba de la *Nasa poissoniana* como de «la planta que se comporta como un animal».[3] Como muchas plantas, la flor dosifica cuidadosamente el polen que presenta y lo ofrece poquito a poquito para evitar que una misma polilla o abeja recoja demasiado, lo que sería perjudicial para el proyecto global de la diversidad genética. Sin embargo, la *Nasa poissoniana* da un paso más. Cuando se da cuenta de que hay menos polinizadores cerca, ofrece dosis más elevadas del pegajoso polen[4] para aprovechar al máximo las pocas posibilidades de polinización disponibles. También diluye el néctar para obligar a la criatura voladora a visitarla de nuevo a fin de obtener la cantidad de azúcar que necesita, consiguiendo de esta forma cubrirla de polen en cada ocasión. Manipular al polinizador es una conducta que tiene mucho sentido para una flor que vive en condiciones tan duras como las de la *Nasa poissoniana*. Vive a altitudes muy elevadas (entre 1.600 y 4.800 metros sobre el nivel del mar) y con frecuencia en poblaciones minúsculas. Se tiene que asegurar de que todos los disparos den en el blanco.

La *Nasa poissoniana* es una de las pocas plantas capaces de mover las partes del cuerpo a una velocidad visible para el ojo humano. En concreto, mueve los estambres de la horizontal a la vertical en cuestión de dos o tres minutos. Comienzan tendidos, cada uno de ellos cobijado en uno de los pétalos cóncavos que rodean, como un halo, el centro de la flor. Es como si estuvieran a bordo de una barca. Cuando una abeja llega a la flor, introduce la pieza bucal con forma de pajita por debajo de un pétalo central festoneado y lo levanta. El néctar está debajo del pétalo festoneado, y la abeja empieza a beber. De algún modo, cuando levanta ese pétalo, la abeja activa uno de los varios estambres (los órganos fertilizadores masculinos de la flor), que, entonces, se eleva. La mecánica de este proceso sigue siendo un misterio. Sin embargo, presenciar el alzamiento del estambre es muy emocionante. El delicado filamento blanco asciende, coronado por un paquetito amarillo de polen estratégicamente dosificado, hasta quedar, derecho como una flecha, a noventa grados respecto al centro de la flor, abajo. Cuando varios estambres se yerguen así, se reúnen en forma de cono esbelto en el centro de los pétalos y dan a la flor el extraño aspecto de una pistola láser sacada de una película de ciencia ficción.

La motivación de otras plantas que se mueven con rapidez está muy clara. Por ejemplo, la morera blanca puede catapultar su polen a la mitad de la velocidad del sonido, lo que le da muchas probabilidades de dispersarse a la distancia suficiente para encontrar condiciones adecuadas para crecer.* Por lo tanto, era lógico pensar que la *Nasa poissoniana* también debía de tener un motivo claro para moverse con tal rapidez. «Se nos ocurrió que quizá lo podía controlar. Que quizá era consciente de cada cuánto recibía la visita de los polinizadores», dijo Henning.

* También hay plantas que se mueven con rapidez por motivos que los científicos aún no han podido determinar. Por ejemplo, el carambolero, el árbol de la fruta estrella, mueve las hojas todo el día por motivos que se desconocen. La planta de la oración, que decora tantos interiores, es uno de los numerosos miembros de un club de plantas que cierran las hojas por la noche, aunque los científicos aún debaten por qué lo hacen. Las hojas del helecho de fuego, que no es un helecho, sino un miembro del género Oxalis, se mueven en lo que parece una danza lenta. Tampoco nadie sabe por qué.

En 2019 el último descubrimiento de Henning y Weigend sumó una capa sorprendente a la elaborada escenificación cultural de la flor. Una vez que esa primera abeja se va saciada de néctar, no deja nada para la siguiente. Sin embargo, la *Nasa poissoniana* habrá levantado de todos modos otro estambre coronado de polen, por lo que la segunda abeja también se irá cargada con él. Se sabe desde hace mucho que, cuando un insecto no encuentra néctar en una flor, no intentará encontrarlo en otra flor de la misma planta, sino que volará a una planta vecina, cargado con el polen de la flor vacía y, así, fertilizará la flor de la segunda planta. Esta estrategia es la clave de la diversidad genética de la *Nasa poissoniana*. Sin embargo, Weigend y Henning se percataron de que el estambre se levantaba antes de que la segunda abeja hubiera hecho su aparición. Sucedía poco antes de que lo hiciera, como si la planta pudiera predecir el futuro. En realidad, lo que hacía era recordar el pasado.

La pareja de investigadores diseñó un experimento para comprobar si eso era cierto o no e hicieron las veces de abejas. En un grupo de flores, estimularon la cavidad de néctar cada quince minutos. En el segundo grupo, lo hicieron cada cuarenta y cinco minutos. No interactuaron con un tercer grupo, al que usaron como control. Al día siguiente volvieron y observaron al primer grupo, el de los quince minutos, alzar los estambres a un ritmo acelerado, mientras que el segundo grupo, el de los cuarenta y cinco minutos, esperaba más y alzaba los estambres con un ritmo más espaciado. Lo volvieron a probar y descubrieron que, si el intervalo entre las visitas de polinizadores cambia (por ejemplo, de cuarenta y cinco minutos a una hora y media), la *Nasa poissoniana* reajusta el ritmo del movimiento y, al día siguiente, ya lo tiene sincronizado con el nuevo calendario de visitas. Aprende de la experiencia.[5]

«Es evidente que llevan la cuenta del tiempo que transcurre entre visita y visita y que guardan ese recuerdo», afirma Henning. Los botánicos no habían visto nunca ese tipo de conducta. Además de ser una excelente contable de polen, la *Nasa poissoniana* era una flor con memoria.

Seguimos paseando por los senderos del Jardín Botánico. Quiero saber qué opina Henning acerca del encendido debate que domina los círculos botánicos desde hace unos años: ¿se puede decir que las plantas presentan conductas? De ser así, ¿puede esa conducta denotar una forma de inteligencia o de conciencia?

Tal y como descubría una y otra vez, era la pregunta del momento, además de un territorio muy espinoso. ¿Son las plantas seres inteligentes? Y, en ese caso, ¿son también seres conscientes? Me interesa mucho conocer la opinión de Henning al respecto porque acaba de descubrir que la planta que estudia desde hace veinte años es capaz de recordar. La flor andina llevaba la cuenta del tiempo y modificaba su conducta en función de lo que experimentaba. Henning y Weigend lo habían calificado de conducta «inteligente» en su artículo, pero la palabra siempre aparecía flanqueada por comillas. Pensé que era posible que Henning viera la aparente capacidad de la planta para recordar como un indicador de conciencia; claro que también era posible que viera la flor como un robot inconsciente con un abanico de respuestas preprogramadas. A veces también decimos que nuestros robots son «inteligentes».

Históricamente, la memoria ha estado entretejida con cómo pensamos acerca de nuestra propia conciencia. Nuestro «sentido del pasado», como a veces se la llama, rellena nuestra conciencia en cuanto seres que se mueven en el tiempo. Los recuerdos vertebran las narrativas que nos contamos sobre nosotros mismos; no hay nada más esencial para la experiencia consciente. Sin embargo, los filósofos de la mente tienden a distinguir entre recuerdos a largo plazo como estos y lo que hasta ahora los botánicos han visto que las plantas son capaces de hacer. Probablemente, afirmarían que el hecho de que una planta pueda llevar la cuenta de los cambios de presión en las distintas partes de su cuerpo en desarrollo o el momento en el que llegan las abejas no significa que la planta cuente con una memoria consciente. Sin embargo, esto dista mucho de ser una opinión consolidada. Hay muchos otros filósofos que piensan lo contrario y que creen que toda la memoria comparte una misma base común con la consciencia.[6] Todos los recuerdos transforman un mundo neutro en un escenario de significado personal. Por supuesto, es muy probable que el debate se prolongue hasta que los mecanismos neuronales que subyacen a la conciencia dejen de eludir a los científicos.

Henning escurre el bulto las dos primeras veces que le hago la pregunta. Sin embargo, algo cambia la tercera vez que se la formulo. Deja de caminar y se vuelve hacia mí para responder. O bien se ha hartado de mí o bien he logrado erosionar la fachada de cuidadosa reserva que se espera de un investigador profesional. Me dice que los artículos que niegan la inteligencia de las plantas se basan en la ausencia de cerebro. Si no hay cerebro, no hay inteligencia. «Es obvio que las plantas no tienen esas estructuras. Pero ya ves todo de lo que son capaces. Extraen información del mundo que las rodea, procesan la información, toman decisiones y ejecutan. Lo tienen todo en cuenta y transforman esos datos en una reacción. En mi opinión, esa es la definición básica de inteligencia. No es un mero automatismo. Sí, quizá haya algunas conductas automáticas, como crecer hacia la luz. Pero esto no es lo mismo. Esto no es automático».

Henning vuelve a mi primera pregunta acerca de dónde podría almacenar los recuerdos la *Nasa poissoniana*. Eso sigue siendo un misterio, claro. Sin embargo, él dice que «quizá lo que sucede es que aún no podemos ver esas estructuras. Tal vez están tan distribuidas por el cuerpo de la planta que no constituyen una estructura única. Puede que ese sea el truco. Quizá se trate de todo el organismo».

La memoria está envuelta en misterio, también en el ser humano. Los neurobiólogos han encontrado maneras de «ver» recuerdos humanos concretos en escáneres cerebrales, en forma de conexiones concretas entre neuronas, pero son muchos más los que siguen siendo invisibles a ojos de la ciencia. Y luego están los recuerdos que el cuerpo humano almacena, pero que no tienen nada que ver con las neuronas. Las células inmunitarias recuerdan agentes patógenos y apelan a esos recuerdos para responder cuando vuelven a encontrárselos. Las células pueden transmitir la memoria epigenética de generación en generación; ahora sabemos que el estrés y el trauma (además de la exposición a cosas como la contaminación del aire) se transmiten a los hijos y a los nietos y que podría afectar a cuestiones como los marcadores de inflamación. Se ha dicho que el cuerpo lleva la cuenta.[7] Sin embargo, esos no son los recuerdos que incluimos en el paisaje de la conciencia. Los recuerdos que el cuerpo almacena permanecen silenciosos hasta que hacen su aparición como un cambio en la salud. Solo entonces se vuelven muy tangibles. Sin embargo, la epigenética es otro de los campos en los que apenas hemos empezado a levantar el telón. Aún no disponemos de las palabras necesarias para asimilarla en nuestro sentido del yo. La memoria es difícil de explicar, incluso cuando hablamos de la nuestra.

Las plantas también tienen este tipo de memoria celular. Yo misma lo pude experimentar poco después de mi viaje a Berlín. Tras vaciar mi apartamento de Brooklyn para mudarme a los campos de centeno por los que había corrido de niña, estaba viviendo en la granja de mi amigo. Ya había dejado mi trabajo y estaba plenamente comprometida con hallar respuestas a las preguntas que me hacía acerca de la botánica. Lincoln, el hijo del propietario de la granja, iba un curso por detrás del mío en la escuela. Sus padres nos habían visto crecer a los dos. Ahora la granja era suya. Contaba con unas ciento veinte hectáreas silvestres de bosques de arce y de pastos en Connecticut y estaba a una hora y media de la ciudad de Nueva York. Lincoln tenía dos cabras, una docena de gallinas ponedoras y un pavo gigantesco que cambió para siempre mi manera de pensar sobre esa especie. Era un dinosaurio majestuoso, una criatura barroca y carismática que me dejaba muy claro con qué pie se levantaba cada día. ¿Cómo había sido capaz de comer una criatura tan magnífica en el pasado? A mitad de mi estancia, este pavo formidable fue devorado por un lince rojo.

Eran los meses de frío. Había llegado en noviembre y me quedé hasta enero. En la primera semana de diciembre, Lincoln, su pareja, su padre, mi pareja y yo plantamos ajos de cuello duro. El ajo se planta en octubre, o en noviembre si vas algo tarde, pero esperar mucho más es jugársela. La tierra ha de conservar cierto calor si quiere convencer al diente de ajo de que es seguro echar raíces. Ese año habían esperado hasta el último momento posible. La mañana después, nos despertamos con la primera nevada de la estación. La nieve lo había cubierto todo. Los dos surcos que habíamos cavado eran como una costura doble en el dobladillo de una sábana blanca.

La noche antes de plantar el ajo nos sentamos en bancos en la cocina, con un balde de ajos en el centro, y nos pusimos a separar las cabezas en dientes con el lado plano de un cuchillo de mantequilla. Era como abrir ostras. Liberados de sus capas de papel con un giro del cuchillo, los dientes eran como perlas, curvas, lisas y lechosas. Las formas de la naturaleza acostumbran a dejarme maravillada. ¿Cómo fabricaba el ajo ese papel tan delicado? ¿Y qué decir de esos dientes, tan perfectamente lisos y segmentados como una naranja hecha de madera clara, como si alguien hubiera pasado todas las piezas por un torno? Sin embargo, lo más extraordinario de todo era que cada uno de los dientes, si acababa cobijado en la tierra, con la punta hacia arriba, antes de que el invierno llegara de verdad, se multiplicaría. Desplegaría raíces blancas finas como fideos y tiernos brotes verdes; llegado julio, si todo iba bien (y, con el ajo, todo suele ir bien), allá donde plantásemos un solitario diente de ajo habría una cabeza entera.

Para brotar, el ajo necesita el recuerdo del invierno. Que la primavera llegue a su fin no basta para que aparezca la vida. Un frío prolongado y crudo también es vital. Este recuerdo del invierno se llama «vernalización». Ni los manzanos ni los melocotoneros florecerían ni darían fruto sin él, tampoco. Los tulipanes, los crocos, los narcisos y el jacinto, con frecuencia las primeras flores de primavera, también necesitan una buena vernalización. Si vives en un clima cálido y compras bulbos de tulipán, es posible que el dependiente de la floristería te recomiende que los metas en el frigorífico durante unas semanas antes de plantarlos, pues, de lo contrario, quizá no llegues a ver ni una sola flor.

Ese invierno, sentada, con el frío que me calaba hasta los huesos, pensé en los dientes de ajo en el suelo congelado, esperando, tomando nota de la gran congelación que atenazaba a la tierra como unos alicates, contando su paso. Quizá lo más instructivo de todo sea que las plantas saben esperar, saben soportar lo inhóspito, porque saben que su tiempo aún no ha llegado, pero llegará, y que no se trata tanto de si florecer o no, como de cuándo hacerlo. Pensar en el ajo fue un consuelo. Su conciencia alimentaba la mía. Esperar significaba que había algo que esperar. El duro suelo se descongelaría, el aire volvería a parecer un hogar para mi cuerpo.

Lo extraordinario de la vernalización es que significa que las plantas tienen memoria. Y aquí la palabra se puede usar sin temor. Las plantas se basan en la información almacenada sobre el pasado para tomar decisiones respecto al futuro. Y este no es un ejemplo único. Las plantas toman nota de la longitud del día y de la posición del sol. Las malvas, unas plantas de flores rosadas, giran las hojas hacia el horizonte antes del amanecer y exactamente en la dirección en la que esperan que salga el sol.[8] El movimiento se origina en el tejido en la base del tallo, donde la malva ajusta la presión del agua que fluye por él para inclinarlo en la dirección deseada. A lo largo del día, la cantidad de luz solar que recibe la malva, así como la dirección en la que llega, quedan registradas en los fotorreceptores dispuestos en la superficie de las hojas. La información queda almacenada durante la noche y la malva la usa para predecir cuándo saldrá el sol por la mañana.

Los investigadores han experimentado con la malva y han simulado un «sol» más caótico, modificando la dirección de la fuente de luz. La malva aprende la nueva ubicación. Se trata de una respuesta «extraordinariamente compleja, pero también extraordinariamente elegante»,[9] en palabras de un equipo de investigación que quería aprender de la malva para diseñar paneles solares más inteligentes.

En cuanto al ajo, la memoria y el contar van juntos. Las plantas que dependen de la vernalización han de contar con alguna manera de registrar el paso del tiempo para garantizar que el periodo de frío (y el de calor) sean suficientes. Emerger en dos días consecutivos de febrero que sean inusualmente cálidos puede ser catastrófico. Así que parece que cuentan los días. Eso explica por qué tantas plantas esperan a que el calor dure cuatro días seguidos o más. La probabilidad de que sea una casualidad es menor.

El hecho de que las plantas puedan recordar las acerca más a nosotros; de algún modo, las hace más legibles. Sin embargo, recordar que son un reino de vida completamente distinto; que son el producto de una avalancha de innovaciones evolutivas que se alejaron de nuestra rama de la vida cuando ni ellas ni nosotros éramos apenas móviles, meros organismos unicelulares flotando en el océano prehistórico, es toda una lección de humildad. No podríamos ser más distintos, biológicamente hablando. Y, sin embargo, sus patrones y sus ritmos resuenan con los nuestros. Las plantas tienen relojes circadianos internos semejantes a los que tenemos nosotros. Necesitan el ciclo del día y de la noche. Se ralentizan en invierno y se aceleran en primavera. Avanzan desde la juventud hasta la senectud. Y mantienen un registro de sus experiencias. Es evidente que la memoria hunde raíces profundas en la biología. Tiene sentido. Si la trayectoria de toda la evolución apunta a la supervivencia, la capacidad de recordar es una ventaja evolutiva natural. Resulta increíblemente útil para seguir vivo.

Empecé a mirar más lejos en busca de otras plantas que hicieran algo semejante a las flores de Henning, y vi que parecía que memoria y movimiento iban de la mano. El cuerpo de la planta registra cierta información y se mueve en consecuencia. Veamos, por ejemplo, la venus atrapamoscas, el as de los movimientos rápidos. Como he explicado antes, pueden contar hasta cinco y pueden conservar el recuerdo de ese recuento durante al menos el tiempo necesario para determinar si tienen una mosca en la boca o no. Funciona así: si dos de los pelos se activan en un intervalo de veinte segundos (una buena indicación de que una criatura viva se mueve en su interior), la trampa se cierra. Sin embargo, la venus sigue contando una vez cerrada. Si los pelitos se disparan cinco veces en una sucesión rápida, lo que disipa cualquier duda acerca de que ha atrapado una presa viva que intenta escapar, la planta inyecta jugos digestivos en la trampa y comienza a cocinar la comida. La digestión dura días, así que es importante estar seguro.

Por el contrario, si la trampa se activa dos veces, se cierra y el movimiento cesa, la venus se volverá a abrir en menos de un día. Obviamente, lo que sea que ha atrapado o es demasiado pequeño para tomarse la molestia de digerirlo o no está vivo. Quizá era un palito, una piedra o, en el caso de todas las venus que nos han enseñado algo acerca de su especie, la fría punta de la sonda de un botánico. La venus corrige su error.

Se sabe que algunas plantas trepadoras también cuentan y corrigen sus errores de juicio,[10] y ambas cosas requieren memoria. Las plantas trepadoras tienen un imperativo mayor para moverse que el de las plantas que se sostienen solas. Cuando brotan, han de buscar inmediatamente estructuras de apoyo; de otro modo, se arriesgan a desplomarse por su propio peso al crecer. Por lo tanto, se mueven esplendorosa, espectacular y rápidamente. Una vez olvidé un boniato en la encimera de la cocina y brotó por varias partes. Lo metí en una gran maceta llena de tierra y lo regué, sin saber muy bien qué esperar. Al cabo de unos días, un primer zarcillo industrioso se aferraba a la pata de la mesa cercana. Al cabo de dos semanas, más zarcillos se habían unido a él. Ahora el boniato se enroscaba alrededor de tres patas de mesa y avanzaba, valiente, sobre la tabla de cortar. Uno de los zarcillos se había enroscado en el tirador de un cajón. Estaba encantada de ser la anfitriona de ese «pulpo». ¿Cómo era posible que hubiera comido tantos boniatos y nunca se me hubiera ocurrido plantar uno? Esto era mucho mejor.

Los vídeos de lapso de tiempo son un regalo maravilloso para todo el que quiera ver plantas trepadoras o de cualquier otro tipo moviéndose. Roger Hangarter, profesor de biología en la Universidad de Indiana, se ocupa de *Plants in Motion*,[11] una encantadora biblioteca en línea de vídeos de plantas en movimiento, al estilo de la primera internet. Por supuesto, me he pasado horas y horas allí. Sin embargo, los mejores vídeos de plantas en internet son los protagonizados por la cuscuta, una planta parásita que ha llevado lo de trepar al extremo. No tiene hojas, por lo que ha de encontrar un huésped del que chupar azúcares en cuanto emerge del suelo. Cuando lo encuentra, se separa por completo del suelo y extrae de su nuevo benefactor todo lo que necesita. No necesita clorofila porque no hace la fotosíntesis, por lo que tiene un llamativo color naranja; y, como no tiene hojas, parece un gusano largo y fino. Observar cómo crece en lapso de tiempo es maravilloso. Cuando el plantón de una cuscuta recién nacida aparece, la punta otea el aire poco a poco. Es imposible no entender que está buscando algo. De hecho, el gesto recuerda claramente a un animal husmeando. Y sí, el recién nacido está analizando el aire en busca de las emanaciones de una planta adecuada que parasitar.[12] Entonces, antes de establecer contacto físico, se empieza a mover más deliberadamente en una dirección.

La capacidad de elegir bien es un indicador de inteligencia. La raíz latina de *inteligencia*, *interlegere*, significa «elegir entre». Es maravilloso observar a las cuscutas tomando decisiones: por ejemplo, prefieren los tomates al trigo. El trigo es difícil de escalar y no es especialmente jugoso. Cuando se cultiva un plantón de cuscuta entre trigo y tomate, empieza a sondear el aire casi en cuanto asoma del suelo. Tras unos cuantos giros, avanza con decisión: ha identificado a sus vecinos desde lejos. Ahora es como una cría de serpiente y atraviesa el aire rumbo al tomate. No quiere nada con el trigo. Consuelo De Moraes, ecóloga en la ETH de Zúrich, el instituto federal suizo de tecnología, formaba parte del equipo que descubrió este fenómeno en 2006. Recuerda que se sorprendió al ver la rapidez del proceso. Cuando lo vio en lapso de tiempo, le hizo pensar de inmediato en una conducta animal.

Cuando la cuscuta detecta lo que considera una presa adecuada, se empieza a enroscar. Al cabo de unas horas, decide si el esfuerzo merece la pena o no. Los científicos han diseñado estudios de laboratorio para preguntar a la cuscuta qué busca exactamente. La respuesta clara es que determina la cantidad de energía nutricional que podrá extraer del huésped a partir de la salud general y de la concentración de nutrientes que circulan por el cuerpo de este. En un experimento, cuscutas cultivadas entre espinos eligieron aquellos ejemplares a los que se habían aportado suplementos nutritivos adicionales[13] y rechazaron los que habían sido cultivados en un entorno escaso en nutrientes. Lo curioso es que toma la decisión antes de haber perforado la piel del huésped, lo que nos lleva a preguntarnos cómo recoge la información (la respuesta más probable, como la mayoría cuando hablamos de plantas, es que lo hace mediante señales químicas). Si la presa no está a la altura, la cuscuta deja de enroscarse en ella y, antes de dos horas, ya está buscando un nuevo objetivo. Si, por el contrario, decide que la planta será una buena anfitriona, empieza a enrollar aún más zarcillos alrededor de su tallo.

La cantidad total de zarcillos que produce la cuscuta refleja la cantidad total de energía que piensa usar para vampirizar a su hospedante parasitado.[14] Eso significa que la cuscuta puede contar. Más zarcillos significa más espacio para colmillos. Una vez finalizado el proceso de enroscamiento, la cuscuta desarrolla púas de vampiro a lo largo del borde de los zarcillos que se clavan en la carne de la hospedante y le empiezan a sacar el jugo, literalmente. La cuscuta no extrae tantos nutrientes como para matar a la planta porque eso no le interesa.* Lo que hace es mantenerla apenas viva, debilitada, pero aún capaz de hacer la fotosíntesis. Las cuscutas no desarrollan hojas porque no las necesitan. Obtienen todo lo que precisan de las otras plantas. Y es algo que hacen excepcionalmente bien. Las cuscutas son el azote de campos de cultivo en todo el mundo y las responsables de pérdidas graves en veinticinco especies de cultivo en cincuenta y cinco países.[15] Las plantas que parasitan las cuscutas no disponen de fuerza suficiente para dar demasiado fruto. Sus cuerpos filiformes se extienden como alfombras enredadas sobre campos, como vampiros de millones de plantas, en cuyos delgados cuellos hincan diminutos colmillos.

Al contar los zarcillos, la cuscuta enroscada está usando una especie de memoria viva a través del movimiento. La memoria es una manera de almacenar lo que se aprende del lugar donde se vive, los peligros y las oportunidades que presenta el mundo. El aprendizaje es una estrategia evolutiva para la supervivencia, como la malva que se orienta hacia el sol. Memoria, aprendizaje y movimiento. Van juntos, como un paquete comercial.

A Anthony Trewavas, el fisiólogo botánico de la Universidad de Edimburgo, le gusta usar la teoría de las redes para pensar en las plantas. Aunque tiene mucha experiencia observando de cerca sistemas de plantas individuales, defiende que se preste atención a toda la planta, a lo que emerge de la suma de todas sus partes interconectadas. Escribe que, como los animales siempre han tenido que cubrir grandes extensiones de terreno para encontrar comida, la evolución animal «refinó los sistemas sensoriales y motrices y los unió con conexiones rápidas», a las que al final se unieron neuronas «compactadas en un cerebro».[16] ¿Se puede formar una mente a partir de otra cosa? Al fin y al cabo, los cere-

* Esto no es completamente cierto, pues a veces la cuscuta mata a la planta, pero es porque se ha equivocado en el cálculo. A las plantas parásitas como la cuscuta les interesa que sus hospedadoras sigan vivas.

bros aparecieron por la evolución y emergieron de ingredientes no elementales. Carne, sangre, células nerviosas especializadas.

En 1866, Thomas Henry Huxley dijo: «¿Cómo es posible que algo tan extraordinario como un estado de conciencia sea el resultado de la irritación de tejidos nerviosos? Es tan inexplicable como la aparición del genio cuando Aladino frotó la lámpara». Ahora sabemos mucho más acerca del cerebro que entonces. Sin embargo, la conciencia sigue siendo impenetrable para la neurobiología moderna. El hecho de que el cerebro produzca la experiencia de «mente» no se explica por su mera existencia física.

En la evaluación de Trewavas, el cerebro no es más que una estrategia para construir inteligencia y conciencia. Las plantas adoptaron una ruta evolutiva distinta, acorde a sus necesidades: la atención y la conciencia se localizan en todas y cada una de sus partes, pero todas y cada una de sus partes se comunican y diseñan estrategias globales, por lo que dan lugar a conciencia también. «La planta individual que contiene millones y millones de células es un sistema complejo que se organiza a sí mismo y que distribuye el control, de modo que permite una explotación ambiental local, pero en el contexto sistémico de toda la planta —escribe—. Por lo tanto, la conciencia no está localizada, sino que es compartida por toda la planta, al contrario de lo que sucede con el cerebro animal, más centralizado».[17]

Trewavas señala que la manera en que crece una planta es la demostración de la conciencia constante que tiene de sí misma. Las plantas son modulares. Crecen a partir de múltiples nodos, cada uno de los cuales culmina en un meristemo, grupos de células que se pueden transformar en cualquier tipo de tejido vegetal. La botánica Robin Wall Kimmerer escribe que, al igual que las células madre, los meristemos son eternamente embrionarios[18] y están siempre preparados para convertirse en lo que la planta necesite. Sugiere que estos puntos ricos en hormonas y nutrientes donde se fabrican las células necesarias en cada momento son un buen lugar en el que empezar a buscar la inteligencia de las plantas. Los meristemos perciben los resultados del escáner corporal que la planta lleva a cabo de forma constante. Así, la planta controla todas y cada una de las partes de su cuerpo ramificado para determinar su estado de salud y de funcionamiento; cuánto fotosintetiza cada hoja y cuántos nutrientes absorbe cada raíz. Si una rama no aporta lo necesario, recibirá menos recursos para mantenerla viva. El crecimiento de los meristemos se orientará en otra dirección. Si ese nodo sigue sin estar a la altura, quedará completamente aislado y se dejará morir, mientras la planta redirige su energía para alimentar otras partes del cuerpo más productivas.

Una vez, caminando por una calle del oeste de Washington bajo el brillante sol del mediodía, me encontré con un grupo de cedros rojos gigantes con faldas tan gruesas y espesas que no podía ver los troncos a través de ellas. Giré la esquina, para entrar entre los árboles, y fue como cruzar la línea de puntos entre zonas horarias distintas en un mapa. De repente era de noche. El suelo del bosque, en la penumbra y cubierto de agujas, estaba salpicado con una explosión de brillantes hongos castaños, blanditos como orejas. Había troncos caídos cubiertos de moho que soltaban serrín rojo en montones encarnados y tenían la corteza desintegrada cubierta de una gruesa capa de musgo Chartreuse. Los cedros habían generado esta oscuridad con sus cuerpos. Ahora sí, podía ver los troncos, gruesos y rectos. No tenían ni una sola rama a los lados, era como estar en una cueva construida por una cascada, o en una carpa de circo arbórea. Las brillantes frondas verdes se alejaban de mí, trazando un arco hacia la luz. Los troncos estaban desnudos, a excepción de alguna ramita sin hojas, en lo alto, donde quizá, en algún momento, llegó luz suficiente para que los árboles se molestaran en hacer crecer alguna hojita interior. Sin embargo, si eres un árbol, no avanzas hacia la oscuridad. Esas ramas eran historia antigua, resecas y marchitas. Estaba viendo la reubicación en acción.

Para hacer eso, la planta ha de recordar qué sucede en su cuerpo en todo momento, así como durante cuánto tiempo sucede. «La dinámica es continua en todo el ciclo vital —escribe Trewavas—, y exige una especie de comentario constante». La planta crece tomando decisiones sin cesar, recalibrando con gran precisión la presión de los fluidos que fluyen por su cuerpo para cambiar de forma. Si una hoja muere, o la despiden, por decirlo de alguna manera, la planta ha de reajustar todo su sistema de presión para mantener el equilibrio y seguir erguida. Es sutil y, sin embargo, obvio: la conciencia biológica impregna todo el cuerpo de la planta.

A medida que crecen, todas las plantas adaptan su cuerpo al entorno, tanto en las raíces como en los brotes. La forma que emerge es una respuesta directa a los obstáculos físicos con los que se ha topado, a la distribución de nutrientes en el suelo y a la dirección de la luz. Así, todo el cuerpo de la planta es una expresión física de las condiciones, momento a momento, en las que ha vivido desde el inicio de su existencia. Los brotes y las raíces más nuevos serán la expresión de los cambios; las partes más antiguas son un registro de las condiciones que hubo antes. Así, la planta es un mapa para el que apenas necesitamos clave: la historia de la vida de la planta se puede descifrar a simple vista.

En el cerebro humano, el recuerdo es una entidad física, una conexión entre neuronas. Es posible que los recuerdos también sean vías físicas en las plantas: la raíz que avanza por el suelo se bifurca y gira, lo que señala el punto en el que antaño hubo una acumulación de humedad. El lóbulo de un tronco en el que en otra época había una rama narra la historia de la luz solar que dejó de llegar. El suelo y la atmósfera son el sustrato de estos recuerdos, en lugar de la materia cerebral. La memoria es la disposición de un espacio físico que, por cierto, nuestros cerebros también son capaces de recordar muy bien. La memoria espacial humana es nuestra forma de memoria más aguda, en lo que se cree que es un legado de nuestros días de caza y recolección, cuando recordar rápidamente la disposición física del entorno era crucial para sobrevivir en un paisaje duro, lleno de peligros y de recompensas.*

Pero ¿y si no hubiéramos tenido la necesidad de huir de grandes mamíferos que intentaban devorarnos o si no hubiéramos tenido que perseguir con rapidez y agilidad a mamíferos más pequeños sobre un paisaje complejo para tener algo que comer? Nuestro cerebro está centralizado y es compacto, algo perfecto para animales que han de viajar y llevarse la inteligencia a cuestas. Sin embargo, ¿y si, en lugar de los animales que cazábamos, nuestro alimento hubiera sido la luz del sol que caía sobre nosotros, de modo que nos envolvía y, por lo tanto, hubiéramos tenido que evolucionar para estar preparados para recibirla? Es posible que entonces, en vez de un cerebro compacto y portátil, hubiéramos desarrollado una capacidad ilimitada para construir a demanda brazos nuevos cubiertos de bocas. Mientras que los animales como nosotros viven y mueren en función de lo intacto que consigamos mantener el cuerpo, es posible que hubiéramos evolucionado para ser flexibles en lugar de frágiles; para ser capaces de desprendernos sin más de un brazo o de dos que ya no están en el lugar ideal para conseguir la comida.

Si decidimos emprender el camino de entender el cerebro animal como uno de los varios formatos con los que desarrollar una mente y almacenar recuerdos, quizá sería conveniente que buscáramos señales sobre cómo surgió la mente a lo largo de eones evolutivos. En *Metazoos: La evolución de la vida y el nacimiento de la consciencia*, el filósofo Peter Godfrey-Smith sigue el rastro de la emergencia de la mente animal hasta llegar a los primeros organismos pluricelulares que flotaban en el mar. Cuando llega a las pri-

* Por eso los atletas de memoria competitiva evocan la técnica de los oradores de poemas épicos de la antigüedad y construyen «palacios de la memoria» mentales, y ubican información que recordar en forma de objetos en las distintas estancias de una casa imaginaria, que luego recorren para ir recogiendo los objetos depositados. Para saber más, véase *Moonwalking with Einstein*, de Joshua Foer (Nueva York, Penguin, 2011).

meras criaturas capaces de nadar o de arrastrarse sobre el fondo oceánico, se pregunta si esos primeros animales tenían conciencia de sí mismos y de su individualidad. ¿Percibían su entorno y construían recuerdos de este a medida que se movían? En otras palabras, ¿tenían experiencias? Lo que sí es seguro es que se movían, y mucho, en busca de comida.

«Las conductas nuevas y expansivas traen consigo una expansión de la sensibilidad —escribe Godfrey-Smith—. Integrar información que luego no se usa no ofrece ventaja biológica alguna». Si esas criaturas se movían (y desde luego que lo hacían), se exponían a toda suerte de información sensorial nueva. No ser capaz de almacenarla de algún modo para construir una imagen del mundo a la que recurrir más adelante sería un verdadero desperdicio. Quizá lo primero fue la capacidad de moverse en el espacio de forma deliberada, mientras que la capacidad de percibir ese espacio vino después, como respuesta al movimiento. «Si pensamos en lo que podría existir en los animales antes de la evolución de la experiencia, resulta interesante imaginar un animal cuyos movimientos se adelantan a sus sentidos», escribe también. La percepción, y la capacidad de almacenar lo que se percibe, tendería a ponerse al día después. Es muy probable que el primer animal que experimentó su mundo fuera también el primer animal que se movió gracias a su propio esfuerzo.

Parece natural que el movimiento y la experiencia vayan de la mano. Si nos movemos, se abren ante nosotros experiencias nuevas. Tiene sentido, entonces, ser capaces de registrar esa información y usarla luego en nuestra búsqueda de supervivencia. Así nace el aprendizaje. De momento, todo lo que he leído acerca de la evolución animal coincide con todo lo que he aprendido sobre las plantas. Pienso en la cuscuta, que sondea el aire en busca de aromas y luego cuenta cuántos zarcillos necesitará para vivir. Mientras deambulo por la cocina, mi potus lleva la cuenta de todas sus partes modulares y toma decisiones sobre hacia dónde dirigir su crecimiento a continuación. Como siempre, parece que la respuesta es: hacia la ventana, esté donde esté. En las montañas de Perú, la *Nasa poissoniana*, la flor con memoria, eleva su estambre para atraer a una abeja y decide cuándo ha de alzar el siguiente estambre para que se acerque otra abeja.

Las plantas, como los animales, se mueven en el espacio. Lo que sucede es que lo hacen a su manera, mediante el crecimiento. Es fácil imaginarlas probándolo todo a medida que avanzan, fijándose en todo y guardando lo que aprenden para usarlo más adelante. La idea de la memoria de las plantas pierde parte de su cualidad mística si se piensa así.

La memoria y la experiencia están intrínsecamente unidas porque cabe decir que un ser que recuerda el contorno de su mundo lo ha experimentado. También es más probable que ese ser tome decisiones sabias (es decir, que demuestre conductas inteligentes) cuando, en el futuro, se vuelva a encontrar con las mismas circunstancias. Aprendemos del recuerdo. Es probable que la memoria propulsara a nuestros antepasados más lejanos hacia estilos de vida más complejos que exigían tomar decisiones más complejas también. Es posible que no sepamos dónde almacenan sus recuerdos las plantas (podríamos decir que en algún lugar de su mente sin cerebro), pero el mero hecho de que sepamos que los tienen basta para cambiar el mundo. Nuestras colecciones privadas de experiencias nos otorgan la sensación de ser quienes somos, la sensación de subjetividad a la que llamamos conciencia. Una visión más generosa de la vida vegetal les podría conceder cierta medida de esa misma subjetividad. Al fin y al cabo, parece que experimentan y recuerdan su mundo a medida que se mueven en él. Por supuesto que quedan muchos misterios que descubrir. Estamos aún muy lejos de entender el alcance de la memoria en las plantas. Tenemos unos pocos indicios, aún menos respuestas y muchísimos experimentos más que probar. Sin embargo, nuevos hilos relacionales se extienden entre nosotros. Un universo de seres cobra nitidez.

CAPÍTULO 7

Conversaciones con animales

Las plantas protagonizan *Semiosis*, la novela de ciencia ficción que Sue Burke publicó en 2018. Un grupo de seres humanos atraviesa el espacio huyendo de una Tierra arrasada por las guerras y el cambio climático. Aterrizan en un planeta verde al que llaman Pax. Han ido allí para refundar la humanidad, con una orientación distinta hacia el mundo natural: «Junto a la ecología, no contra ella». Pronto se dan cuenta de que esto significa que se han de poner al servicio de las plantas de Pax y cumplir su voluntad.

«Las plantas de la Tierra saben contar. Ven, se mueven y producen insecticidas cuando el insecto equivocado se posa sobre ellas», dice Octavio, el botánico de la colonia. En Pax, las plantas han tenido aún más tiempo para evolucionar. Una de ellas mata a varios miembros de la colonia cuando estos invaden demasiado terreno: sabotea sus campos de cereales. Parece que, aquí, las plantas pueden planificar estratégicamente.

Los seres humanos deciden que la única posibilidad de sobrevivir es ponerse al servicio de una planta trepadora especialmente poderosa. «Trabajaremos para ella, no al revés —dice Octavio—. Nos ayudará, porque, de ese modo, se estará ayudando a sí misma». En una inversión de los roles terrestres, el ser humano se convierte en el «mercenario servil» de plantas en guerra.

Varias generaciones humanas después, cuando otra especie alienígena ataca a los humanos, la planta sugiere maneras de neutralizar la amenaza sin matar a los invasores. La coexistencia pacífica es uno de los preceptos de Pax. «El mutualismo se puede imponer», dice la planta, mientras reflexiona acerca de si inyectar estupefacientes en sus frutos para desarmar a los invasores. «Básicamente, reclutaremos a un simbionte». Los humanos se quedan en silencio, estupefactos. La planta añade, para animarlos: «Es lo que las plantas suelen hacer con los animales».

A esas alturas, la experiencia con Rick Karban y su artemisa ya me había enseñado que las plantas se comunican entre sí y que se envían elaboradas señales químicas para avisar de amenazas inminentes. Entendí que ese diálogo silencioso era omnipresente y sucedía por debajo de nuestro umbral de percepción; se trataba de una forma de comunicación que no necesitaba ni de sonido ni de movimiento. Un mundo de significado flotando en el aire. Sin embargo, y en su mayor parte, el estudio de la comunicación entre plantas se ha centrado en las señales de alarma: quién avisa a quién y cuándo se avisa. Tenía sentido: prepararse para un ataque es crucial para sobrevivir. Sin embargo, se me ocurrió pensar que, con tamaña capacidad para transmitir significado, las señales de alarma no podían ser el único tema de conversación. La comunicación entre plantas tenía que ser mucho más que eso. Y descubrí que, efectivamente, la comunicación trataba de mucho más. Sin embargo, lo que no se me ocurrió hasta que me encontré con ello es que las plantas no solo hablan entre ellas, sino que cruzan con regularidad la frontera entre especies.

En efecto, la relación que las plantas establecen con otras especies vegetales, e incluso con animales, es un tapiz de dinámicas entretejidas que van desde lo recíproco a lo exquisitamente antagonista. Con frecuencia, cuesta distinguir entre lo uno y lo otro. El campo que estudia esto se llama biocomunicación, a secas, pero parece un término demasiado sencillo para la complicada montaña de relaciones entre especies que está revelando. A medida que me adentro en el mundo de la biocomunicación, me doy cuenta de que la ley que gobierna la vida es una mezcla desordenada. Parece que todo afecta y altera a todo lo demás. La teórica Donna Haraway escribió que nuestras vidas son «revolcones en charcos de múltiples especies»,[1] tanto si somos conscientes de ello como si no.

Consuelo De Moraes, la ecóloga que descubrió cómo eligen las cuscutas a sus presas, vive en ese charco. Se sienta en el borde y observa con atención cómo interactúan especies y más especies. De hecho, parece estar sobrenaturalmente conectada y percibe interacciones significativas allí donde los científicos que llegaron antes no vieron nada en absoluto. Es una persona estrictamente científica y habla con la claridad que dan los datos objetivos. Solo me habla de lo que está segura de que podrá replicar y de lo que sabe que superará la revisión por pares. Sin embargo, al mismo tiempo se siente capaz de hacerse preguntas. De hecho, son su principal herramienta de investigación. Su rigor hace que sus informes del mundo de los charcos de múltiples especies parezcan sensatos. Y, por lo tanto, aún más fantásticos.

De Moraes habla conmigo desde el otro lado de la mesa de su despacho en el Departamento de Ciencias de Sistemas Medioambientales en la ETH de Zúrich, donde está rodeada de un halo de mariposas enmarcadas. Son las formas adultas de las orugas que estudia. Está especializada en insectos, plantas y virus que con frecuencia superponen sus vidas de formas complejas. Por ejemplo, en la década de 1990 estudió el dramático triángulo entre maíz, orugas y avispas. Primero, una oruga muerde una planta de maíz. Esta se da cuenta y analiza la combinación de saliva y de regurgitación que la oruga deja tras de sí en la hoja. Ahora la planta sabe qué especie de oruga la está devorando o, al menos, sabe a qué especie de avispa ha de apelar para que la parasite. Entonces la planta emite un gas químico muy específico. Al cabo de una hora, las avispas necesarias hacen su aparición. Las avispas, sin duda encantadas con la escena ideal con la que se encuentran, insertan sus aguijones en las orugas, para inyectarles huevos. Cuando los huevos eclosionan, las larvas de avispa usan sus mandíbulas especialmente diseñadas para devorar las orugas desde dentro. Entonces hacen girar sus huevos con la forma ovalada de los caramelos Tic Tac, que se pegan al casco vacío de la oruga. El resultado es una forma verde con aspecto de gusano al que le salen infinidad de sedosos pinchos blancos, como púas de erizo hechas de felpa. Así es como la planta intenta salvarse a sí misma. De Moraes descubrió esta conducta en las plantas de maíz, tabaco y algodón en 1998.[2]

Dos décadas después encontró diminutas marcas de bocados en las hojas de unas plantas de mostaza negra que cultivaba en un invernadero. Las marcas recordaban diminutas lunas crecientes, que probaban que, con toda seguridad, las bocas de abejorros habían sido las responsables. Pero ¿por qué mordían las plantas los abejorros? De Moraes siguió observando.

Se dio cuenta de que los abejorros se estaban muriendo de hambre. Llevaban días revoloteando alrededor de los capullos cerrados de la planta de mostaza, pero aún no se había abierto ninguno. Si no lograban introducir la lengua en un laguito de azucarada agua floral, pronto empezarían a perder velocidad, en un intento desesperado del cuerpo por conservar calorías. Al final, caerían al suelo y morirían. Pobres abejorros. Habían llegado en el momento equivocado. A las flores aún les faltaba un mes para abrirse. No podía ser. Así que los abejorros empezaron a morder las hojas de la planta. Al día siguiente, todas las flores se habían abierto, así que pudieron beber el néctar y sobrevivieron.

A De Moraes le pareció interesantísimo. Los abejorros no comen hojas. Aparentemente, no había razón alguna para desperdiciar valiosa energía en algo que no los nutriría. Y, sin embargo, ahí estaban, mordiendo hojas. Había medialunas por todas partes. Alguien se tenía que haber dado cuenta de eso antes que ella. «Entonces empecé a revisar toda la literatura al respecto. No me podía explicar cómo lo habían pasado por alto».

Diseñó un experimento con todos los controles necesarios y descubrió que, cuando las abejas o abejorros mordían las plantas, estimulaban la floración de estas hasta treinta días antes de lo previsto.[3] Obviamente, las abejas se beneficiaban de ello. Pero las plantas también, como descubrió Consuelo. Florecían a tiempo para que hubiera abejas que las polinizaran. En la naturaleza, el tiempo es vital: todas las especies dependen de otras especies de una manera o de otra. Si se desincronizan, todas pierden. La supervivencia depende de contar con un modo de comunicación que supere la división entre las especies.

«Una de mis alumnas me envió fotos de sus espinacas con las hojas llenas de medialunas —me explicó De Moraes—. Antes nunca habíamos buscado estas señales en las plantas, pero ahora que lo hacíamos, ¡Dios mío, cuánto daño hacían las abejas! Una vez que lo sabes, empiezas a ver sus mordiscos por todas partes».

Descubrió que los humildes abejorros saben a distancia si las flores de mímulo tendrán mucho polen o no por el aroma de cierto compuesto volátil floral que el cerebro del insecto traduce en «montones de polen». Sin embargo, hacer montones de polen requiere muchos recursos. Así que la flor de mímulo ha ideado un atajo. Reconoce las normas de este proceso de cribado previo y, en lugar de fabricar polen adicional, emite el compuesto volátil. Es decir, miente. La abeja, engañada, llega y se encuentra con una decepción. Sea como sea, el mímulo ha conseguido lo que quería: una abeja a la que cubrir de polen. El mímulo es un mentiroso excelente.[4]

En la biocomunicación, todos son mímulos. De Moraes habla acerca de la «carrera armamentística» de insectos, plantas y virus, que se engañan sin cesar mutuamente al tiempo que son engañados. «Todos intentan sobrevivir, todos». Ríe con frecuencia mientras explica sus hallazgos, como si los resultados la sorprendieran tanto como la primera vez. Me da la sensación de que, en realidad, no comulga con esta visión de la naturaleza como un campo de batalla, pero la usa porque es una metáfora habitual en toda la ciencia desde Darwin.

Hace unos años, su alumno de posgrado vio una planta que le gustó en el invernadero de un jardín botánico de Zúrich y se llevó unas semillas para estudiarlas en el laboratorio de De Moraes. Las plantaron y admiraron los tallos morado oscuro de la planta, que estaban cubiertos de pinchos de dos centímetros y medio de longitud cada uno. Los pinchos eran mucho mayores que las diminutas flores amarillas. Todas las partes de la planta eran tóxicas para las personas. La planta se conoce por nombres comunes como «diablo púrpura» y «malevolencia». Pusieron orugas jóvenes sobre ellas para ver qué sucedía. Poco después vieron glóbulos de una sustancia pegajosa sobre el tallo de la planta diabólica. Eran perfectas esferas brillantes de azúcar, como rocío de la mañana. El néctar «extrafloral», es decir, el néctar que se deposita fuera de la flor, no es raro en las plantas. Por lo general, está ahí para atraer a animales que se alimentan de azúcar y que pueden ayudar a la planta de algún modo. Siguieron observando a las orugas. Efectivamente, las esferas azucaradas las atrajeron como un imán. Pero las orugas no ayudan a las plantas. Se las comen. De repente empezaron a tener problemas en la boca. Las diminutas mandíbulas en bisagra se habían quedado pegadas a los glóbulos, como con pegamento. «Es como cuando tienes *toffee* en la boca», dijo De Moraes. Las oruguitas sacudían la cabeza tratando de deshacerse de la sustancia. Pero, sin brazos con que poder alcanzar la boca, el esfuerzo era en vano. Las perfectas esferas de azúcar eran una trampa. Tratar de comer una significaba no volver a abrir la boca jamás.

Últimamente ha estado trabajando con varas de oro. Las varas de oro, con sus tallos largos y plumeros de flores doradas, son casi omnipresentes en el este de América del Norte. En 2020, De Moraes descubrió que las varas de oro pueden percibir las señales volátiles que emiten las moscas formadoras de agallas y, cuando las detectan en su proximidad, activan el sistema inmunitario antes de que ni una sola mosca se haya posado sobre ellas. Los insectos inductores de agallas suponen un peligro para las plantas porque, una vez que llegan, secuestran el ADN de la planta y la obligan a construirles un hogar con sus propios tejidos. Las arquitecturas que surgen pueden ser ornadamente geométricas y de colores que la planta no produciría de forma habitual. Con frecuencia, los insectos depositan sus huevos en la agalla, lo que es un problema para la planta cuando los huevos eclosionan y emergen larvas hambrientas. En conclusión, desde el punto de vista de la planta, lo mejor es evitar estas situaciones. Por lo tanto, tiene sentido que la vara de oro haya desarrollado un modo de determinar si hay cerca moscas inductoras de agallas. Sin embargo, las moscas saben que las plantas pueden percibir su presencia, por lo que también evalúan a la vara de oro. Si la vara de oro emite compuestos volátiles que indican que ha levantado sus defensas antimosca, las moscas hembra que llevan los huevos las esquivan. Para la mosca, es mejor seguir volando en busca de una flor menos protegida.[5]

Este tipo de conversaciones entre especies distintas son constantes y completamente invisibles para la percepción humana. Se trata de una comunicación sofisticada, dinámica, con muchas capas y rápida. Todo esto sucede en cuestión de momentos. Entendemos una pequeñísima fracción de lo que sucede. «No dejo de sorprenderme de lo poco que sabemos», dice De Moraes.

Volví a pensar en el maíz y en los tomates capaces de convocar a avispas. Básicamente, estaban alistando colaboradores. O, visto de un modo algo distinto, estaban usando a las avispas como herramientas. La línea entre la colaboración y la coerción es muy fina. No cabe duda de que la relación también beneficiaba a las avispas. Aun así, era la planta la que proponía el trato. Desde el punto de vista de la planta había encontrado la herramienta adecuada para el trabajo. Recordé, entonces, que la capacidad de usar herramientas es una de las pruebas clásicas de la inteligencia animal. Había visto vídeos de cuervos abriendo cajas de comida con palos y de nutrias marinas usando rocas a modo de yunque para cascar y abrir moluscos. ¿Acaso era tan distinto lo que hacían estas plantas? Seguí leyendo. Resultó que la historia se repetía una y otra vez en el mundo vegetal.

La dulcamara pertenece a la misma familia que los tomates, las patatas y el tabaco y secreta néctar azucarado para reclutar a hormigas como guardaespaldas. Las hormigas, enganchadas al pegajoso jarabe que la planta produce para ellas, arrancan meticulosamente las larvas de alticino, el enemigo mortal de la dulcamara, que se aferran al tallo de la planta. Las hormigas han de actuar con rapidez antes de que los bebés de alticino hayan tenido tiempo de horadar el cuerpo de la dulcamara y desencadenen el caos. Las hormigas llevan a las larvas a las profundidades de su hormiguero.[6] Y nadie las vuelve a ver.

Al parecer, varias otras especies de plantas reclutan así a las hormigas. De hecho, son tantas que la comunidad botánica les ha otorgado un nombre informal: plantas hormigueras. (Y otro formal: mirmecófitas). Hay especies de hormigas que ya no pueden sobrevivir sin su planta hormiguera, como, por ejemplo, las hormigas simbióticas del árbol tropical del género *Macaranga*, que mueren rápidamente si se las separa de él.[7] Las acacias forjan relaciones similares: alimentan a sus hormigas y les proporcionan lugares especiales para anidar: los pinchos huecos que tienen en las ramas. A cambio, las hormigas atacan agresivamente a todo lo que moleste a su árbol-nido-hormiguero. La página de Wikipedia para las plantas hormigueras muestra la imagen de tres hormigas de gran tamaño y del color del óxido sobre una hoja y rodeando a una hormiga roja más pequeña. Dos de las hormigas más grandes sujetan con la mandíbula sendas patas frontales de la hormiga roja, mientras que la tercera le atenaza el abdomen. «Hormigas colaborando para desmembrar a una hormiga invasora», explica el pie de imagen. El árbol ha contratado a las hormigas como guardaespaldas, y los guardaespaldas cobran en especias: jarabe y alojamiento.

Si las plantas no pueden hacer algo por sí mismas, encuentran a otros que lo hagan por ellas. Sin embargo, cuando esos otros son seres vivos con sus propios objetivos, con frecuencia requieren alguna forma de pago (o de manipulación). Por ejemplo, las legumbres suelen forjar relaciones con bacterias en las raíces para garantizarse una cantidad estable de nitrógeno, que usan como fertilizante. Las raíces están salpicadas de nódulos que recuerdan a perlas asimétricas que albergan a colonias de bacterias. Las bacterias que habitan en los nódulos fijan nitrógeno en el suelo para las plantas que, a su vez, producen azúcares. Sin embargo, este acuerdo no siempre funciona tan bien como a la legumbre le gustaría. Las bacterias son inconstantes. No siempre hacen el trabajo que se supone que han de hacer, o no lo hacen bien. Su capacidad para fijar nitrógeno varía muchísimo. La legumbre controla a los simbiontes que viven en cada uno de sus nódulos y se asegura de que cumplen con su parte del trato exigiéndoles un intercambio uno por uno. Si la planta se da cuenta de que alguna bacteria no «paga el alquiler», la castiga cerrando el aporte de oxígeno a ese nódulo concreto.[8]

El ejemplo de las legumbres parece un caso claro de transacción entre organismos, con cierta pillería y castigo, eso sí. Sin embargo, hay otras relaciones interespecie que resultan mucho más difíciles de explicar. Una de las relaciones más difíciles de determinar en un sistema biológico es la de la coerción. ¿Cómo saber si una de las partes se ve obligada a colaborar y no es un participante voluntario? Lo que para nosotros podría ser coerción puede tener otras connotaciones para los participantes. Uno de estos casos es el de un grupo de orquídeas a las que los biólogos califican de «estafadoras sexuales» y que constituyen un magnífico ejemplo de la precisión con que las plantas usan la bioquímica.

Las plantas son verdaderos genios de la síntesis de compuestos químicos. Parecen ser capaces de producir la combinación química que necesiten para llevar a cabo la tarea de que se trate, y la excretan en forma de gas por los poros o, a veces, por la raíz, para infusionar el suelo. Su precisión y aptitud para ello supera a la de cualquier otro organismo y es justo decir que constituye un sentido completamente adicional que no cesa de asombrar a los investigadores una y otra vez. La imagen se amplía con cada nuevo avance en los instrumentos de análisis de gases, que revelan inventos químicos cada vez más sutiles y específicos. A estas alturas, es evidente que las plantas producen compuestos mucho más complejos de lo que nuestros instrumentos pueden percibir.

Pero volvamos a las orquídeas. En Australia, el biólogo evolutivo Rod Peakall dedicó más de treinta años a estudiar cómo distintos grupos de orquídeas convencían a avispas para que mantuvieran relaciones sexuales con ellas. El objetivo del engaño era cubrir a las avispas de polen. Es decir, las plantas imitaban el sexo de las avispas y estas últimas mantenían, sin saberlo, relaciones sexuales con plantas. Si bien la mecánica de todo ello es algo complicada, nada de lo que sabemos muestra con tanta claridad cuán íntima puede ser la incursión de las plantas en la vida de otras especies. Así que esforcémonos en imaginarlo.

Al igual que tantas otras de nuestras plantas más extrañas, muchas de las orquídeas que se han especializado en el sexo con avispas son nativas de Australia. Tenemos, por ejemplo, las orquídeas araña. Deben su imagen arácnida a que han desechado el concepto de pétalo normal. En lugar de eso, desarrollan filamentos alargados y finos, uno de los cuales termina en un bulbo ovoide que salta con la brisa. El bulbo tiene aproximadamente el tamaño y la forma de una avispa hembra concreta.

Ahora pensemos en las avispas. La hembra de esta especie no puede volar: para encontrar su pareja sexual, los machos vuelan en busca de hembras incapaces de volar y que esperan en pleno celo sobre plantas. El macho llega, la agarra en un abrazo de oso y salen volando juntos, como dos paracaidistas unidos, para mantener relaciones en pleno aire. El maniquí de la orquídea encaja maravillosamente en este sistema: la avispa macho desciende, lo abraza y aletea con fuerza para llevarse a la hembra consigo. Juntos, la avispa verdadera y la falsa rebotan sobre el estilizado sépalo hasta que la avispa real choca con el corazón de la orquídea. Allí, lo aguarda polen preparado para saltar sobre su espalda. Al cabo de un tiempo, la avispa, que quizá se da cuenta de su error (o no), emprende el vuelo cargada de polen. (Otra especie de orquídea con una estrategia similar adhiere un paquetito de polen amarillo a la espalda de la avispa. Da la impresión de que la avispa se dirige, cargada con una mochila, a la escuela de avispas). La avispa desciende sobre otra supuesta hembra en una orquídea cercana, la vuelve a agitar y, en el proceso, deposita el polen. ¡Cuántas candidatas!, debe de pensar la avispa macho, yendo de orquídea en orquídea.

Durante generaciones, la mayoría de los investigadores creyeron que las avispas quedaban irremediablemente seducidas por el péndulo de la orquídea.* Sin embargo, Rod Peakall pensó que las avispas tienen muy buena visión. Y que, siendo francos, la orquídea que mejor imitaba la forma de la avispa hembra era muy laxa con los detalles. Sí, la silueta era razonablemente similar, pero de cerca no era en absoluto convincente. Varias otras especies de orquídea con la misma estrategia de polinización se esforzaban aún menos en la confección de su disfraz. Peakall creía que era imposible que una avispa quedara convencida al ver aquello. Además, las avispas solo se aparean cuando la hembra está en celo. Tenía que haber feromonas de por medio.

* En 1928 la pionera naturalista australiana Edith Coleman concluyó que el aroma tenía que ser una parte de la ecuación. Sin embargo, no pudo desentrañar la química del proceso y la hipótesis del engaño visual se impuso. Edith Coleman, «Pollination of an Australian Orchid by the Male Ichneumonid *Lissopimpla semipunctata*, Kirby», en *Ecological Entomology*, 76, n.º 2 (19), págs. 533-539, doi:10.1111/j.1365-2311.1929.tb01419.x.

Un semioquímico es un compuesto sintetizado en un cuerpo que lo libera para infiltrarse en otro. Por definición, es cualquier sustancia química producida y emitida por una criatura para influir en la conducta de otra. El término *semioquímico* no implica ni intencionalidad ni malicia, sino sencillamente el fascinante hecho de que, lo quiera o no, quien inhale el semioquímico se comportará de una manera concreta. Es incluso posible que crea que lo hace porque quiere.

A principios de la década de 2000, Peakall se propuso determinar hasta qué punto dependía de la química el engaño de la avispa. Estaba seguro de que las orquídeas debían de estar exudando un conjunto muy convincente de aromas de avispa. Sabía que determinadas orquídeas atraían solo a determinadas especies de estos insectos, por lo que la química tenía que ser muy específica. Imaginó que seguramente usaban una combinación de los más de 1.700 compuestos aromáticos florales conocidos.

«No podríamos haber estado más equivocados», dijo luego en un discurso dirigido a la comunidad global de botánicos en la conferencia anual de la disciplina en 2020.[9] Casi todos los semioquímicos que él y su equipo habían analizado eran completamente nuevos para la ciencia botánica.[10] Y solo habían estudiado un puñado de orquídeas. ¿Cuántos compuestos más habría por ahí, activos en el aire, manipulando el entorno de maneras sutiles y, sin embargo, invisibles para nosotros? Y no solo eso, sino que, gracias a los avances recientes en la tecnología de detección de gases, Peakall pudo determinar que la atracción de las avispas dependía de que la orquídea produjera una proporción exacta de dos o más de esos compuestos.[11] La receta era distinta para cada orquídea. Una especie de orquídea sintetizaba un gas que era una proporción 10:1 exacta de dos compuestos. Otra orquídea usaba una proporción 4:1 de dos compuestos completamente diferentes. Todos ellos eran nuevos para la ciencia. El nivel de especificidad era pasmoso y amenazaba con superar la capacidad de detección de incluso las herramientas más modernas y avanzadas. Además, descubrieron que las orquídeas necesitaban luz ultravioleta para que los semioquímicos funcionaran. En otras palabras, usaban la luz del sol como ingrediente.

Peakall empezó a untar diminutas cuentas negras con esos compuestos sutiles, para ver si serían capaces de atraer a las avispas sin necesidad del maniquí. Y lo fueron, lo que demostró que la clave residía en la química, no en los engaños visuales. «Por supuesto, aún no sabemos explicar en términos evolutivos cómo las orquídeas pueden interceptar y secuestrar con tanta precisión las señales de comunicación privadas de sus avispas polinizadoras», dijo Peakall. Costaba imaginar un sistema coevolutivo más sincronizado entre plantas e insectos.

Mientras lo escuchaba hablar, no pude evitar preguntarme qué otras cosas desconocíamos de esta historia. Sí, ciertamente parecía una cuestión de engaño sexual, pero ¿y si la avispa sabía lo que pasaba y se dejaba engañar? Natasha Myers, una antropóloga de la ciencia que trabaja en la Universidad de York, y Carla Hustak, que estudia historia de la ciencia en la Universidad de Toronto, explican de otra manera la relación entre la orquídea y la avispa.[12] Los cuerpos de la avispa y de los insectos estaban exactamente articulados los unos con los otros; como ya dijera Charles Darwin en 1862, eran la adaptación más perfecta de la naturaleza.[13] Sin embargo, él también lo entendía, básicamente, como un engaño. Dado que el insecto no obtenía ventaja reproductiva alguna del encuentro, la orquídea lo tenía que estar engañando. Por su parte, Myers y Hustak se preguntan si se podría tratar de otra cosa. ¿Era posible que se tratara de algo distinto a la mecánica darwiniana de la supervivencia del más fuerte? Sugieren una especie de flirteo entre el insecto y la orquídea, una danza entre especies distintas en la que ambas partes están de acuerdo con el trato y lo afrontan con placer. Quizá estos encuentros demuestren la existencia de otras organizaciones ecológicas, donde «el placer, el juego o la improvisación en una especie o entre especies» sea la norma. ¿Cabría decir que la avispa «disfruta» de los placeres de la seudocopulación?

Quizá suene disparatado, pero recordemos que el propio Darwin experimentó con orquídeas en su casa y llevó a cabo una especie de experimento multisensorial en el que empujaba, pinchaba y rozaba partes de las orquídeas con el dedo, mechones de cabello y otras herramientas para ver si podía suscitar la misma respuesta que los insectos y hacer que las orquídeas le lanzaran saquitos de polen. Describió que estas plantas tenían afinidades sensuales individuales y preferían contactos distintos y evidentes incluso para él, un ser humano. Myers y Hustak se preguntan si se podría entender esa relación como un vínculo recíproco, en el que la orquídea y su polinizador se satisfacen mutuamente. Al fin y al cabo, Darwin habló de la naturaleza como de una «ribera enmarañada», una «red inextricable de afinidades»[14] entre especies interconectadas y con vidas íntimamente entretejidas. Podría haber otra lectura menos antagonista y más íntima de la intervención de las plantas en las vidas de otros seres vivos.

También se ha de decir que la investigación ha revelado que estas orquídeas tienden a incluir leves imperfecciones en su imitación química y modifican de manera sutil algunos aspectos de su poción química para ser convincentes, pero no completamente indistinguibles del insecto real.[15] Y tiene sentido: si imitaran a la perfección a las avispas hembra y atrajeran demasiado bien a los machos, cabe la posibilidad de que estos quedaran tan hechizados que acabaran por no copular con avispas hembra reales. Las orquídeas se podrían quedar sin polinizador. En este punto, podemos preguntarnos, si la avispa se da cuenta del engaño, ¿por qué decide copular con la flor de todos modos?

En *Una trenza de hierba sagrada*, Robin Wall Kimmerer, botánica y miembro de la Nación Ciudadana Potawatomi, explica que de joven ansiaba saber por qué los ásteres y las varas de oro tendían a florecer juntas cada septiembre.[16] El amarillo encendido de la vara de oro junto al violeta real de los ásteres producía una dinámica visual embriagadora. ¿Por qué eran tan bonitas esas flores? Era una chica nativa que se había pasado la infancia usando pronombres personales para referirse a criaturas no humanas. Cuando entró en la universidad en la década de 1970, su asesor mostró un interés especial por conseguir que dejara de hacerlo. Le dijeron que su pregunta acerca de la belleza no tenía cabida en un departamento de botánica. La belleza era algo subjetivo, no objetivo, y, por lo tanto, nunca podía constituir una línea de investigación legítima para la ciencia. Las plantas han de ser objetos, no sujetos, para poder extraer respuestas científicas de ellas.

Sin embargo, Kimmerer descubrió que era una pregunta digna de la ciencia indígena. Una vez que hubo terminado el doctorado y accedido a una plaza de profesora universitaria en el departamento de botánica, asistió a una reunión de ancianos nativos donde una mujer navaja habló durante horas acerca de las plantas y de las relaciones que estas preferían: junto a quiénes les gustaba crecer, por qué eran tan bellas... No mencionó ni a los ásteres ni a las varas de oro, pero «sus palabras fueron como sales volátiles», en palabras de Kimmerer. La despertaron del absolutismo científico en el que tanto tiempo llevaba viviendo. Recuperó su pregunta inicial. Los científicos tienden medir la reproducción cuando quieren determinar si un ser vivo se beneficia de una situación o de otra. Es decir, si crecer juntos beneficiaba a los ásteres y a las varas de oro, si toda esa belleza tenía un propósito, era muy probable que sus índices de reproducción fueran superiores cuando crecían juntos que cuando crecían por separado. Como la reproducción tanto de los ásteres como de las varas de oro depende de la polinización, Kimmerer decidió fijarse en las abejas.

El amarillo y el morado ocupan posiciones opuestas en la rueda cromática y producen un efecto visual recíproco: los ojos responden más intensamente cuando el amarillo y el morado están juntos que cuando los percibimos por separado. Pensó que quizá los colores ejercían ese mismo efecto sobre las abejas. Todas las flores son, en esencia, carteles publicitarios y los polinizadores son su público objetivo. Cuanto más llamativo sea el anuncio, más abejas aparecerán. El espectro visual de las abejas es muchísimo más amplio que el nuestro, por lo que pueden ver colores que a nosotros nos pasan desapercibidos. Muchas flores están pintadas a rayas, como pistas de aterrizaje o dianas que solo las abejas pueden ver. Sin embargo, en el caso de los ásteres y las varas de oro, las abejas y nosotros vemos prácticamente lo mismo. Ellas también ven el espectáculo que ofrece la combinación cromática del amarillo y el morado. Cuando Kimmerer puso a prueba su hipótesis (que los ásteres y las varas de oro crecen juntos por algo relacionado con las abejas), descubrió que, efectivamente, estas dos plantas atraían a más polinizadores cuando crecían juntas que cuando lo hacían por separado. Las zonas con ambas flores recibían más visitas de abejas que las zonas donde solo había varas de oro o ásteres. El espectáculo visual atraía a las abejas de la misma manera que la atraía a ella. Concluyó que su belleza era deliberada. Al final, resultó que nuestra percepción subjetiva de la belleza podía revelar algo cierto acerca de las intenciones de las plantas.

La belleza es, casi siempre, una forma de comunicación. En concreto comunica: «Elígeme». La preferencia estética se ha comprobado en todo el reino animal; los animales se sienten atraídos por lo que perciben como bello. No nos debería sorprender que las plantas usen la belleza con el mismo propósito. Las flores evolucionaron para ser bellas para los animales.[17] Al principio, la mayoría de las plantas terrestres dependían del viento para que transportara los granos de polen de una planta a la siguiente. Sin embargo, entonces los animales terrestres llegaron a escena y empezaron a comer el polen rico en proteínas de las plantas. Y, cuando pastaban, los animales transportaban parte de ese polen de flor en flor, en un proceso de fertilización mucho más eficiente y ordenado de lo que el viento hubiera conseguido jamás. Muy pronto, las plantas comenzaron a transformar algunas de sus hojas en llamativas banderas (los primeros pétalos) para orientar mejor a los animales en dirección al polen. Los pétalos adoptaron formas y colores cada vez más elaborados, hasta producir símbolos visibles específicamente para la anatomía ocular de sus polinizadores. El néctar y los aromas florales se sumaron a la fiesta. Estas configuraciones tan atractivas emergieron como flores, que llegaron a extremos estéticos en la carrera para atraer a criaturas con anatomías oculares cada vez más complejas y con gustos estéticos cada vez más selectos.* Ahora, la belleza de las flores nos habla con claridad incluso a nosotros.

Sabemos que la genialidad bioquímica de las plantas las hace más fuertes, las defiende bien de los depredadores y logra que satisfagan sus necesidades de maneras más sutiles o más explícitas. Y no siempre se ajustan a lo que la sensibilidad europea podría llamar el «orden natural» de las cosas. No se ciñen a su propia especie, ni a un género claramente definible. Recordemos que las orquídeas se reproducen manteniendo relaciones sexuales con avispas. Algunas plantas, como los álamos temblones o los dientes de león, se reproducen casi de forma exclusiva por clonación, mientras que otras se clonan unas veces y se reproducen sexualmente otras, como las fresas. Muchas plantas son bisexuales, y cuentan con genitales femeninos y masculinos en la misma flor (es curioso que en la anatomía botánica se las califique de flores «perfectas»). El fósil viviente que es el ginkgo puede cambiar de forma espon-

* Aunque, al igual que sucede con el ser humano, el origen de la preferencia estética sigue siendo un misterio. ¿Por qué nos parecen bellas unas cosas y no otras? En algunos casos, los rasgos de belleza sugieren alguna ventaja evolutiva oculta, alguna fortaleza individual heredable. Es lo que se conoce como la teoría de los «buenos genes», pero aún no hay estudios que lo verifiquen. En la mayoría de las ocasiones no se ha encontrado correlación entre belleza y vigor. En la mayoría de los casos no parece que la belleza sea adaptativa. Un investigador que estudia la belleza biológica la calificó de «verdaderamente decadente» en un artículo publicado en el *The New York Times Magazine*. No está claro en absoluto por qué algunas cosas nos parecen bellas. Y, sin embargo, es evidente que ser bello es ventajoso. Activa ciertas cosas en el cerebro animal, activa la atracción. Las plantas, en absoluto desconocedoras de ello, también se esfuerzan en ser bellas.

tánea el sexo de una sección de su cuerpo y producir una rama hembra en lo que, por lo demás, es un árbol masculino.[18] Los ginkgos son uno de los linajes de árbol más antiguos con los que convivimos y hace cientos de millones de años que habitan la tierra: sobreviven, tenaces, desde la era de los dinosaurios. Es posible que su fluidez sexual los haga extraordinariamente resistentes a lo que sea que los eones les lancen.

Era un húmedo día de junio en Virginia, y estaba paseando por el sotobosque de una arboleda de majestuosos ginkgos junto a sir Peter Crane, paleobotánico y exdirector de los Reales Jardines Botánicos de Kew (Reino Unido). Al día siguiente iba a volar a Inglaterra para la celebración del cumpleaños de la reina Isabel. Pero hoy estaba entre su especie preferida. La arboleda de trescientos plantones se había plantado en el Arboreto Blandy en 1929 y los árboles eran bastante altos, aunque Crane me recordó que había conocido ginkgos mucho más antiguos y altos que estos en Asia. Las hojas, con forma de abanico, refrescaban el aire en el interior de la arboleda y teñían la luz de un verde oliva pálido. Imaginé con nostalgia el espectáculo que ofrecerían en noviembre, cuando las hojas del ginkgo se vuelven doradas, caen de las ramas en una danza sincronizada y forman una lluvia densa. Era un espectáculo que había admirado muchas veces en los grises noviembres de Nueva York, donde el ginkgo es un árbol habitual en las aceras. Si tenías la suerte de estar en el lugar correcto el día correcto, era como ver llover monedas de oro que dejaban cubiertas las aceras de escamas doradas. En lugar de ese espectáculo, los ginkgos de Virginia me ofrecían el otro extremo de su ciclo anual: cientos de plantones diminutos surgían del suelo del bosque, aún conectados a las ásperas semillas de las que brotaban, como polluelos a medio salir del cascarón. Casi todos ellos estaban condenados a morir. Ninguno de los ginkgos adultos que se alzaban sobre ellos parecía muy dispuesto a ceder el espacio y morir, que era la única manera de que se abriera en el dosel un hueco que diera a alguno de estos plantones la más mínima posibilidad de sobrevivir. Apenada por ellos, desenterré tres pequeños ginkgos y me los llevé conmigo para plantarlos en casa.

Crane y un equipo de colegas japoneses fueron los primeros en publicar un artículo sobre el cambio de sexo del ginkgo, después de haber leído en un breve artículo de un periódico local japonés que un ginkgo macho célebre en la zona y considerado un Monumento Natural de Japón había desarrollado una sola rama hembra. Cuando se desplazaron hasta allí para estudiarlo, vieron que, efectivamente, la rama había empezado a producir semillas. Además de ese árbol concreto, solo se han descrito otros tres ginkgos que hayan cambiado de sexo: uno en los Jardines de Kew (Londres), uno en Kentucky y otro en la arboleda de Virginia en la que nos encontrábamos. Me explicó que de momento se trata este fenómeno como algo extraordinariamente raro, aunque también podría ser que nadie se haya molestado en mirar hasta ahora. Un ginkgo adulto puede tener cientos de ramas y alcanza una gran altura, por lo que la observación detallada de los rasgos sexuales es muy difícil y cara. Aún más, la ventana disponible para comprobar el sexo de un ginkgo es muy corta: hay que esperar a que las partes sexuales produzcan polen u óvulos y encontrar una sola rama atípica en un árbol lleno de polen sería una tarea ardua que aún no ha emprendido nadie. Sin embargo, Crane, que ha escrito un libro casi reverente acerca del legado cultural y biológico de los ginkgos, afirma que lo que sea que hagan merece nuestra atención. Es posible que esta sea una de las maneras en que el ginkgo ha sobrevivido casi inmutable durante cientos de millones de años.

Todo esto tiene un matiz decididamente queer (las orquídeas, los álamos temblones, las fresas, las plantas hormigueras y los ginkgos), una especie de abandono sensual que olvida los binarios, supera las fronteras entre especies y desafía casi regodeándose lo modos de reproducción heteronormativos. Esta manera de ver también nos podría ayudar a escapar de la idea de que todo en la naturaleza es una batalla con un claro vencedor. A veces, puede ser una improvisación, una colaboración o algo completamente distinto.

Cuando hablé con Jarmo Holopainen, estaba a punto de jubilarse como profesor de la Universidad de Finlandia Oriental, que es, desde hace años, una institución pionera de la investigación de la interacción entre plantas. Me pregunto si Finlandia tiene algo que se presta especialmente a las innovaciones en este campo. Aquí, los árboles en concreto son especiales. El país alberga alamedas muy extensas. Los álamos crecen en vastas colonias clonales, lo que significa que, en realidad, todos son un mismo individuo. Contemplar un solo megaorganismo abre un nuevo espacio en la mente. Si toda la alameda es un único ser, sin duda ha de haber comunicación entre sus múltiples extremidades que, en este caso, son árboles enteros. ¿Cuál es la diferencia entre un solo megaorganismo y una comunidad? Me imaginé esos álamos mientras Holopainen cogía el teléfono. Su voz era amable, serena y relevante. Sonaba como una persona que pensaba en el futuro de una ciencia a la que había dedicado toda su vida. Es posible que, de joven, uno imagine que, para cuando llegue el momento de la jubilación, su campo de conocimiento se entenderá mejor, sin embargo, Holopainen vislumbra un campo sembrado de preguntas a medio responder.

Su campo de estudio son los compuestos volátiles de las plantas o las sustancias químicas que las plantas usan para comunicarse. En 2012, él y su protegido, James Blande, publicaron un artículo maravilloso en el que describían la síntesis bioquímica de las plantas como un «lenguaje», donde las distintas combinaciones complejas de los compuestos constituían el «vocabulario» de la planta. Escribieron que las combinaciones y las proporciones de los compuestos del buqué se podían calificar de «frases».[19]

«En ese sentido es como hablar», me dijo Holopainen durante la llamada. En un estudio especialmente elegante, descubrió que el abedul europeo, que crece bien en los climas fríos del norte de Europa y que a veces sufre el ataque de gorgojos de las hojas, se defendía especialmente bien de estos coleópteros cuando crecía en un área con *Rhododendron tomentosum*, también conocido como té del labrador, que pueblos indígenas del norte usan como infusión y como medicamento desde hace miles de años. Las hojas de los abedules que crecen junto al té del labrador no huelen en absoluto como abedules, sino que emiten un aroma más parecido al característico olor del *Rhododendron tomentosum*. Holopainen, en colaboración con Blande y el resto de los investigadores en el laboratorio, vieron que la fragancia no procedía del abedul. Se trataba de la misma sustancia responsable de las propiedades medicinales del té del labrador. El abedul absorbía el aroma de sus vecinos y fijaba los compuestos volátiles a sus hojas para protegerse de los gorgojos cuando estos hacían su aparición.[20] Los mismos compuestos protegen a los abedules y al té del labrador. Es una frase completa, tejida por dos plantas muy distintas.

Sin embargo, últimamente, Holopainen se había empezado a interesar más por el aire que transportaba esas frases aromáticas. Quería saber si toda la contaminación que el ser humano lanza al aire podía interferir en los compuestos volátiles de las plantas y cortocircuitar la comunicación. Y, en efecto, la cortocircuita. A medida que queda cada vez más claro lo crucial que es la comunicación de las plantas con otras especies, nos damos cuenta también de que parece que estamos interfiriendo en ella. La contaminación que llena cada vez más el aire sabotea la capacidad de las plantas para enviar e interpretar las señales que se transmiten.[21] La comunicación de las plantas supera la división entre especies, pero la nuestra también. Y nosotros hablamos emitiendo toxicidad.

Me explicó que las plantas se han adaptado a cierta cantidad de ozono que pueden gestionar. Sin embargo, las estresa y, como cualquier otro tipo de estrés, llega un momento en el que es demasiado y causa daños tisulares en niveles bastante elevados. Y, si hablamos de los niveles crónicos más reducidos a los que las plantas se suelen ver expuestas, sobre todo en zonas urbanas, el ozono puede ahogar las señales volátiles vegetales, que no pueden llegar tan lejos entre la niebla de contaminación.

En segundo lugar, el ozono puede modificar la composición de la señal química en tránsito, lo que enreda el mensaje y lo vuelve ininteligible. En tercer lugar, es muy posible que la planta receptora no perciba la señal, aunque le llegue, porque cierra los estomas (esos poros vegetales a modo de boca que se encuentran en el envés de las hojas y que dejan entrar y salir los gases) cuando percibe ozono, que, en definitiva, es tóxico para ella. Parece que lo mismo sucede con el dióxido de carbono. «Se sabe que, cuando se cultivan plantas en un ambiente con emisiones elevadas de CO_2, las señales también se reducen —dijo—. Asimismo, se sabe que no mantienen abiertos los estomas si el nivel de CO_2 es elevado». En resumen, la contaminación atmosférica interfiere por completo en la comunicación entre plantas. Y cada vez es peor.

Los efectos en cascada son abrumadores. Los mecanismos de defensa de las plantas (como la capacidad de volverse más amargas cuando se las avisa del ataque inminente de una plaga, por ejemplo) son, con frecuencia, la principal manera en que esas plagas se mantienen en niveles manejables. Pero este control de plagas natural pierde efectividad si las plantas no se pueden enviar mensajes. «Algunas especies de plagas que, por lo general, están controladas, podrían llegar a niveles críticos —dijo Holopainen—. Las consecuencias pueden ser muy graves».

Y las plantas no son las únicas que salen perdiendo. Como siempre en la entretejida red de vida, la vida de más especies está en juego. Blande me lo explicó. Digamos que una planta evoluciona para convocar a avispas parasitoides para que pongan sus huevos en el interior de sus orugas y las maten. Es más que probable que esa avispa dependa mucho de esa planta para que le diga dónde ha de poner los huevos. Si no puede encontrar la planta huésped para sus larvas, la población de avispas caerá.

Blande descubrió que, cuando se exponen las flores de mostaza negra a ozono, los abejorros, que son sus polinizadores, tardan más en encontrarlas.[22] De hecho, ha seguido con cámaras GoPro a abejas desde sus colmenas para confirmarlo. Menos polinizadores de mostaza significa menos plantas de mostaza y, si eso se multiplica en toda la industria, podría llevar a escasez de mostaza o incluso a pérdidas de cosechas. Y no hay motivo para creer que la mostaza sea la única planta afectada. La familia de la mostaza (que es la misma que la de la col) es un favorito clásico de los investigadores botánicos, como ya hemos visto antes. Es muy probable que sean muchas más las interacciones entre especies que corren peligro y que aún no han sido estudiadas.

Ahora Blande está estudiando el pino silvestre, un atractivo árbol perenne que crece bien en todo el norte de Europa y que sobrevive incluso en el Ártico. En parte, lo eligió porque nadie había estudiado aún este problema en una conífera. De momento ha visto que, cuando los gorgojos empiezan a devorar el tallo de un plantón de pino silvestre, este emite compuestos volátiles que activan el sistema inmunitario de los plantones vecinos. También estimula la fotosíntesis en otros árboles jóvenes, probablemente para prepararlos para el ataque inminente. Al fin y al cabo, la fotosíntesis es como las plantas que aíslan el carbono del aire, y necesitan abundante carbono para preparar todos los compuestos que usan para comunicarse y defenderse.

Sin embargo, cuando la contaminación llega, todo cambia. «Parecía que algunas plantas habían conseguido responder, pero muchas no pudieron», dijo Blande. Los plantones que aún no han sido atacados no aumentan la fotosíntesis ni activan sus sistemas inmunitarios cuando hay contaminación. «Diría que daba la impresión de que la comunicación había cesado».

Además, empiezan a aparecer pruebas que sugieren que la forma en que cultivamos nuestros alimentos podría estar interfiriendo también en la comunicación entre plantas, aunque esto dista mucho de ser una situación generalizable. Algunas plantas domesticadas producen más compuestos que sus pares silvestres. Sin embargo, la investigación ha demostrado que las variedades comerciales de maíz producen muchas menos señales volátiles que las variedades locales cuando detectan herbívoros depositando huevos en ellas. Son absolutamente incapaces de convocar a depredadores que las ayuden.[23] Parece que hay campos de maíz silenciosos, que permanecen mudos cuando se ven atacados.

Esto lleva a que nos preguntemos si hemos arrebatado sin saberlo la capacidad de comunicación a los campos sembrados con plantas muy modificadas genéticamente en cultivos idénticos de alimento, como el maíz. O quizá la evolución ha decidido que la comunicación es innecesaria para una planta a la que se le da todo lo que necesita para sobrevivir sin necesidad de tener que defenderse incesantemente. En parte, este es el motivo por el que la agricultura industrial moderna necesita tantos pesticidas: algunas plantas ya no son capaces de avisarse de la presencia de plagas ni de convocar a depredadores beneficiosos cuando los necesitan.

Es evidente que dar prioridad a la comunicación de las plantas más allá de la frontera entre especies puede beneficiar tanto a las plantas como a las personas. Es obvio que estamos perdiendo la guerra contra las plagas.[24] El mundo usa unos dos millones de toneladas de pesticidas convencionales cada año para controlar malas hierbas y bichos diversos.[25] (Estados Unidos informa de que usa unas 450.000 toneladas anuales).[26] Y no se trata de aplicaciones en dosis únicas. La mayoría de los cultivos necesitan que se los rocíe con pesticidas varias veces durante la temporada de crecimiento para mantener a raya a las plagas. A su vez, estas evolucionan y desarrollan resistencia ante los pesticidas, por lo que las dosis han de ser cada vez más elevadas hasta que llega un momento en el que hay que idear fórmulas nuevas. Las consecuencias para la salud humana pueden ser muy graves. Solo en Estados Unidos, hasta 11.000 trabajadores agrícolas mueren cada año por intoxicación de pesticidas, y otros 385 millones sufren intoxicaciones graves, aunque no mueren.[27] Por no decir nada de los defectos congénitos, enfermedades respiratorias y otras consecuencias para la salud a largo plazo de la exposición constante a dosis regulares de estas sustancias.* Mientras, el agua de lluvia que cae sobre los campos fumigados arrastra los pesticidas a arroyos y ríos, que contaminan el agua potable, con lo que se ve afectada la salud de la población general, de los peces y de la vida silvestre acuática. Tiene que haber otra manera.

Sin embargo, todavía tenemos mucho que aprender de las plantas de cultivo que aún conservan gran parte de su capacidad lingüística. Hemos oído hablar mucho de las ingeniosas estrategias de defensa de las tomateras. ¿Qué podríamos aprender si las escuchásemos? Distintas variedades de judías también son campeonas de la autodefensa y se está investigando para cultivar arroz al que se ha añadido un terpeno de las judías de Lima que atrae a las avispas parasíticas.[28] En los estudios, el arroz alterado adquiere la capacidad de convocar a los depredadores de sus propias plagas.

Algunos botánicos abogan por la explotación de los mecanismos de defensa naturales de las plantas, para diseñar cultivos que se sepan defender solos.[29] Algunos sugieren incluso que se recupere el antiguo conocimiento de la asociación de cultivos o la práctica de prestar atención a qué plantas sobreviven y crecen mejor en compañía de otras, sus compañeras naturales. Las fresas son un ejemplo claro de las ventajas que ofrece la asociación de cultivos. Las flores de la fresa se fertilizan a sí mismas; es decir, pueden producir frutos usando su propio polen o básicamente copulando consigo mismas. También puede polinizar a otras plantas de fresa, aunque para ello necesita de la ayuda de insectos voladores. Los agricultores saben que las fresas producen hasta

* Por increíble que parezca, esto significa que los pesticidas envenenan a un cuarenta y cuatro por ciento de todos los trabajadores agrícolas cada año.

un treinta y tres por ciento más de frutos (de calidad muy superior) si las plantan junto a borraja, una planta medicinal que florece en perfectas estrellas azules.[30] La borraja atrae a los polinizadores de la fresa.[31] Cuando la sexualmente adaptativa fresa decide copular mediante insectos en lugar de consigo misma, produce más bayas. Los jardineros domésticos y los agricultores indígenas usan la asociación de cultivos desde tiempos inmemoriales, mientras que sigue siendo una estrategia rara en la agricultura convencional a gran escala.

Pienso en la belleza de las varas de oro y de los ásteres que florecen juntos y atraen a más de sus polinizadores respectivos en el proceso. Pienso también en todo lo que eso nos dice sobre la comunicación entre las plantas: entre sus compañeras, consigo mismas y con los insectos. Las plantas pueden pedir y exigir ayuda. Y parece que el mundo al que pertenecen está más que dispuesto a responder a su llamada. Creo que hay motivos más que sobrados para que dejemos que las plantas hablen por sí mismas.

CAPÍTULO 8

El científico y la planta trepadora camaleónica

La pantalla integrada en el asiento del avión de Nueva York a Santiago de Chile me mostraba el mapa de nuestra ruta con una gruesa línea recta que descendía por el globo. El vuelo iba a durar once horas, durante las que volaríamos directamente hacia el sur. Mientras, leería sobre el bosque lluvioso templado chileno en el que iba a pasar la mayor parte de la semana siguiente. Se alzaba entre una sucesión de lagos y una cadena de volcanes en el sur del país largo y delgado, a dos horas a bordo de otro avión que me llevaría aún más al sur de Santiago de Chile. En 2014, Ernesto Gianoli, un ecólogo peruano, descubrió que una planta trepadora común de esta selva era capaz de hacer algo que ninguna otra planta podía hacer (que se supiera). Tenía la capacidad de transformarse espontáneamente para adoptar la forma de casi cualquier planta que creciera junto a ella.

La *Boquila trifoliata* es una planta de aspecto sencillo, con hojas ovaladas de un verde brillante agrupadas de tres en tres, como un trébol o una judía común. Había pasado horas mirando fotografías con ella de protagonista y me parecía que la conocía bien o, mejor dicho, sabía que esa forma oval distaba mucho de serlo todo. Gianoli había contado veinte especies distintas de plantas a las que la boquila puede imitar, aunque la lista no dejaba de crecer. Cada vez que volaba para hacer trabajo de campo en la zona, encontraba otra. Parecía que solo era cuestión de atención y de tiempo.

Sin embargo, y a pesar de que la boquila se había convertido en una celebridad menor en determinados círculos botánicos, Gianoli seguía siendo el único que la estudiaba en el lugar donde crecía de forma natural. Estaba impaciente por volver. Cuando por fin consiguió organizar un viaje de investigación al territorio de la boquila, unos dieciocho meses después de que yo intentara unirme a una de sus visitas, parecía aliviado y emocionado. Me dijo que su equipo y él estudiarían otra planta trepadora durante la visita, pero que los podía acompañar y que veríamos multitud de boquilas.

Seguía el descubrimiento desde que abandonara mi trabajo hacía ya tres años y, durante ese periodo, la boquila había empezado a causar verdaderas turbulencias botánicas. Un grupo de investigación alemán estaba seguro de que este mimetismo increíble significaba que la planta podía ver. ¿De qué otro modo era capaz, si no, de reproducir con tanta precisión la textura, el patrón de venas y la forma de las hojas vecinas? A Gianoli no le gustaba esta teoría. Tenía una idea muy distinta de lo que sucedía. Algo sobre una bacteria, pero ya me lo explicaría luego. Fuera cual fuera el mecanismo, lo que estaba claro era que esa planta trepadora iba a cambiar nuestra concepción de qué son y qué pueden hacer las plantas. Creía que el viaje merecería mucho la pena. Reservé un vuelo de inmediato.

Gianoli es profesor en la Universidad de la Serena en Chile y es especialista en plasticidad adaptativa, o la capacidad de las plantas para adaptar su conducta a los cambios en el entorno. Cuando empezamos a hablar, nos comunicábamos mediante notas de voz, para que pudiera responder cuando le fuera bien (me explicó que su bebé se negaba a dormir). Su voz, serena, deliberada y con una cadencia metódica, transmitía inmediatamente la impresión de pensador comedido. Habló de su infancia, que había pasado leyendo a Darwin y jugando al fútbol. Estuvo a punto de convertirse en jugador profesional a los diecisiete años, pero al final se decidió por la biología. Fue una decisión muy dolorosa (percibí la emoción en su voz mientras me lo explicaba), pero quería contribuir a la comprensión del mundo en el que vivía, como había hecho Darwin. La firma de su correo electrónico era una cita de Karl Popper, el filósofo de la ciencia: «Mi maestro me enseñó no solo lo poco que sabía, sino también que todo conocimiento al que pudiera aspirar solo serviría para constatar más plenamente la infinitud de mi ignorancia». Tras varios años leyendo acerca de descubrimientos botánicos, la infinitud de mi ignorancia (de nuestra ignorancia colectiva como seres humanos) cada vez me resultaba más evidente.

Gianoli empezó estudiando las interacciones entre plantas e insectos, pero descubrió que las plantas eran la parte de la ecuación que más lo atraía. «Porque se supone que las plantas no hacen "cosas inteligentes"», dijo. Se creía que eran agentes pasivos en sus interacciones con los insectos. Sin embargo, se dio cuenta muy pronto de que hacían «mucho más de lo que se pensaba que debían hacer». Gianoli quería saber si yo había oído que las plantas podían enviar señales químicas para convocar a los enemigos naturales de los insectos que las mordían, para que se los quitaran de encima y se los comieran. O que algunas detectan que un insecto ha puesto huevos en algún punto de su cuerpo y los sabotean. «O descubrimientos recientes que informan de que las plantas pueden oír de alguna manera, porque detectan el sonido del mordisqueo de las orugas y cambian su perfil de defensa», dijo. Yo ya conocía todos esos datos, pero igualmente me divirtió constatar de nuevo que eran descubrimientos que desconcertaban incluso a los botánicos, que se quedaban con la boca abierta. «Esto de quedar sorprendido por las plantas no se acaba nunca», dijo.

Quizá no fuera casual que acabara especializándose en plantas trepadoras, que recuerdan mucho a los animales: trepan, con frecuencia con gran entusiasmo. La conducta de las plantas trepadoras también cautivó durante un tiempo a Darwin —el héroe de Gianoli—, que les dedicó un estudio de la longitud de un libro en 1865.[1] En *El movimiento y los hábitos de las plantas trepadoras*, Darwin observó docenas de plantas trepadoras que usaban distintas técnicas corporales para emparrarse. Algunas se enroscaban alrededor de objetos para elevarse, otras secretaban un adhesivo pegajoso y otras desarrollaban ganchos diminutos con los que afianzar su ascenso. Y todas encontraban su andamio haciendo girar lentamente en el aire los extremos de los zarcillos en crecimiento hasta que topaban con algo sólido. Es imposible no pensar en orangutanes o en gatos mientras Darwin observa a sus plantas «gatear» a través de matorrales de palos o elevándose sobre los laberintos de bramante que les construía. Además, parecían ser perfectamente capaces de corregir el rumbo: cuando Darwin arrancaba un palo para dejarlo fuera del alcance del zarcillo de la planta trepadora, esta estiraba el bucle que había empezado a formar y reanudaba la búsqueda de otra cosa que poder seguir escalando.

Para su estudio, Darwin usó todo tipo de especies, que encontró en las colecciones de los jardines de Kew en Inglaterra, a donde los naturalistas de la época llevaban especies exóticas que encontraban en sus viajes en barco a partes lejanas de Asia, Oceanía y Latinoamérica, con frecuencia al servicio del imperialismo británico. En las *Ceropegia*, un género de trepadoras de África, el sur de Asia y Australia cuyas flores recuerdan a paracaídas abiertos, Darwin observó que un brote crecía poco a poco y gradualmente a medida que ascendía deslizándose sobre un palo, pero que no conseguía superar la punta. Darwin escribió sobre ello como si hubiera observado a un escalador decidido a abordar una montaña imposible de escalar. El brote, «de repente se soltaba» del palo y caía al lado opuesto, antes de reanudar el ascenso en el mismo ángulo, enroscándose hacia arriba. El ciclo de ascenso, caída y ascenso se repitió varias veces. «El movimiento del brote tenía un aspecto muy peculiar, como si fracasar lo decepcionara, pero entonces decidiera intentarlo de nuevo», escribió.

Otra planta, una trepadora con flor de la familia Phlox, desarrollaba garfios que le permitían escalar los andamios que Darwin le construía. «Cuando uno de los zarcillos giratorios topa con un palo, las ramas lo rodean rápidamente y se aferran a él —escribió—. Los garfios desempeñan un papel importante, porque impiden que las ramas se alejen por el rápido movimiento en espiral antes de que hayan tenido tiempo de aferrarse bien al palo». Los garfios me recuerdan a murciélagos subiendo por muros irregulares con sus pulgares en garfio. Que esta planta pueda sujetar una rama para impedir que se le escape mientras se enrosca a su alrededor me hizo pensar en los numerosos loros a los que he visto agarrar con los pies un racimo de espigas de mijo mientras, con el pico, van arrancando grano tras grano. La acción de sujetar algo para impedir que se escape resulta muy familiar, muy inequívocamente animal.*

Por lo tanto, las plantas trepadoras tienen una larga historia de hazañas increíbles. Sin embargo, cuando Gianoli hizo su descubrimiento sobre la boquila y vio que esa diminuta planta chilena era una especie de camaleón en forma de planta trepadora, no había ninguna teoría previa ni demostrada en nuestro conocimiento botánico que pudiera explicar qué hacía esa trepadora concreta. Nunca se había observado un mimetismo de este tipo en ninguna planta. En sus palabras del propio Gianoli, descubrir cómo lo hacía la boquila exigía alejarse de las «vías de

* Darwin también estudió dos plantas de la misma familia que la boquila: la *Akebia quinata*, una trepadora con frutos morados comestibles con sabor a chocolate y nativa de Japón, y la *Stauntonia latifolia*, una planta del Himalaya a la que a veces se llama «planta salchicha», con frutos oblongos y carnosos con sabor a berenjena. (La boquila es nativa de Chile, pero casi todos sus familiares son asiáticos). Estas fueron las trepadoras más rápidas que observó Darwin; son capaces de cerrar un círculo en menos de tres horas. Es fácil imaginar los movimientos de estas plantas en un lapso de tiempo, pero Darwin, muy anterior a esta tecnología, se limitó a observarlas durante horas y días, para poder marcar el progreso de la planta con el pasar del tiempo.

conocimiento conocidas». Y, como sucede con cualquier verdadero desconocido en la ciencia, habría trampas tentadoras por el camino; explicaciones que parecerían factibles, pero que podían desviar la investigación durante años si resultaban ser erróneas. «Creo que, si podemos entender esto, si podemos descubrir el mecanismo que explica la capacidad de la boquila para hacer esto, es muy probable que demos con un concepto nuevo. Un proceso nuevo. Una interacción nueva. Un... algo nuevo». Se rio frente al micrófono de su móvil y pulsó enviar.

Para entender el misterio que plantea la boquila (por qué el mimetismo espontáneo desafía todo lo que sabemos acerca de las plantas hasta la fecha), tenemos que recordar cómo perciben la luz las plantas. Para poder imitar algo, se supone que hay que saber, de algún modo, qué aspecto tiene ese algo. La percepción de la luz es la principal manera en que los animales saben el aspecto que tiene determinada cosa. Lo llamamos visión. Las plantas también perciben la luz, sobre todo porque han de comerla, y a veces la evitan. ¿Es posible que sea así también cómo hace magia la boquila?

No hay fuerza más importante en la vida de una planta que la luz. Sin embargo, demasiada luz puede ser peligrosa y quemarle las hojas. Por lo tanto, las plantas han tenido que desarrollar todo tipo de estrategias para evitar que las hojas se les quemen. La luz también es enemiga de las raíces, que normalmente necesitan una oscuridad casi total para crecer.

En los laboratorios de botánica es habitual cultivar plantas en cajas translúcidas y en placas de Petri transparentes, para que los científicos puedan observar las raíces mientras se forman. Se sabe que, en entornos de laboratorio, las raíces alcanzan una longitud diez veces superior que la que alcanzarían en la oscuridad de la tierra o, en otras palabras, en estado silvestre.[2] Los científicos lo suelen atribuir a que el laboratorio ofrece condiciones óptimas para el crecimiento. El razonamiento es así: buena tierra, luz y agua abundantes, ¿por qué la planta no iba a crecer la mar de bien? Sin embargo, el botánico eslovaco František Baluška, al que conocemos como uno de los integrantes del primer grupo de autodenominados neurobiólogos botánicos, tiene otra teoría. Las raíces están huyendo.[3] La luz es un factor de estrés y las raíces, que la pueden percibir, crecen tan rápidamente como pueden para alejarse de ella. Baluška afirma que este es un gran fallo en el diseño de los estudios que puede haber perjudicado a décadas de literatura científica. Sus colegas y él han demostrado la fotofobia en raíces de maíz y de arabidopsis[4] y defienden que, en entornos de laboratorio, se usen placas de Petri oscurecidas. Sin embargo, ha llevado la idea más allá del reino de la mera «sensibilidad» a la luz. Sugiere que empecemos a usar un lenguaje distinto, algo más preciso: las raíces ven la luz. Afirma que tienen una forma de visión.

Dos años antes de viajar a Chile me reuní con Baluška en la última planta del Instituto de Botánica Celular y Molecular de la Universidad de Bonn (Alemania), donde dirigía un laboratorio de investigación. Estaba acabando de redactar un correo electrónico y me señaló una sala de seminarios al final del pasillo, para que lo esperara allí. Era un día nuboso y gris en Bonn y el cielo descargaba periódicamente. Solo el musgo del jardín botánico universitario a los pies del edificio disfrutaba del tiempo.

Baluška se reunió conmigo un par de minutos después y se sentó cautelosamente en una silla, inclinado hacia delante en el asiento como un corredor en la línea de salida. Era alto, con hombros anchos y ojos azules. Me dijo que se jubilaría el año siguiente, después de varias décadas en el laboratorio. Me miró y me preguntó qué quería saber. Me dio la sensación de que lo desconcertaba, una periodista de Nueva York que había llegado medio empapada e intentaba secar la libreta húmeda en la mesa.

Baluška era famoso entre los botánicos (o infame, en función de quién opinara) por ser uno de los miembros fundadores de la Sociedad para la Neurobiología Botánica, y por haber llevado a cabo experimentos en los que concluyó que era posible anestesiar a las plantas. Si podemos dejar inconscientes a las plantas, ¿acaso no significa eso que son conscientes? Baluška afirma que por supuesto que sí. «Creo que la conciencia es un fenómeno muy básico que comenzó con la primera célula», dice. Y, además, ¿qué es la conciencia si no la capacidad de afrontar situaciones, de cuidar de uno mismo? «Si no eres consciente, no conoces el entorno y no puedes actuar. Estás acabado. Si alguien cuida de ti, puedes sobrevivir, pero no puedes sobrevivir solo». Una planta anestesiada no es consciente y, según él, esa diferencia es el quid de la cuestión.

Claro que, como siempre, ¿quién sabe? Baluška señala al espacio vacío a sus espaldas. «No podemos estar seguros ni siquiera de la conciencia de nuestro mejor amigo. No hay manera de demostrar que la tiene. Solo lo podemos suponer —dice—. La única semiprueba es la anestesia. No hay otra manera de estar seguros de que la otra persona está consciente». Me lo imagino anestesiando a sus amigos, solo para estar seguro.

Nuestra conversación gira hacia las plantas de cultivo. En estos momentos, Baluška está inmerso en la investigación del maíz, una planta a la que califica de «maravillosa». Es posible que puedan ver, al menos con las raíces, dice. Antes de que podamos ahondar en ello, me pregunta si he oído hablar de Vavílov. No, no he oído hablar de él.

A principios del siglo XX, el agrónomo soviético Nikolái Ivánovich Vavílov descubrió un fenómeno extraño: en ocasiones, las malas hierbas de los campos de cultivo se comienzan a parecer a las plantas cultivadas.[5] Se dio cuenta de que las plantas de centeno originales no se parecían en absoluto al regordete cereal que se había convertido en uno de los cultivos básicos en Rusia. Habían sido una mala hierba rala e incomible. Se dio cuenta de que el centeno había llevado a cabo un increíble acto de mimetismo.

Los primeros agricultores que trabajaron el trigo arrancaban las malas hierbas a mano y desechaban la mala hierba que entonces era el centeno para mantener sanos sus cultivos. Por lo tanto, para sobrevivir, algunas plantas de centeno adoptaron una forma más parecida a la del trigo. Los agricultores las seguían arrancando cuando las detectaban. La presión selectiva moldeó al centeno hasta que pudo engañar al experto ojo del agricultor. En este caso, solo los mejores imitadores podían sobrevivir. Al final, el centeno se convirtió en un imitador tan excelente que acabó siendo un planta de cultivo también.

El mimetismo vaviloviano es, ahora, un hecho fundamental en la agricultura.* La avena es el resultado del mismo proceso: también comenzó disfrazándose de trigo. En los arrozales es imposible distinguir los plantones de una mala hierba que se conoce como cola de caballo de los de arroz. Un análisis genético reciente descubrió que esta planta comenzó a modificar su arquitectura para imitar la del arroz hace unos mil años,[6] cuando el cultivo del arroz en Asia ya contaba con una larga historia. En los campos de lentejas, las arvejas son una mala hierba omnipresente que ha conseguido rediseñar sus semillas, antaño esféricas, para transformarlas en discos planos como las de las lentejas. En este caso, la planta no necesitaba pasar desapercibida al ojo del agricultor, sino evadir el trillado mecánico. Las trilladoras no pueden diferenciar entre las arvejas y las lentejas. Scott McElroy, un experto en genética de las malas hierbas, afirma que la resistencia a los herbicidas de las plantas modernas no es más que otro ejemplo de mimetismo vaviloviano, en este caso a nivel bioquímico.[7] Imitan a las plantas de cultivo a las que se ha modificado genéticamente para que sean capaces de tolerar el herbicida.

Las ciencias agrarias se suelen entender como la domesticación de especies silvestres esmirriadas a las que se transforma en suculentas máquinas de producir alimentos, un testamento de la voluntad y del ingenio humanos. Sin embargo, Baluška niega que se trate de una «domesticación» verdadera en absoluto. «Habla-

* Vavílov no conoció el éxito a tiempo. Fue condenado a un gulag por oponerse a las opiniones seudocientíficas del elegido por Stalin como ministro de Agricultura y murió de hambre a los sesenta y cinco años.

mos de domesticación cuando una de las partes tiene más influencia que la otra. Pero no hay pruebas de ello —dice—. Sería más preciso hablar de coevolución. Las modificamos, pero ellas nos modifican a nosotros».

Es obvio que las plantas son capaces de una manipulación compleja. Baluška recuerda, bromeando, los millares de sustancias químicas vegetales que ingerimos sin saberlo cada vez que consumimos una fruta o verdura. «No sabemos qué le hacen a nuestro cerebro —dice—. Nunca podemos estar del todo seguros de que, cuando comemos algo sabroso y suculento, no haya algo en ese tomate o esa manzana que nos haga creer que es la mejor comida».

Pienso en la planta trepadora parlante del libro *Semiosis* y me pregunto hasta qué punto estamos al servicio de las plantas. Ahora sabemos algo sobre la genialidad de las plantas a la hora de sintetizar sustancias químicas muy complejas con las que influyen en otras plantas y animales de maneras sutiles y abiertas. Es de suponer que, a diario, ingerimos o inhalamos miles de estos compuestos por el mero hecho de existir como seres que se alimentan de plantas en un planeta dominado por plantas. Sabemos que hay plantas alucinógenas y plantas adictivas y que practicar la jardinería alivia la depresión. ¿Qué hay entonces de los compuestos que puede haber en el interior de una manzana o de una mazorca de maíz? Es decir, la pregunta es de qué otras maneras influyen en nosotros. Un ejército de seres humanos atendiendo cuidadosamente campos de cultivo puede empezar a recordar a un ejército de simbiontes vegetales que satisfacen con diligencia hasta la última necesidad de las plantas. Pienso en el mimetismo vaviloviano: no domesticamos a los cereales; los cereales nos han domesticado a nosotros. Cuando miro un campo sembrado de coles, de calabazas o de arándanos, no puedo más que preguntarme si han reclutado a un simbionte y si ese simbionte somos nosotros.

Por supuesto, tanto ellas como nosotros obtenemos beneficios de esta forma concreta de coerción. Quizá esta sea la manera de pensar en todas estas conexiones multinivel. Se pueden entender como antagonismos, pero también como oportunidades para la simbiosis, para el mutualismo.

«Creo que las plantas son organismos primarios y que nosotros somos los secundarios. Dependemos por completo de ellas. Sin ellas, no podríamos sobrevivir —explica Baluška—. La situación contraria no sería tan drástica para ellas».

Este es el contexto intelectual en el que Baluška ha comenzado a hablar de la visión de las plantas. Es cierto que su discurso dista mucho del lenguaje sobrio y basado en datos que usan la mayoría de los científicos con los que he hablado. Habla casi como un filósofo. Sin embargo, tengo curiosidad. Pienso en la larga historia de científicos que han planteado hipótesis escandalosas y alejadísimas de la corriente general solo para que, con el tiempo, se demuestre que tenían razón. Quizá Baluška sea uno de ellos. O no.

Por fin llegamos a sus ideas sobre la visión. La primera vez que pensó en ello estaba investigando las raíces del maíz. Sin embargo, cree que es muy poco probable que la visión comience y termine en las raíces. Piensa que la epidermis de las hojas de algunas plantas (la «piel» de las plantas, se podría decir) también podría contar con una especie de visión. Una visión mucho más compleja de lo que supone distinguir entre luz y oscuridad.

Bastante antes de esta conversación, casi me caí de la silla cuando leí una carta que Baluška y Mancuso habían publicado en un número de *Trends in Plant Science*. Se titulaba «Vision in Plants via Plant-Specific Ocelli?» [Visión en las plantas mediante ocelos vegetales específicos].[8] *Ocelo* es el término científico para aludir a ojos simples y Baluška y Mancuso se preguntaban si era posible que las plantas contaran con estas estructuras. La carta hablaba de la boquila, la planta de la que se sabía, desde que Gianoli lo hubiera descubierto dos años antes, que podía imitar la forma y el aspecto de otras plantas, hasta coincidir en color, patrón de venas y textura.

La investigación más reciente sugiere que una cianobacteria

antigua, un antepasado muy muy lejano de las plantas, tuvo (y sigue teniendo) el ejemplo más pequeño y más antiguo de un ojo semejante a una cámara. Baluška y Mancuso se aventuraron a sugerir que era posible que las plantas, que evolucionaron de la unión de ese organismo con una de las primeras algas, no hubieran desechado nunca ese rasgo evolutivo tan útil. En su carta, mencionan que las células más próximas a la superficie de las hojas tienden a carecer de cloroplastos (las células que intervienen en la fotosíntesis), a pesar de que, por lógica, la superficie de las hojas parecería el mejor sitio donde fotosintetizar. «No es fácil encontrar una explicación racional para ello», escriben. ¿Podría ser que la explicación sea que esas células funcionan como ocelos? En otras palabras, ¿son unos ojos muy simples?

Si bien esta no es en absoluto la primera vez que los científicos plantean esta posibilidad, la última persona que formuló esta hipótesis vio cómo caía raídamente en el olvido durante un siglo. A principios del siglo pasado, Gottlieb Haberlandt, un botánico austriaco, celebrado autor de cincuenta y un años de edad, se empezó a preguntar si las plantas podían ver y disponían de una capacidad de visión rudimentaria. Publicó su teoría en 1905, en el libro *Die Lichtsinnesorgane der Laubblätter* (*Los órganos sensoriales ligeros de las hojas*).[9]

Francis Darwin, hijo de Charles y científico por méritos propios, elogió el libro de Haberlandt y lo referenció en múltiples ocasiones,[10] gracias a lo que yo, que no hablo alemán, pude acceder a las ideas de Haberlandt y entenderlas.

«Si existen órganos sensoriales para la luz, hay que buscarlos en el limbo de la hoja —escribió Darwin parafraseando el texto de Haberlandt—. Deberíamos esperar, además, que dichos órganos estuvieran en la superficie». Haberlandt había planteado la hipótesis de un ojo simple, u ocelo, con forma abovedada, semejante al que Baluška y Mancuso planteaban ahora, más de un siglo después. Sin embargo, su idea nunca llegó a la corriente dominante en la botánica de la época.

En 2016, cuando un grupo de investigadores publicaron un innovador artículo en el que planteaban la posibilidad de que las cianobacterias contaran con ojos semejantes a cámaras, escribieron que las células actuaban como «microlentes esféricas que permiten a la célula percibir fuentes de luz y avanzar hacia ellas».[11]

Saber que las cianobacterias pueden ver abre la posibilidad de que quizá el reino vegetal que evolucionó a partir de ellas no desechara nunca esa capacidad. En un mundo de luces y sombras, donde tanto amigos como enemigos potenciales usan señales visuales para cazar, alimentarse y esconderse, hay motivos evolutivos más que sobrados para creer que, una vez que un organismo adquiere la capacidad de ver, hará lo posible por no perderla. Al fin y al cabo, es probable que tanto el ojo humano como todos los ojos modernos evolucionaran a partir de puntos oculares antiguos muy similares a los de las cianobacterias.

Por supuesto, la historia que narra la evolución no siempre es lineal. A lo largo de muchos millones de años han aparecido muchísimas características en todos los reinos solo para desaparecer y volver a reaparecer más adelante. Por otro lado, que los científicos no hayan encontrado aún ocelos en las hojas de las plantas no significa que no estén ahí. Tal y como afirman Baluška y Mancuso, nadie los ha buscado en serio todavía.

La visión es, en esencia, la percepción de la luz y de la sombra. Los objetos se vuelven visibles para nosotros, y para otros animales, cuando la luz incide sobre ellos y la reflejan. El color también es un truco de la luz: aparece cuando un objeto absorbe unas longitudes de onda y no otras, que son las que refleja y llegan a nuestros ojos, donde determinan el color que percibimos. Por ejemplo, las hojas verdes parecen verdes porque absorben las longitudes de onda rojas y azules y solo nos devuelven las verdes. La clorofila de la planta se alimenta de la luz roja para transformar el CO_2 y el agua que absorbe en comida azucarada. En eso consiste la fotosíntesis. La luz consta de un amplio espectro cromático, parte del cual es visible para nosotros y parte no. Imagina el arcoíris que un prisma, que separa la luz por longitudes de onda, proyecta sobre una pared blanca. Cuando la luz incide en la carne verde de las plantas, estas absorben parte de la luz roja del espectro para la fotosíntesis, por lo que la luz que sale por el otro lado contiene menos rojo que al entrar. Esto significa que la proporción de colores de la luz que ha traspasado la planta será distinta. En concreto, la proporción entre longitudes de onda rojas y rojas lejanas (una forma de luz roja en el extremo más alejado de nuestro espectro visual) disminuye. En 2020, se descubrió que las plantas parásitas leen el cambio en la proporción de luz para determinar qué o quién tienen al lado.[12] En un laboratorio, los plantones de cuscuta, una trepadora parásita, pudieron detectar el tamaño, la forma y la distancia de las plantas vecinas y usaron esa información para decidir hacia cuáles acercarse y parasitar. Tiene sentido, porque la cuscuta no hace la fotosíntesis. Como plantones, disponen de muy poco tiempo para localizar a un hospedador adecuado antes de agotar las reservas de energía con las que brotan. Y, una vez que se empieza a enroscar en un huésped, su destino queda ligado a él para siempre. Crecer a ciegas en direcciones aleatorias acabaría en catástrofe la mayoría de las veces.

Para sorpresa de los investigadores, la evaluación que la cuscuta hacía respecto a las proporciones de luz roja era de una precisión exquisita. En el laboratorio, usaron una combinación de luces LED rojas lejanas y de plantas reales para diseñar experimentos. Cuando se les daba a elegir entre LED dispuestos de modo que parecía que la luz atravesaba una planta herbácea y LED dispuestos de modo que parecía que atravesaban una planta con ramas, los plantones elegían la dirección de las plantas «con ramas» (la cuscuta no puede crecer sobre hierba). También optaban por crecer hacia la más próxima de dos plantas del mismo tamaño, incluso si la diferencia era de solo cuatro centímetros de distancia. No parece disparatado decir que esta planta parásita puede, a su manera básica, ver a su huésped. O, al menos, el tamaño y la forma que tiene.

Lo que sucede es que las plantas no solo tienen fotorreceptores para la luz roja. Hasta la fecha, los botánicos han encontrado en las plantas catorce fotorreceptores distintos, cada uno de los cuales aporta información vital.[13] Algunos permiten que los brotes de la planta crezcan en dirección a la luz, mientras que otros la ayudan a evitar los rayos UV perjudiciales. Aún se desconoce la función de muchos otros fotorreceptores vegetales. En un artículo de 2014, botánicos argentinos concluyeron que algunos de esos fotorreceptores intervenían en la capacidad de la arabidopsis para reconocer a sus familiares;[14] descubrieron que la delgada planta detectaba si el cuerpo vegetal que crecía junto a ella era de su familia o no en función de la calidad de la luz que la atravesaba. Percibían su forma (y, por lo tanto, suponían los investigadores, su proximidad genética) con los fotorreceptores. Entonces la arabidopsis ajustaba su crecimiento para evitar proyectar sombra sobre sus familiares. Y no es que esta conducta sea específica de la arabidopsis, sino que esta es el organismo modelo con el que los botánicos suelen diseñar sus experimentos. Por eso vemos a esta planta concreta en tantas situaciones distintas, en laboratorios diferentes con objetivos diversos.

A mediados de la década de 2010, la idea de que las plantas podían ver había empezado a asomar la cabeza en el círculo de la neurobiología vegetal. La mecánica de cómo las plantas percibían diferencias sutiles en el campo visual seguía siendo un misterio, como también lo era cómo integraban la imagen global para dar una respuesta en ausencia del procesamiento centralizado que normalmente llevaría a cabo un cerebro. Entonces, en pleno bosque lluvioso chileno, Gianoli descubrió algo sorprendente que lo volvió a poner todo patas arriba.

Un día, Gianoli decidió dar un paseo durante un descanso de la incansable recolección de muestras durante un viaje de investigación junto a sus alumnos y vio algo raro. Un arbusto con hojas crecía del suelo con, al parecer, dos tallos, uno mucho más fino que el otro. Se acercó a mirar. El tallo más fino no era en absoluto de la misma especie que el arbusto. Era una *Boquila trifoliata*, una planta trepadora común en esa región del bosque. Lo asombroso era que las hojas de la boquila tenían exactamente la misma forma que las del arbusto. Gianoli había visto infinitas boquilas. Estaban por todas partes en ese bosque. Sin embargo, nunca se había dado cuenta de eso.

Pronto encontró otro árbol pequeño envuelto en boquila y, de nuevo, las hojas de esta tenían la misma forma que las del árbol. Tras unos instantes, se dio cuenta de la colosal importancia de lo que estaba viendo. Sabía que había dado con algo crucial. «Cuesta decirlo con palabras. Fue una especie de emoción. Me di cuenta de que acababa de descubrir algo —dijo—. ¿Con qué sueñan los niños aficionados a la ciencia? Con descubrir algo, ¿verdad? Un hueso de dinosaurio, lo que sea. Y yo me estaba acercando a eso. A ese sueño. Pero, para poder hacerlo realidad, tenía que entender el mecanismo».

Ahora que sabía lo que buscaba, vio que la boquila era omnipresente y que adoptaba formas distintas en cada lugar. Era asombroso. «Entonces conocía los conceptos básicos del mimetismo, todos esos trucos que usan las especies», explicó. En todos los casos, son el resultado de generaciones y generaciones de cambios lentos. «Y por eso supe que estaba ante algo extraordinario, porque se trataba de respuestas dentro de una sola generación. No era el resultado de una generación tras otra de un efecto sostenido, sino de una respuesta plástica».

Hasta ese momento, nadie había estudiado la boquila por sí misma. Solo crece en Chile y, hasta entonces, no había parecido especialmente interesante. Volvió a la cabaña donde aguardaba el resto del equipo y se dirigió a Fernando Carrasco-Urra, uno de sus alumnos de grado: «¿Te quieres hacer famoso? Tengo una idea para tu tesis».

Después de este viaje, Gianoli y Fernando publicaron varios descubrimientos sorprendentes acerca de la boquila.[15] Una misma planta podía escalar y mimetizarse con hasta cuatro hojas de árbol distintas, imitando la forma, el color, la textura y el patrón venoso. A veces, si la hoja en cuestión era muy compleja (si, por ejemplo, tenía el borde serrado), Gianoli y Carrasco Urra descubrían que la boquila había «hecho lo que había podido» y desarrollado hojas medioserradas, asimétricas, como un escultor aficionado que intentara imitar a Miguel Ángel. Parecía que el objetivo del truco era reducir la cantidad de hojas de la trepadora que acababan devoradas por herbívoros. Al confundirse con las hojas del árbol, mucho más abundantes, las hojas de boquila individuales reducían la probabilidad de ser mordisqueadas. El verdadero misterio era el mecanismo que usaban, cómo conseguía la boquila algo semejante. La boquila, un camaleón verdaderamente dinámico, fue la primera especie que demostró ser capaz de imitar más de una planta.

Solo hay otra planta conocida que puede hacer algo parecido. El muérdago, en ocasiones símbolo del amor romántico, es una planta parásita. Y, como todas las plantas parásitas, hinca los zarcillos en su huésped, con frecuencia un eucalipto o una acacia, y le extrae los nutrientes que necesita para sobrevivir en lugar de producirlos por sí mismo. Muy romántico.

Sin embargo, algunos muérdagos llevan este parasitismo aún más lejos y se transforman para volverse idénticos a su planta hospedadora. No solo se apropian de los frutos del esfuerzo de esta, sino que también le arrebatan la identidad. En fotografías de muérdagos que crecen sobre eucaliptos en Australia, es prácticamente imposible distinguir los primeros de los segundos. En este caso, el muérdago desarrolla hojas que son exactas a las obleas plateadas, redondas y rígidas del eucalipto. En otra fotografía de una ramita de muérdago australiano, *Amyema linophyllum*, junto a una casuarina, las dos plantas tienen hojas caídas en forma de agujas, que recuerdan a las plumas de brote de un loro.[16] El mimetismo es total.

En el caso del muérdago, una especie se empareja miméticamente con una sola especie de huésped; el muérdago australiano

Amyema linophyllum solo adopta la forma de la casuarina, por ejemplo. Los muérdagos también cuentan con la ventaja de que se conectan por completo con el sistema circulatorio de la planta que parasitan: introducen su cuerpo en la carne de esta, lo que sin duda les permite acceder a información genética que, seguramente, les ayuda a adoptar la forma de dicha planta. Son relaciones específicas y muy íntimas que se han desarrollado a lo largo de la escala temporal evolutiva.*

Sin embargo, y por impresionante que parezca, el mimetismo del muérdago no es nada en comparación con lo que vio Gianoli. La boquila hace algo muy distinto: es evidente que se puede adaptar a cualquier planta que el entorno le ponga al lado, y parece que no necesita ningún contacto físico para imitarla. Percibe las plantas vecinas en directo y transforma su propio cuerpo. A veces incluso transforma sus hojas para copiar el follaje de varios árboles distintos a la vez, sin necesidad de tocar ninguno de ellos. Por supuesto, esto hace que la hipótesis de la visión resulte muy tentadora.

En ese momento, Gianoli especuló que la boquila recogía de algún modo información acerca de la forma de las hojas mediante señales aéreas o, quizá, mediante algún tipo de transferencia ge-

* Otras relaciones evolutivas íntimas han dado lugar a ejemplos de mimetismo vegetal increíblemente específicos: la pulmonaria salpica sus hojas con docenas de manchas blancas casi idénticas a excrementos de aves. Es posible que eso la proteja, porque es probable que hojas cubiertas de vectores de enfermedad resulten menos apetecibles a los animales. Varias especies de flor de la pasión en Sudamérica y Centroamérica desarrollan hojas decoradas con pequeñas esferas amarillas que se parecen mucho a huevos de mariposa. Las mariposas prefieren no depositar huevos en hojas donde ya ha puesto otra mariposa, para evitar que sus orugas compitan al eclosionar. Si una mariposa sobrevuela la hoja y la considera inadecuada para la puesta, la flor de la pasión se ha ahorrado el problema de ser la primera comida de docenas de orugas hambrientas. Véase Edward E. Farmer, *Leaf Defence*, Oxford, Oxford University Press, 2014, y Lawrence E. Gilbert, «The Coevolution of a Butterfly and a Vine», en *Scientific American*, 247, n.º 2, 1982, págs. 110-121.

nética horizontal. Las raíces de las plantas no estaban conectadas, por lo que la comunicación entre raíces no era una opción. Sin embargo, cuando Baluška y Mancuso revisaron la investigación de Gianoli unos años después, les pareció evidente que la boquila recogía información visual.

El propio Gianoli protestó ante la afirmación de Baluška y Mancuso. En un artículo de refutación, escribió que la causa más probable era o la transferencia genética horizontal o la comunicación mediante señales aéreas. Sin embargo, ni lo uno ni lo otro acababa de tener sentido, al menos no de entrada. La investigación del propio Gianoli había demostrado que, cuando el huésped carecía por completo de hojas, las de la planta trepadora recuperaban su morfología ovalada habitual. Además, la trepadora siempre imitaba las hojas más próximas a su propio cuerpo, tanto si pertenecían al árbol por el que estaba ascendiendo como si no. En los casos en los que una rama de un árbol vecino colgaba sobre la boquila, esta imitaba sus hojas en lugar de las de su planta hospedadora. «La visión nos parece una explicación más parsimoniosa de este fenómeno tan complejo», escribieron Baluška y Mancuso en la revista *Cell Press*.

Luego, ya en su despacho, Baluška me habló de Jacob White, un entusiasta de las plantas que vivía en Utah y con quien estaba en contacto. Había empezado a cultivar una boquila sobre un árbol de plástico para eliminar por completo la posibilidad de transferencia genética o de comunicación química. «Me envía fotos en las que se ve que la boquila imita a la planta artificial», me dijo Baluška. Sin embargo, habría que repetir el experimento varias veces para poder considerar que demuestra la visión de la boquila.

Tras mi conversación con Baluška, me pregunté si nuestra definición de visión podría cegarnos ante el papel que esta desempeña en la vida vegetal. La mayoría de las plantas con hoja ya demuestran la definición más básica de visión: son fototrópicas, lo que significa que se orientan hacia la luz del sol. Si resulta que la visión de las plantas es más avanzada, ¿cómo cambiará la relación que mantenemos con ellas? Pienso en las sepias, que son ciegas y, sin embargo, pueden «ver» con la piel e imitar al instante el color y la textura de un montón de rocas marinas o de un coral para esfumarse en el fondo y esconderse de los depredadores. Esa misma tarde, mientras paseo por un parque vacío, me pregunto si estaré siendo observada.

Desembarqué tras el largo vuelo a Santiago de Chile y subí a otro avión para hacer el último tramo del viaje. Cuando por fin llegué a Puerto Montt, era un día de abril húmedo y frío, al final del verano chileno. Gianoli y su equipo estaban allí para recibirme: Gisela Stotz, Cristian Salgado-Luarte y Víctor Escobedo. Era un grupo amigable y estaban contentos de haberse reunido de nuevo. Había pasado bastante tiempo desde su última expedición. Llevaban casi quince años trabajando con Gianoli, cada uno centrado en distintos aspectos de la plasticidad vegetal o la capacidad de las plantas para modificar aspectos de su cuerpo y de su conducta, de formas que van más allá de sus respuestas preprogramadas, a medida que se encuentran con situaciones nuevas. Estaban allí para estudiar la *Hydrangea serratifolia*, una planta trepadora distinta y muy prolífica en este bosque, para ver si era capaz de decidir acertadamente hacia dónde crecer. Me aseguraron que también veríamos muchísimas boquilas.

Nos metimos todos como pudimos en un coche de alquiler y Gianoli condujo dos horas más en dirección sur, a través de patatales y pastos, escuchando la operística banda sonora de la película *La doble vida de Verónica*. El polaco Krzysztof Kieślowski es su director de cine preferido.

Llegamos a una colonia de cabañas rústicas junto a un lago. Los dueños prendieron el fuego de la estufa de leña y luego regresaron para traernos una cena contundente, compuesta por raciones enormes de patatas y carne, que el equipo engulló con ayuda de abundante vino tinto mientras se ponían al día y hablaban de sus vidas, sus mascotas, sus parejas y sus hijos. Esa noche dormí profundamente y, por la mañana, me desperté bajo un cielo gris y húmedo. Preparamos comida, la metimos en las mochilas y condujimos hasta el Parque Nacional Puyehue. Anduvimos un poco por el camino y pronto salimos para introducirnos directamente en el bosque. Muy pocas veces se tiene la ocasión de hacer algo así. Por supuesto, no está permitido ni se recomienda a ningún turista de ningún bosque que se aleje de los senderos marcados. Sin embargo, con este equipo, que, juntos, sumaban toda una vida visitando ese lugar, era un honor que probablemente acabaría bien. De todos modos, había traído conmigo un silbato, porque mis experiencias con otros científicos en otras excursiones en el interior de otros bosques me habían enseñado lo fácil que es despistarse y perderse. Incluso entonces me di cuenta de que, si dejaba que el equipo doblara un recodo por delante de mí, de repente me quedaba completamente sola. El bosque húmedo abruma los sentidos. Gritar es inútil a no ser que se esté muy cerca del otro. La lluvia y los pájaros absorben el impacto de la voz y la densa superposición de flora verde absorbe por completo el campo visual.

Me puse al nivel del grupo, que se había detenido para beber agua. Escobedo rompió onzas de chocolate y las repartió. El suelo del bosque estaba cubierto de canicas marrones. Salgado-Luarte recogió unas cuantas, abrió una con los pulgares y se metió la pulpa blanca en la boca. Le dio otra a Stotz, que me enseñó a hacer lo mismo y me dijo que eran avellanas chilenas. Aunque, en realidad, no eran frutos del avellano europeo que nos suele venir a la mente, sino del *Gevuina avellana*. Aunque era algo reticente a comer algo cogido del suelo del bosque, porque la única enfermedad grave que se puede contraer en este bosque es el síndrome pulmonar por hantavirus, que se transmite por la orina de roedores, ver que el grupo disfrutaba de las avellanas fue demasiado tentador. Así que me lancé y abrí una. La perfecta nuez blanca que había en el interior era cremosa y más dulce que las avellanas europeas, y el crujido que emitió cuando la mordí ofreció un satisfactorio contraste con la suavidad de la vegetación que nos rodeaba.

De vez en cuando atravesábamos altos bosques de bambú tan densos y rectos que me sentía como un ácaro minúsculo caminando entre las cerdas de un cepillo de dientes. Asumí que este bambú era una especie invasora, como lo suele ser en Estados Unidos, y al principio no le presté demasiada atención. Sin embargo, Escobedo me explicó que se trataba de quila, nativa del bosque. No había nada en ese bosque que no fuera nativo. Ninguna especie invasora había conseguido todavía echar raíces en este lugar, algo raro y precioso en la era moderna. Me enseñó a arrancar la punta de una quila joven, la parte más tierna de la planta, antes de que se vuelva leñosa. Salió de la articulación con un chasquido y Escobedo se metió la punta blanda en la boca, señalándome para que yo hiciera lo mismo. Arranqué un brote. Tenía un agradable sabor dulce y verde y me recordó a los extremos de las flores de madreselva que mordisqueaba de niña, después de arrancarlas. Durante el resto del día, cada vez que pasábamos entre quilas o avellanos chilenos, no me podía resistir a arrancar un brote o recoger una avellana del suelo, hechizada por la abundancia de estos alimentos silvestres.

Luego vi que Escobedo estrujaba una hoja serrada de color verde oscuro de un árbol pequeño y que la llevó consigo durante un rato, mientras la olía, así que, cuando vimos de nuevo la misma planta, yo hice lo mismo. Tenía un aroma almizclado e intenso, pero ligero y limpio a la vez, como un buen amaro italiano o como menta y cáscaras de naranja calentadas al fuego y luego arrastradas por tierra fría y limpia. Escobedo me dijo que la planta era una tepa y que la quería convertir en perfume. «Ya, hace seis años dijo lo mismo y aún estamos esperando», dijo Salgado-Luarte riéndose. Los miembros del grupo estuvieron gastándose bromas durante todo el día, chinchándose los unos a los otros como solo pueden hacer las personas que han pasado mucho tiempo juntas en laboratorios y cabañas. «Nos llamamos "la caravana del fracaso"», me explicó Gianoli luego.

Nos detuvimos junto a un árbol grande. Parecía adecuado para el proyecto del grupo, así que se pusieron a trabajar. Estudiaban la *Hydrangea serratifolia*, una planta trepadora especialmente prolífica. Sus estolones rosas cubrían el primer centímetro de suelo allá donde mirara. Se deslizaban sobre musgo y ramas caídas, se entrecruzaban y apuntaban (se dirigían) en todas direcciones. Esas protrusiones con forma de gusano eran los adolescentes de la planta. Los adultos se enroscaban alrededor de los árboles entre los que me hallaba, trepadoras gruesas, leñosas y arrugadas con pieles duras que adquirían ecosistemas propios. El musgo y el liquen colgaban de ellas como prendas de ropa.

El grupo intentaba crear orden en el caos y demostrar que las enredaderas adolescentes avanzaban sobre el suelo del bosque con una intención clara: buscar árboles adecuados por los que trepar e identificarlos percibiendo la sombra que proyectaban para determinar su tamaño. Cuando las jóvenes enredaderas rastreras llegan por fin a un árbol, pasan de rosa a verde y cambian de estrategia: en lugar de buscar la sombra, buscan el sol. Guiada por la luz, la trepadora asciende decenas de metros por el árbol hasta que supera el dosel arbóreo y estalla en coronas de flores blancas que hacen llover semillas sobre el suelo del bosque, para que el ciclo vuelva a empezar. Si el árbol no proyecta sombra suficiente, es probable que no sea lo bastante grande para soportar una planta que crece durante siglos hasta alcanzar casi el tamaño de un árbol antiguo. El grupo de Gianoli pensó que quizá es uno de los factores que la planta tiene en cuenta. Al fin y al cabo, todo depende de encontrar un buen árbol.

Empezaron a clavar en el suelo banderines junto a cada planta juvenil en un radio de dos metros de un árbol lo bastante grande para ser un buen huésped. La idea era medir los ángulos de cada una de las plantas en relación con el árbol: si se dirigían hacia él, habrían dado en la diana. Si no, deberían admitir que estaban equivocados. En el caso de que más de la mitad de las plantas se dirigieran hacia el árbol, cabía pensar que la hipótesis del grupo podía ser cierta: las plantas buscaban árboles de forma activa. Durante una pausa en la organización, Salgado-Luarte señaló un arbusto pequeño, una *Luma apiculata.* Lo golpeó con rapidez y metió la nariz entre las hojas, así que yo hice lo mismo. Olía a limón y a jabón, como la versión genuina de lo que el detergente para lavadoras intenta imitar. Limpio y delicioso. «Es la manera de comprobar que es una luma y no otra especie parecida», dijo Salgado-Luarte antes de golpear una planta vecina casi idéntica. Solo olía a verde. Pensé en las señales de alarma que esos aromas significan desde el punto de vista de la planta y me disculpé en silencio por nuestro pequeño acto de violencia.

Algo después llegamos a un claro y tuve mi primer encuentro real con lo que había ido a buscar. El área estaba rodeada por un espeso matorral templado que crecía por encima de mi cabeza. Me acerqué y miré al suelo con la esperanza de ser capaz de identificar plantas individuales por el contraste con el suelo. Vi los delicados zarcillos de la *Boquila trifoliata.* Se arrastraba por el suelo del bosque, a los pies de los árboles, con el aspecto que se supone que ha de tener y la simplicidad de las hojas trilobuladas que tantas veces había visto en fotografías. Me alegraba de poder verlas al fin. Seguí con la mirada algunos de los tallos a medida que se enroscaban en los ovillos de otras plantas, hasta superar con creces mi estatura. En su ascenso, perdí de vista las hojas de boquila varias veces. Se ocultaban discretamente entre las hojas de la planta por la que trepaban, pero cuando apartaba una hoja aquí y otra allá, ahí estaban; eso sí, con otra forma distinta. Había boquila por todas partes, y por todas partes imitando la planta que tuviera como vecina. Nada me había preparado para ver a una planta metamorfosearse en una réplica casi exacta de otra. A pesar de que llevaba casi dos años hablando de ello con investigadores, verlo me reafirmó en lo increíble que era que algo así fuera posible.

Mientras avanzábamos junto al matorral, vi que a veces la boquila no imitaba nada; era ella misma y punto. Sin embargo, una y otra vez, Gianoli me señalaba agrupaciones de boquila imitando otras especies. Cada vez, mis ojos necesitaban un momento para distinguir la boquila de las plantas que la rodeaban. Eran réplicas excelentes, pero no perfectas. A veces, el tallo era del color equivocado o la hoja engrosada no era lo bastante gruesa para pasar el examen. En una planta, las hojas de boquila eran, de repente, enormes y parecidas a dedos, de un verde oscuro brillante y alargadas hasta casi alcanzar la longitud de la mano. Imitaban al notro (*Embothrium coccineum*), un árbol perenne pequeño cuyas ramas colgaban sobre el claro adyacente. A menos de metro y medio de distancia, las hojas de la boquila pasaban, de repente, a ser pequeñas y finas, redondas y del tamaño de una moneda de cincuenta céntimos, quizá entre quince y dieciséis veces más pequeñas que las de la boquila vecina. En lugar de oscuras y brillantes, estas hojas eran del color de la menta y mates, como la planta que crecía a su lado. Costaba mucho ver dónde empezaba la boquila en el denso remolino verde, pero Gianoli dijo que no le sorprendería que ambos tipos de hoja crecieran de distintas partes de una misma planta. Entre estas dos transformaciones, las hojas de boquila habían adoptado una forma más parecida a la suya, y caían en cascadas ovaladas de verde irlandés.

Anduvimos un poco más. Vi que, cuando una planta amarilleaba, la boquila amarilleaba también. Gianoli señaló un arbusto cubierto de placas de hojitas densas de un verde oscuro y brillante, con tamaños que iban de la uña del pulgar a la uña del meñique. Me dijo que era un *Rhaphithamnus spinosus*, o espino azul. Zarcillos de boquila se enrollaban en el tallo. En la base de este, las hojas de boquila parecían bastante estándar, pero, al seguir con la mirada el ascenso de la trepadora, vi que, cuando llegaba al punto en el que se enrollaba a través de las partes con hojas del espino azul, el tamaño de las hojas de boquila se reducía drásticamente y el color se volvía más oscuro y brillante. En las ramas más antiguas, las hojas de boquila más próximas a las hojas de espino azul eran exactamente del mismo tamaño, color y forma que las del espino. Sin embargo, lo que Gianoli me quería enseñar de verdad era que la boquila había desarrollado una espina muy puntiaguda en el extremo distal de cada hoja. Ni siquiera había visto las hojas acabadas en pincho del espino hasta que Gianoli me dijo que pasara el dedo por la cara inferior de una. Todos los extremos puntiagudos se curvaban ligeramente bajo la hoja, como una garra. Cuando la boquila imita al espino, reproduce fielmente el pincho, que también dobla hacia abajo. Pasé el dedo por el envés de varias hojas de boquila en busca del punzante apéndice.

Gianoli lo considera extraordinario. Me explica que la presencia o ausencia de hojas espinosas en una planta con frecuencia sirve para distinguir la especie. Es un elemento crucial de la identidad de la planta, algo inmutable que la hace única. El hecho de que apareciera sin más en una planta sin historia de producción de espinas no tenía precedentes. Era como si una persona desarrollara un cuerno de rinoceronte. No pasa.

Gianoli también cree que la hoja con pincho es un sólido punto en contra de la hipótesis de la visión: es imposible ver el pincho de las hojas de espino blanco si se miran desde arriba. Dado que la espina solo se ve desde abajo, ¿cómo puede una boquila que crece por encima saber que hay un pincho si realmente se guía por la visión? Al principio, coincidí con él. Parecía razonable. Yo misma vi que las hojas de boquila dispuestas sobre las de espino azul producen una espina. Quizá fuera un agujero en la teoría de Baluška. Entonces imaginé una planta cubierta de órganos semejantes a ojos, que es una de las hipótesis que plantea el bando de la visión de las plantas. Si los «ojos» estaban en todas partes, y la planta integraba toda la información, podía ser que algunas partes de la boquila sí pudieran ver las espinas, creo.

Por lo tanto, la boquila desaparece en su huésped. Se esfuerza muchísimo para hacerse invisible. ¿Por qué le interesa ser tan difícil de encontrar? Parece obvio: en un mundo en el que los animales te quieren devorar, la probabilidad de convertirte en la cena de alguien se reduce si desapareces en un mar de tentempiés idénticos. De todos modos, es posible que esta explicación pase por alto otro beneficio de la estrategia. Al imitar a otras plantas, la boquila pone a prueba distintas estrategias evolutivas para sobrevivir. Cada una de las plantas del bosque ha respondido al mismo entorno con multitud de diseños diferentes. Cada uno de ellos es un retrato físico de una estrategia para el éxito, perfeccionada a lo largo de millones de años. Poder acceder al genio de la evolución expresado en el cuerpo de otras plantas es una ventaja evolutiva fantástica. La boquila trata a las otras plantas como una biblioteca de patentes viva, donde todas las patentes se pueden usar..., al menos si eres una boquila.

Este mimetismo interespecie cuestiona la creencia de que las distintas especies son fundamentalmente diferentes. Y sí, en algunos aspectos lo son. Pero ¿y si una se pudiera convertir funcionalmente en otra aplicando ciertos retoques? Las categorías se empiezan a desmoronar. Las líneas que separan las especies se vuelven menos absolutas. Y la taxonomía comienza a parecer más la invención que el descubrimiento de las categorías. Un organismo capaz de cruzar las fronteras entre las especies plantea un problema a nuestra idea de las formas fijas, de las identidades predeterminadas e inmutables.

Nos detuvimos junto a una cascada para otra pausa de chocolate y luego empezamos a ascender por un sendero sinuoso. Yo estaba a la cola, algo rezagada, interesada por las pequeñas plantas que crecían en un saliente rocoso a nuestra izquierda. Fucsias silvestres con campanas magenta y violeta brotaban de las rocas. También había varias especies de helecho, mi planta preferida. Algunos eran translúcidos, una mera película de una sola célula de grosor. Otros se parecían a los lonchites (*Blechnum spicant*), que conocía del noroeste del Pacífico. Entonces vi varios delicados culantrillos de Canadá, unos helechos de llamativas hojas parecidas a las del ginkgo, de un verde periquito y colgadas de relucientes tallos negros. Me incliné para examinar de cerca las frondas y vi una que parecía algo fuera de lugar. El aspecto de las hojas era normal, pero los tallos eran verdes, en lugar de negros, como los del culantrillo. Era una boquila. Llamé a Gianoli, para que se acercara. Se emocionó. «Es el primer caso que conocemos de una boquila imitando a un helecho», dijo sonriente. Al principio, pensé que estaba siendo condescendiente conmigo, poco más que una reportera. «No, en serio. Es tuyo. Te citaremos en el artículo». Estaba encantada. Que me hubiera resultado tan fácil encontrar algo nuevo en mi primera expedición en busca de boquilas no hizo más que subrayar cuánto más queda por descubrir de esta extraordinaria planta trepadora. Esa noche, cuando apagué la luz en mi cabaña, vi imágenes de boquilas flotando sobre mí, todas ellas con formas distintas.

Al día siguiente, de vuelta en el parque nacional, nos detuvimos en un punto, al borde del bosque, donde se habían segado partes del terreno. Las que permanecían intactas eran como islas de vegetación. La boquila estaba en su elemento en esas islas, donde trepaba por encima de plantas a las que imitaba a la perfección. Parecía especialmente exuberante en esas zonas, desde luego más que en las partes más densas del bosque, a solo unos metros de distancia, donde también era omnipresente, pero menos espectacular y llamativa y, lo más importante, menos empeñada en imitar a sus vecinas.

El grupo formó un círculo en el bosque para reflexionar sobre eso y sobre por qué era así. Tal vez la abundancia de luz en el claro ayudara a la boquila a ver mejor, propuso Stotz, bromeando. Mientras lo decía y hablaba de «ver», hizo con los dedos el gesto de comillas. Sin embargo, tenía algo de razón: la cantidad de luz de sol que llegaba allí, a diferencia de lo que sucedía en el bosque, significaba que quizá la boquila disponía de más energía y recursos para hacer cosas muy costosas, como cambiar la forma, el color y el patrón de las venas de las hojas. Esa era la especialidad de Stotz. Todo el grupo, y específicamente Stotz, estudia la plasticidad de las plantas, es decir, la capacidad de una planta para expresar el abanico más amplio posible de formas. Se sabe que las plantas con acceso a más recursos son más plásticas y llevan al límite su repertorio conductual. Una planta con más luz solar o más nutrientes podía ser, por así decirlo, una versión más completa de sí misma. Por su parte, Salgado-Luarte estudia cómo las plantas que crecen a la sombra tienden a encogerse y replegarse, a la espera de que lleguen tiempos mejores. En especial, estudia cómo las hojas de algunas especies de este bosque se expanden extravagantemente al sol para aumentar su superficie y absorber tanta luz como les sea posible. Al fin y al cabo, en un bosque húmedo uno nunca sabe cuándo se volverá a cerrar el dosel. Sin embargo, si esa misma especie está en un lugar a la sombra, produce hojas pequeñas y resistentes, para reducir al mínimo la energía que usan, con la esperanza de resistir hasta que lleguen tiempos mejores. Si consiguen resistir el tiempo suficiente, quizá alguno de los grandes árboles ancianos caiga por fin y abra un hueco en el dosel, con lo que la planta se podrá bañar en luz antes de que sea demasiado tarde. La disponibilidad de los recursos determina cosas como la extravagancia. Hay que tener energía para permitirse el lujo de ser extravagante. ¿Y acaso el ardid de la boquila no era el más extravagante de todos?

Más tarde le pregunté a Gianoli que, si no creía que las plantas pudieran ver, cómo explicaba lo que sucedía con la boquila. Gianoli cierra los ojos cuando piensa. «Bueno, cualquier explicación sonará extraña, rara, peculiar —dijo, evasivo—. Sea como sea, creo que la explicación más probable tiene que ver con los microorganismos». Gianoli creía que microorganismos, probablemente bacterias, saltaban de la planta huésped a la boquila y dirigían el cambio de forma de las hojas, secuestrando y redirigiendo los genes que controlan este proceso. En lugar de asumir que la planta cambiaba de forma deliberadamente, lo veía más como una especie de contagio, como algo que le sucedía a la boquila desde fuera, como si de una enfermedad se tratara. ¿Y qué infecta a las plantas? Microbios de todo tipo. Sin embargo, si esto era una infección, tenía que ser una infección capaz de provocar una reorganización biológica muy invasiva y fundamental. La forma, el color, el tamaño y la textura de las hojas son el resultado de programas evolutivos inscritos en los genes de la planta. Gianoli pensaba que algo tenía que estar alterando la expresión de los genes. Resulta que los microbios son el único organismo conocido capaz de alterar la expresión genética de las plantas.

En la década de 1990, un equipo de investigación descubrió unidades de un material genético al que llamaron «ARN pequeño» o, a veces, «micro-ARN». Se origina en microbios como bacterias y virus y hasta la fecha se han descubierto 2.600 tipos de micro-ARN distintos en el cuerpo humano.[17] Se cree que estos fragmentos de material genético ajeno regulan colectivamente hasta una tercera parte de los genes de nuestro genoma.[18] Aún más recientemente, los investigadores han descubierto que el micro-ARN también afecta a la vida de las plantas. Las plantas parásitas y sus huéspedes los intercambian con frecuencia y pueden actuar como moléculas señalizadoras entre plantas. Se sabe que el micro-ARN de una planta también puede interferir en la expresión genética de otras plantas cercanas.[19]

Gianoli cree que esto es lo que podría estar sucediendo con la boquila. El material genético de los microbios podría estar controlando la parte del genoma de la planta responsable de la forma de las hojas, y las boquilas próximas se verían afectadas por ese mismo micro-ARN. Es decir, es como si les lloviera material genético microbiano ajeno.

«Los microbios no me gustan. Son demasiado difíciles de gestionar, de medir, de controlar, de evitar... Me siento más cómodo con cosas macroscópicas. Sin embargo, el peso de las pruebas en varios sistemas me ha convencido», dijo Gianoli mientras avanzábamos entre plantas trepadoras especialmente densas. Si esta teoría es cierta, supondría que los microbios controlan el aspecto general de todas las plantas, y que su esfera de influencia va más allá de la planta y la envuelve, como una nube. Desde esta perspectiva, lo único que haría especial a la boquila es su receptividad a las nubes microbianas de otras especies. A cada paso, la teoría de Gianoli reescribiría todo lo que la ciencia cree acerca de las plantas en general. Revolucionaría la botánica de principio a fin. Claro que lo mismo se puede decir de la teoría de Baluška acerca de la visión de las plantas. En cierto sentido, la teoría de Gianoli no es del todo descabellada; solo amplía el mundo de influencia microbiana que los científicos están descubriendo en estos mismos momentos.

Nos sentamos sobre un tronco cubierto de mohos mucilaginosos rosas y naranjas. Gianoli explica que, hace poco, se ha descubierto que las termitas disponen de unos microbios intestinales que les permiten digerir los compuestos químicos de la madera.[20] En otras palabras, las termitas deben su conducta más característica (comer madera) a organismos completamente distintos que habitan en su interior. A su vez, los microbios intestinales de las termitas funcionan gracias a microbios aún más pequeños que viven dentro de ellos. La presencia de estos animales en el interior de animales es anterior a la evolución de las propias termitas; es probable que algún antepasado los adquiriera al comer materia vegetal muerta donde vivían los microbios. A partir de ese momento, evolucionaron juntos hasta convertirse en las versiones de cada uno que han llegado a nuestros días. Se sabe de una termita australiana que alberga en su intestino un protista que, a su vez, tiene cuatro tipos de bacteria en su interior. Toda una cascada de individuos hace posible la existencia de la termita. «Son independientes, son de familias distintas. Es una locura», dice Gianoli. Todos estos descubrimientos apuntan una y otra vez en la misma dirección: una termita nunca es solo una termita. Es obvio que esto mismo es cierto para cualquier organismo. «Parece que debemos al menos la mitad de lo que creíamos que estaba gestionado por un organismo, o que era el resultado de la acción de dicho organismo, a alguna bacteria».

Esta cascada de elementos constituyentes intriga a Gianoli. Las termitas son organismos compuestos y su existencia es posible gracias a múltiples clases de seres que trabajan coordinados. Me recuerda que los seres humanos también somos organismos compuestos: parece que nuestro microbioma rige muchos aspectos de la salud física e incluso quizá de la psicológica. «Tienen que ver con la digestión, las alergias e incluso con algunos trastornos psicológicos», explica.

Un año antes de este viaje, Gianoli y sus colegas habían visitado el bosque en busca de muestras de boquila y se dieron cuenta de lo aleatoria que parecía la distribución del mimetismo. «El mimetismo no aparece el cien por cien de las veces». Encontraba mimetismo en aproximadamente un setenta por ciento de las ocasiones. «La intensidad y la magnitud del estímulo varían. Por eso se me ocurrió que un organismo pudiera ser el responsable de este patrón de efecto tan disperso». De vuelta en el laboratorio, molieron las muestras y hallaron la primera brizna de pruebas para esa hipótesis. La comunidad bacteriana de las hojas de boquila más próximas a los arbustos que imitaban se parecía mucho a la comunidad bacteriana de los arbustos imitados. Las hojas no mimetizadas de la misma planta de boquila, pero en una zona más alejada del arbusto, contaban con una comunidad bacteriana completamente distinta.[21] «Eran muy diferentes, a pesar de que pertenecían al mismo organismo y estaban a apenas treinta centímetros de distancia —dijo—. Me parece increíble. Y son microbios». Esto no demuestra en absoluto su hipótesis. Aún hacen falta muchos más estudios para entender qué sucede en realidad. «Sin embargo, sí que sugiere que los microbios intervienen en el proceso».

Para comprobarlo, Gianoli tendría que cultivar plantas en un laboratorio, algo que, hasta la fecha, no ha podido hacer con éxito. Lo ha intentado una docena de veces, pero las boquilas siempre crecen mal y mueren rápidamente. Además, conseguir las semillas es casi imposible. Ha encontrado una boquila con semillas en una única ocasión. «Sé que hay científicos que creen que escondo las semillas cuando les digo eso». Él y sus colegas acababan de descubrir cómo cultivar boquilas a partir del cultivo de tejidos de la planta para resolver ambos problemas, y esperaba poder empezar pronto con los experimentos en el laboratorio. La arrogancia de los científicos europeos, que habían tenido la osadía de afirmar que la planta trepadora podía ver sin haber llevado a cabo experimentos para comprobarlo, lo irritaba. Así no se hacía la ciencia, decía. Primero hay que demostrar que funciona.

La lluvia caía con fuerza en los millones de hojas a nuestro alrededor. El resto del equipo estaba arrodillado junto a un árbol a unos metros de distancia, midiendo los ángulos de las trepadoras. Gianoli me preguntó si alguna vez había oído hablar del concepto de «campo morfogenético» del filósofo-biólogo Rupert Sheldrake.[22] Le respondí que no. Me explicó que Sheldrake había imaginado un campo biológico hipotético que rodeaba a todos los organismos como una nube de información. «Sería un tipo de campo de influencia», invisible pero potente, como un campo gravitatorio o magnético. En palabras de Sheldrake, el campo morfogenético dirigía el desarrollo de la forma física del organismo. Imaginé nubes de información rodeando las plantas del bosque, como penachos de instrucciones biológicas. La visión de Sheldrake incluye cuestiones que Gianoli califica de místicas. Cree, por ejemplo, que los campos morfogenéticos podrían constituir la base de la telepatía. Gianoli se apresuró a aclarar que no le interesa nada de eso. Al contrario que el concepto de campo de influencia biológica, que sí podía aceptar como plataforma para pensar acerca de la posible influencia de los microorganismos sobre las plantas. «No sé si existe, pero la idea, la imagen, me gusta», dijo.

Recuerdo la primera vez que me dijeron que los seres humanos tenemos nubes de microbios que revolotean a nuestro alrededor en todo momento. Llevaba cinco horas sentada frente a mi mesa en la quinta planta de un edificio corporativo en el sur de

Manhattan cuando el científico de datos James Meadow me dijo que era más que probable que, solo ese día, ya hubiera dejado caer millones de microbios en mi cubículo. «¿Sabes el personaje de *Charlie Brown* que siempre va envuelto en una nube de polvo y suciedad, Pig-Pen? Pues resulta que todos vamos así»,[23] me dijo por teléfono. En aquel entonces, Meadow trabajaba en una empresa de San Francisco que se dedicaba a investigar la salud del microbioma interno de lugares como despachos y hospitales, y hacía poco había publicado un artículo al respecto. «Cada hora del día, cuando nos movemos por el mundo, nuestro cuerpo desprende un millón de partículas biológicas —prosiguió—. Tengo barba. Cuando me la rasco, lanzo un pequeño penacho de partículas al aire. Es una nube de partículas que emitimos continuamente y que es casi invisible». Miré el teclado frente a mí e intenté imaginar los microorganismos, mis microorganismos, deslizándose por mis dedos y abandonándome como pasajeros de un barco descendiendo por la pasarela. Cuando me dijo que, con toda probabilidad, mis microbios también sobrevolaban a mi vecino en el cubículo de al lado, bajé el auricular un momento y atisbé por encima de la división modular gris que me separaba de mi colega, que tecleaba en el ordenador, ajeno a todo y a menos de un metro de distancia de mí. Parecía estar bien. Pero ¿le estaba enviando microbios sin saberlo?

El reciente aluvión de investigaciones sobre el microbioma ha revolucionado cómo entendemos nuestra interacción con el mundo, a medida que hemos visto cómo los científicos tendían puentes entre todo tipo de problemas de salud y las criaturas que habitan en nuestro intestino y nuestra piel. Los microbios influyen en el sistema inmunitario, en nuestro olor y en lo atractivos que somos para los mosquitos. Y la investigación más reciente sugiere que quizá también intervienen en el autismo, la depresión, la ansiedad e, incluso, en quién nos atrae.

En otras palabras, parece que los microbios podrían tener un papel importante en lo que pensamos y lo que sentimos. Es muy probable que, de hecho, nuestras propias células estén en minoría frente a los microbios que hospedamos.[24] Si lo pensamos bien, nuestra individualidad, lo que nos hace ser quienes somos, tal vez se parezca más a una democracia contenida que a una dictadura autónoma.

Sin embargo, los microbiomas se extienden, muy literalmente, por el aire que nos rodea en forma de una especie de nubes microbianas. Hace calor. Meadow me explicó que mi temperatura corporal propulsaba partículas de mi cuerpo al exterior de forma continua. Mi respiración, también incluida como parte de mi microbioma, es cálida y hace lo mismo. Cada palabra que decido lanzar al mundo va acompañada de un equipo de bacterias sobre el que no he decidido nada. El tamaño de la nube tiene que ver, en parte, con lo caliente o frío que esté el cuerpo en cada momento, me explicó. (Yo tiendo a despedir calor. Es muy probable que más que una nube, lo que me rodea sea un nubarrón).

El resto depende de la «viscosidad del aire», un término que dice mucho de la escala con la que se trabaja aquí. «Solo podemos sentir el aire cuando nos toca», explicó Meadow. Sin embargo, para algo tan minúsculo como un microbio, el aire se comporta de un modo parecido al agua. El movimiento más mínimo puede mantener a un microbio flotando indefinidamente en una sala. «La bacteria más diminuta despega y se mantiene en el aire durante horas».

«El alma es la materia reducida a una extrema finura: ¡Oh, tan fina!», escribió Ralph Waldo Emerson. Volví a mirar a mi vecino, que seguía ignorando que yo estaba, literalmente, envolviéndolo por completo.

A medida que vamos sabiendo más acerca de la estrecha relación entre la salud y los microbios, estos empiezan a parecernos menos ajenos al concepto que tenemos de nosotros mismos. No somos nuestro microbioma, pero, ciertamente, tampoco somos nosotros sin él. Sin embargo, y al igual que la vida, los microbiomas no son estáticos; fluctúan cuando viajamos a otra ciudad, nos duchamos, tomamos antibióticos o tenemos una pareja nueva. Una identidad microbiana mutable acorde a nuestra identidad volátil. Es menos estática que una huella dactilar, menos fácil de identificar, pero quizá más fiel a la realidad de nuestra tumultuosa situación biológica. Siempre somos nosotros, pero ¿y si «nosotros» es un compuesto cambiante, imposible de separar de las agitadas masas microbianas que nos habitan y nos rodean?

Pensé en la meditación budista, cuyo objetivo es disolver el yo. Por supuesto, antes de aniquilarlo tenemos que saber qué es. La meditación Vipassana, una forma de meditación budista, describe el yo como una colección de diminutas unidades temblorosas. Hay quien las llama átomos. Sin embargo, creo que en el fondo la idea es que no somos nosotros, sino la suma de un conjunto de motas individuales que zumban juntas en forma de persona. El yo se disuelve cuando entendemos eso. Creo que también es una imagen potente de lo que significan los microbios y sus nubes.

La hipótesis de Gianoli acerca de la boquila hizo tambalear mi idea de una planta de inteligencia genial. ¿Era posible que la genialidad correspondiera a una bacteria? ¿O a una combinación genial de organismos, uno de los cuales es la planta? Al fin y al cabo, la planta se beneficia del mimetismo, que reduce la probabilidad de que los animales se la coman. Claro que supongo que a las bacterias que habitan en la planta también les interesa que no se la coman. Entonces, ¿a quién beneficia en realidad el mimetismo? Se podría entender como una técnica ingeniosa para la supervivencia bacteriana. Depende de la perspectiva que adoptemos. O tal vez adoptar una perspectiva única sea un error en este caso. La planta y sus microbios son inseparables. Son un organismo compuesto, una colaboración tan estrecha que ha devenido en una fusión. Pensé en otra colaboración célebre, la que permitió que una bacteria fotosintética se instalara en la célula de un alga y formara así el precursor de la primera planta.

En la década de 1990, Lynn Margulis, la pionera bióloga evolutiva, popularizó el concepto de «holobionte»,[25] que definió como un organismo compuesto por múltiples organismos trabajando de forma concertada. Incluye al microbioma, pero también al macrobioma, o los seres más grandes en y sobre los que viven los microbiomas. Las células con núcleo incluyen a todas las mitocondrias y cloroplastos, fundamentales tanto para los animales como para las plantas. Margulis planteó la hipótesis de que aparecieron por primera vez cuando microbios con distintas habilidades empezaron a colaborar y se acabaron fusionando en una misma entidad. Creía que estas simbiosis entre organismos diferentes podían haber sido más importantes para nuestra historia evolutiva que las mutaciones aleatorias y lentas a las que la ciencia consideraba la fuente de todo el cambio evolutivo. Quince publicaciones distintas rechazaron su artículo sobre los orígenes simbióticos antes de que el *Journal of Theoretical Biology* lo aceptara en 1967.[26] Una década después se demostró que estaba en lo cierto, cuando la aparición del análisis genético moderno permitió a los investigadores ver, por primera vez, que todas las mitocondrias y todos los cloroplastos contienen ADN de múltiples organismos.[27] A nivel celular, todos somos holobiontes.*

Sin embargo, el concepto de holobionte de Margulis ha demostrado ser cierto mucho más allá de la estructura celular.**

* Irónicamente, parece que incluso Darwin pensó en ello casi un siglo antes del descubrimiento de la simbiosis genética. «La maravillosa complejidad de un ser orgánico es inconmensurable. Sin embargo, la hipótesis aquí planteada aumenta con mucho esa complejidad. Debemos concebir todas las criaturas vivas como un microcosmos, como un universo en miniatura formado por un conjunto de organismos que se propagan a sí mismos y son inconcebiblemente diminutos y tan numerosos como las estrellas del cielo» (Darwin, *La variación de los animales y las plantas bajo domesticación*, 1868).

** Margulis era célebre por su firme convicción en la primacía de las bacterias. Poblaron el planeta mucho antes de la aparición de ninguna otra forma de vida más grande y tuvieron un éxito extraordinario. Se adaptaron perfectamente a la química del planeta primitivo y, en muchos aspectos, la modificaron para que satisficiera sus necesidades. Margulis escribió que el cuerpo humano conserva las condiciones de esa Tierra primigenia. Los compuestos químicos en

Recientemente se ha descubierto que algunos de los rasgos esenciales de los animales, como la velocidad a la que crecen y cómo se comportan, son el resultado de señales microbianas.[28] Y esto tiene sentido si tenemos en cuenta que los animales evolucionaron en un mundo gobernado por microbios desde hacía miles de millones de años. De hecho, Margaret McFall-Ngai, una conocida experta en simbiosis, cree que el sistema inmunitario humano, del que se sabe desde hace mucho tiempo que tiene «memoria propia», podría ser una especie de sistema de gestión del holobionte. «Es posible que los vertebrados desarrollaran un sistema inmunitario basado en la memoria porque necesitaban reconocer y gestionar comunidades complejas de microbios beneficiosos», escribió en 2007.[29]

Nosotros, los animales más grandes, solo podemos intercambiar nuestro material genético creando la siguiente generación, en otras palabras, teniendo hijos. Las bacterias no tienen esta limitación. Pueden intercambiar genes al instante con las bacterias vecinas, tanto si pertenecen a la misma especie como si no. Así, las bacterias pueden adoptar rasgos nuevos de sus vecinas y sumarlos al repertorio de cosas que ya saben hacer. Margulis escribió que, si las propiedades genéticas de las bacterias se aplicaran a seres más grandes, viviríamos en un mundo de ciencia ficción en el que las personas podrían desarrollar alas adquiriendo los genes de un murciélago, o las setas se podrían volver verdes y empezar a hacer la fotosíntesis gracias a los genes de una planta cercana. Esto me ayudó a entender mejor la teoría de Gianoli: en lugar de imaginar un conjunto de bacterias invasoras que secuestraban la idea que

---

nuestro interior, y especialmente en nuestro interior acuoso, se podrían entender como una réplica del acogedor mundo primordial en el que las bacterias empezaron a evolucionar. En cierto modo, somos vehículos bacterianos muy bien diseñados. «Coexistimos con microbios actuales y albergamos los vestigios de otros, simbióticamente subsumidos en nuestras células —escribieron Margulis y su hijo, Dorion Sagan, en 1997—. De este modo, el microcosmos vive en nosotros y nosotros en él».

tenía la boquila de sí misma, era posible que las bacterias que ya vivían en la boquila y que determinaban su expresión evolutiva estuvieran recogiendo señales genéticas errantes de bacterias que hacían exactamente lo mismo en otras plantas. «El ser humano y otros eucariotas somos como sólidos congelados en una especie de molde genético —escribieron Margulis y Sagan—, mientras que los genes bacterianos, móviles e intercambiables, se asemejan al líquido o al gas».[30] Uno empieza a ver el mundo en términos bacterianos, un mar microcósmico de identidades y formas cambiantes. Bajo la superficie, nuestros cuerpos bacterianos se transforman y cambian. Todos estamos fluyendo permanentemente. ¿Quién puede decir dónde empieza y acaba cada uno de nosotros?

Salimos del bosque y Gianoli me habla de otro caso peculiar de mimetismo vegetal. Me explica que Chile alberga otra planta de la familia de la boquila, la de las Lardizabalaceae. Esta especie del género *Lardizabala* es una planta trepadora extraordinariamente rara que solo crece en el Chile subtropical y en algunas partes de Perú. Un amigo de un amigo le dijo que su tío vivía en un pueblo rural donde crecía esta planta. Sus frutos morados oscuros formaban parte de la tradición medicinal de la población. Gianoli aún no ha visitado la localidad, pero dice que, cuando algo forma parte del conocimiento tradicional, es muy probable que sea el resultado de años de experiencia y de observación. La tradición local decía que, cuando la lardizabala trepa sobre árboles distintos, sus frutos tendrán propiedades medicinales similares a las de los árboles sobre los que crece. «Por lo tanto, si se trata de un árbol con propiedades digestivas, beneficiosas para el corazón o la tensión arterial o con cualquier otra propiedad medicinal, los frutos de la lardizabala las tendrán también». Esto sugería un mimetismo completamente distinto. «Sería asombroso que el fruto de la trepadora heredara las propiedades del árbol», dijo Gianoli.

En la mañana del último día en el campo, fuimos a otra parte del bosque. El grupo encontró rápidamente un árbol adecuado para su proyecto con la *Hydrangea serratifolia* y empezó a sembrar el suelo de banderines. De momento, habían encontrado más dianas que fallos. Eran datos preliminares, pero pintaban bien. Otra planta omnipresente rescatada de la supuesta pasividad que le atribuía el ser humano.

Decidí dar un paseo mientras ellos tomaban medidas. En un claro, vi una zona cubierta de *Ranunculus repens* que brotaban del suelo, con una boquila justo al lado. Este ranúnculo llegó aquí hace menos de una década y se ha convertido en una hierba prolífica. La boquila que crecía junto a él había replicado a la perfección el tamaño y la silueta general del ranúnculo, y había dispuesto sus tres hojas a exactamente los mismos ángulos que las tres hojas del ranúnculo. Por el contrario, parecía que el patrón de encaje recortado de las hojas había sido demasiado para la boquila, que ciertamente se había esforzado en imitarlo lo mejor posible. Los bordes de sus hojas formaban una serie de hoyuelos irregulares.

En cualquier caso, incluso estos errores son extraordinarios. Cuando Gianoli descubrió que la boquila había intentado imitar al ranúnculo, hizo saltar por los aires cualquier teoría acerca de que el truco de la boquila era el resultado de una larga coexistencia evolutiva. «Esta planta no forma parte de la historia evolutiva de la boquila», me explicó después. Diez años no bastan para formar una relación evolutiva. El mimetismo sucedía en directo. Era algo improvisado, sin ensayos.

La espontaneidad es un concepto difícil de trabajar porque evidencia que existe un sujeto muy alerta. Y las pruebas que corroboraban esa espontaneidad eran cada vez más abundantes: justo una semana antes de nuestro viaje, Gianoli había recibido un correo electrónico de alguien que cultivaba boquila en su casa de Londres. Le enviaba fotografías de cómo había imitado a otra planta de su casa, una *Muehlenbeckia axillaris* de hojas diminutas y nativa de Nueva Zelanda. No cabía la menor duda de que la boquila estaba imitando a esa planta totalmente ajena a ella, y lo estaba haciendo muy bien, aunque es verdad que la neozelandesa tenía hojas redondas y bastante simples, por lo que no presentaba gran dificultad en comparación con otras formas que le había visto adoptar. Sin embargo, lo interesante era la procedencia de la planta imitada: Oceanía está muy lejos del bosque húmedo chileno. La boquila solo es nativa de Chile, pero parecía capaz de copiar plantas que no tenían la menor relación con esa parte del mundo. El mimetismo era intrínseco a toda la especie y, por lo tanto, se expresaba allá donde fuera la planta. No hay nada más espontáneo que eso.

Por supuesto, esgrimir su capacidad de visión también es muy tentador para explicar este tipo de imitación espontánea. En los animales, las respuestas rápidas ante algo que sucede en la distancia se suelen explicar porque pueden ver. La idea tiene un atractivo evidente para la población general. En el coche de vuelta a las cabañas, Gianoli recibe un correo electrónico de un antiguo alumno a quien acaba de contactar un grupo ruso que quiere diseñar un «megaproyecto» sobre la visión de las plantas, basado en la boquila. En Bonn, Baluška y sus colegas están empezando a cultivar boquilas en un invernadero para poner a prueba su hipótesis de la visión. Si el equipo de Baluška consigue que la boquila imite a una planta de plástico en un entorno controlado, su hipótesis de la visión resultará mucho más verosímil. Y, por supuesto, no hay la menor posibilidad de que una planta de plástico transmita información microbiana.

De momento, el misterio persiste. Se resuelva como se resuelva, parece casi seguro que cambiará por completo la idea que tenemos de las plantas. Tiene que estar pasando algo más con ellas (o entre ellas) para que este tipo de mimetismo sea ni siquiera una posibilidad remota para una planta. De momento, ese enigma espera, como un objeto invisible en el centro de una sala, algo que todo el mundo sabe que ha de estar ahí, pero que nadie puede ver, al menos no de momento. Sea lo que sea, cambiará algo fundamental sobre lo que pensamos que sabemos del funcionamiento de las plantas. «Descifrar el código de la boquila nos llevará de inmediato a descifrar un código general para todas las plantas —dice Gianoli—. Van de la mano. Entender la boquila significa entender las plantas. Estoy convencido de ello».

La teoría de Baluška presenta una imagen más clara de la inteligencia de las plantas, que es lo que me atrajo de ella al principio. Quiero creer que pueden ver y, quizá, puedan hacerlo. No me parece una posibilidad completamente irrazonable. Al fin y al cabo, tienen todos esos fotorreceptores. Sin embargo, la teoría de Gianoli es una visión de organización e influencia bacterianas que sugiere una interconexión mayor, un concepto que también me atrae. Pone en el centro la naturaleza compuesta de las plantas, su estado como holobiontes, inextricables del microcosmos en el que se bañan y que, a su vez, se baña en ellas.

De una forma o de otra, parece que ha llegado el momento de que abandonemos la idea de que las plantas son entidades individuales con límites definidos. No sabemos con claridad dónde empiezan y dónde acaban. Tal vez ni siquiera sea útil formularse esa pregunta. Dejar a un lado las múltiples maneras en que las plantas y sus colaboradores interactúan (y acaban constituyendo la propia planta) nos deja una imagen muy parcial de la realidad. Las plantas son amalgamas de formas de vida interpenetradas que se resisten a una clasificación en blanco y negro. Como nosotros, quizá. «El individuo completamente "individual" es un mito que debemos sustituir por una definición más flexible[31] —escriben Margulis y Sagan—. Todos nosotros somos una especie de comité».

CAPÍTULO 9

La vida social de las plantas

Éranse una vez unos insectos que evolucionaron y desarrollaron conductas sociales muy particulares. Todos y cada uno de ellos fueron transformándose para dedicarse plenamente al bienestar del grupo más amplio en el que vivían. Sus identidades giraban por completo en torno al colectivo, en torno a los habitantes de la colonia. En una colonia, cada uno de los individuos que la componen tiene una función y, para satisfacerla, algunos renuncian incluso a la actividad a la que se suele considerar el marcador de éxito biológico: nunca se reproducen. En lugar de eso, estos insectos dedican su vida a buscar comida y llevarla a sus compañeros de nido, cuya función sí es reproducirse. Esto pone patas arriba la idea de la supervivencia del más fuerte. En una colonia de este tipo, el interés personal queda en un segundo plano en aras del interés del grupo. No importa que tú no te reproduzcas. Lo importante es que se reproduzca la colonia.

En la década de 1960, una entomóloga bautizó este estilo de vida como «eusocial»,[1] un término que aplicó por primera vez a abejas que viven en colmenas donde múltiples generaciones cuidan cooperativamente de las crías, desempeñan funciones especializadas y solo algunas se reproducen. *Eusocial* significa, literalmente, «social de verdad».[2] Se trata de una organización social muy compleja repleta de normas definidas que rigen las relaciones y la colaboración. Desde entonces se ha visto que son muchos los insectos, y no solo las abejas, que presentan estas conductas. Las termitas son eusociales, como las hormigas, los escarabajos de la ambrosía y al menos un tipo de áfido. Las gambas que viven en arrecifes de coral también pueden ser eusociales, lo que traslada el concepto al mundo de los crustáceos. Y las ratas topo desnudas tienen el honor de ser las estrellas revelación de la eusocialidad en mamíferos.

Insectos, crustáceos y mamíferos: la conducta eusocial tiene que haber evolucionado de manera independiente muchas veces.[3] Sin duda, es una estrategia evolutiva para el éxito; si no lo fuera, no habría reaparecido espontáneamente y persistido en distintas ramas del árbol de la vida. Si he aprendido algo, es que, cuando alguna cosa funciona, la biología tiende a reproducirla en todo el espectro de vida. Las buenas ideas tienen la costumbre de aparecer una y otra vez. Por lo tanto, cuando veo que un rasgo ha evolucionado por separado muchas veces, me tengo que preguntar si habrá un equivalente en el reino vegetal. La eusocialidad en plantas se ha detectado hace muy poco, quizá porque nadie se había interesado en buscarla.

Hablemos de los helechos cuerno de ciervo. Un día de 2021, Kevin Burns, un biólogo de la Universidad Victoria de Wellington (Nueva Zelanda), paseaba por el bosque seco tropical de la isla Lord Howe (Australia). Allí los árboles son muy bajos. Los helechos cuerno de ciervo, que acostumbran a crecer en lo más alto de los troncos de árbol, quedan a la altura de la vista, lo que es comodísimo para el observador. Mientras miraba los densos mechones de helecho, a Burns se le ocurrió una idea. ¿Y si se trataba de colonias? Los helechos cuerno de ciervo son únicos, porque crecen en aglomeraciones redondas con forma de colmena, compuestas por muchos helechos individuales, algunos parecen discos esponjosos que se adhieren al árbol huésped y también entre ellos, mientras que otros son como largas cornamentas verdes y blandas. Las extensas frondas están cubiertas de una capa de cera, lo que les permite dirigir el agua de la lluvia hacia la base, donde el conjunto de helechos con forma de disco absorben rápidamente la humedad. ¿Y si algunas de las frondas eran el equivalente de las abejas obreras estériles de las colmenas, que dedicaban su vida a alimentar a sus hermanas fértiles? Efectivamente, Burns descubrió que las frondas con forma de disco no se reproducían nunca, que solo lo hacían algunas de las que parecían largas cornamentas verdes. El resto vivían para mantener el agua fluyendo hacia las raíces de toda la colonia. ¿Era posible que las plantas también fueran eusociales?[4]

En mi opinión, la sociabilidad compleja es una forma de inteligencia en sí misma, un tipo de inteligencia colectiva. Va más allá de las tendencias de cada individuo y se orienta a tomar decisiones que beneficien a todo el grupo. La inteligencia, entendida como la capacidad de aprender del entorno y de tomar decisiones que ayuden a sobrevivir, se crea en un contexto. Surge de una necesidad y mediante la selección natural. En este caso, la necesidad (retener el agua en el duro entorno de la cara vertical de un tronco de árbol sin tierra) exige colaboración. Aptitud relacional. La voluntad de negarse a uno mismo para que el conjunto prospere. Por supuesto, esta es la base del concepto de comunidad: aquí, la cooperación es la mayor prioridad.

La inteligencia colectiva es la base sobre la que se han construido algunas de las sociedades animales más complejas. Todos los animales que han evolucionado en grupos desarrollan conductas específicamente orientadas a sobrevivir en esos grupos. Peces, hormigas, abejas, monos, seres humanos...; todos coordinamos nuestra conducta de distintas maneras. Lo llamamos ser sociales. ¿Y si esta coordinación entre individuos se extendiera al sistema nervioso? La inteligencia social es un campo de investigación reciente en animales, pero los primeros resultados indican que la actividad eléctrica del cerebro humano se puede sincronizar de persona a persona en distintas interacciones sociales, como la comunicación, el aprendizaje o la colaboración.[5] Las ondas cerebrales, o las oscilaciones entre los picos y valles de la actividad nerviosa, se alinean. Se ha detectado la sincronización de ondas cerebrales también en murciélagos[6] y primates, lo que sugiere que es muy probable que suceda en muchos otros animales. Se trata de un fenómeno claramente útil. La investigación ha demostrado que el desempeño de los equipos mejora cuando las ondas cerebrales de sus integrantes están sincronizadas,[7] que los cerebros de los copilotos tienden a sincronizarse durante el despegue y el aterrizaje, dos momentos en que la colaboración es crucial,[8] y que las personas en sincronía cognitiva informan de una mayor sensación de cooperatividad y afinidad entre ellas.[9] Las parejas con una mayor sincronía cerebral informan de más satisfacción en sus relaciones,[10] y parece que los cerebros de padres y madres se sincronizan cuando están juntos.[11] El cerebro humano evolucionó en un contexto muy social, y es ahora cuando hemos empezado a ver hasta dónde llega esa sociabilidad. Quizá esta inteligencia colectiva y social merezca que le prestemos atención, pues puede que, al no hacerlo, nos estemos perdiendo gran parte de la historia de nuestra existencia.

Las plantas también evolucionaron en grupos. Campos, bosques, colonias, aglomeraciones; las plantas siempre han formado parte de organizaciones sociales complejas donde las interacciones con el vecino forman parte del día a día. Con frecuencia, lo bien que gestionen esas interacciones define el destino de sus vidas. La supervivencia y la reproducción son siempre cuestiones sociales. En ese sentido, es innegable que son seres sociales. Además, presentan todo el repertorio de temperamentos sociales: algunas viven en colectivos muy colaborativos, como el helecho cuerno de ciervo, donde el éxito del grupo se antepone al éxito de sus miembros individuales. Otras prefieren vidas más solitarias, y otras tienen aversión al conflicto y presentan una capacidad extraordinaria para compartir. Muchas son enemigas inmediatas de los desconocidos, pero invierten mucho esfuerzo en los vínculos familiares. En un mundo de recursos cambiantes, vale más saber con quién se puede contar. Con frecuencia, la familia es una apuesta segura.

Todo esto trata de llevarse bien con los vecinos, por supuesto. Es un concepto que, como criaturas sociales, conocemos. Por supuesto, las plantas lo hacen a su manera. Basta con estar mínimamente conectados con estas versiones vegetales para empezar a ver la riqueza de su vida social. Los botánicos están empezando a verlo ahora. Un mundo de posibilidades sociales se va revelando lentamente.

Las dunas que rodean la orilla del lago Míchigan son una verdadera sorpresa. Las ondulantes montañas de arena se extienden en vastas llanuras, con crestas y valles que parecen las olas del océano en pausa. Si avanzamos unas cuantas docenas de kilómetros hacia el interior, llegamos a campos agrícolas del medio oeste. Pero aquí, en la orilla de este lago colosal, es donde Susan Dudley descubrió que las plantas saben muy bien quién es su pariente y quién no.[12]

Era el verano de 2006 y las moscas negras acribillaban a Dudley, una ecóloga evolutiva botánica de la Universidad McMaster (Canadá), mientras observaba su objeto de estudio. La *Cakile edentula* es un matorral común que crece en las playas. Pero, si nos paramos a pensar que ha encontrado la manera de sobrevivir en las condiciones más inhóspitas, deja de parecer común para resultar extraordinaria. Para los matorrales de playa, crecer enormes y majestuosos no entra en la ecuación. Vivir en una duna de arena no es fácil. El viento es constante, el agua escasea y los animales están hambrientos. Todas las plantas que viven en dunas de playa han tenido que esforzarse tanto para estar ahí que su mera existencia ya es impresionante.

A finales de la década de 1990 y principios de la de 2000, se empezaron a acumular las pruebas que indicaban que las plantas podían distinguir el «yo» del «no yo». Sabían si una rama o raíz próxima era suya o de otra planta. Poco después, Dudley se empezó a preguntar si la individuación de las plantas podría ser incluso más avanzada. Si se podían reconocer a sí mismas, ¿podrían reconocer a sus parientes genéticas? Dudley quería saber si las plantas podían saber algo de sus vecinos, más allá de que existían. Los zoólogos saben que, en términos evolutivos, reconocer a los parientes es muy ventajoso para los animales. Y muchos animales son capaces de hacerlo. ¿Por qué no poner a prueba a las plantas?, pensó Dudley.

Durante los estudios de grado, había descubierto que no le gustaba nada la truculenta tarea de abrir a animales vivos. Las disecciones vivas de invertebrados eran algo habitual en los departamentos de biología, así que se pasó a la botánica cuando hizo el posgrado en la Universidad de Chicago. «A nadie le importa que trocees plantas. Lo llaman preparar la cena», dijo.

Empezó a trabajar en los proyectos de sus supervisores, poniendo a prueba cómo las plantas modificaban su estatura en función del vecino que tuvieran. «Las plantas se ven entre ellas por el color de la luz», dijo Dudley. La luz cambia de color cuando pasa por una planta y la luz que pasa por distintas plantas se altera de distintas maneras, demasiado sutiles para que nosotros las podamos percibir, pero lo suficientemente claras para las plantas. Estas toman nota de la calidad de la luz que las ilumina y de si esa luz ha pasado por otras plantas antes de llegar a ellas, lo que indica la presencia de una vecina más alta en las proximidades. Entonces hacen crecer sus propios tallos en consecuencia: más altos cuando tienen muchas vecinas y más cortos cuando no. Es muy lógico, adaptativamente hablando. Si corres el riesgo de quedar hacinado, creces más para asegurarte el acceso al sol.

El término científico para esta conducta es *elongación del tallo mediada por fitocromos*. Hacia la misma época en la que Dudley estudiaba este fenómeno, otros investigadores descubrieron que las plantas tenían una conciencia similar bajo tierra: sabían cuáles eran sus raíces y cuáles pertenecían a otras plantas, y ajustaban el crecimiento radicular en consecuencia. Es lógico no competir con uno mismo. Empezaba a aparecer una fórmula para ser buenas vecinas vegetales: «Si sabían que tenían vecinas sobre el suelo, crecían más altas; si sabían que tenían vecinas bajo tierra, desarrollaban más raíces», dijo Dudley.

Con esto en mente, comenzó a trabajar con la *Cakile edentula* en las dunas lacustres de Indiana. Fue cerca de aquí donde Aldo Leopold escribió *Un año en Sand County*, su clásico de la literatura. Era un entorno precioso, pero había que lidiar con las moscas, por un lado, y con la arena, por el otro. El trabajo de campo en la playa es muy duro. «Trabajar en la playa es de todo menos divertido cuando se te mete arena en el material».

Entonces a Dudley se le ocurrió algo. Quizá la *Cakile edentula* fuera la especie ideal para estudiar si una planta actúa de una manera distinta cuando tiene a su familia cerca. Estas plantas dispersan sus semillas de dos maneras: algunas se alejan mucho, llevadas por el viento o sobre el agua, y otras se aferran a las plantas madre, que las lleva al suelo cuando, inevitablemente, se descompone. «Cuando la madre muere, todos estos plantones brotan». Era fácil encontrar a hermanas creciendo juntas.

Dudley tenía razón. Cuando la *Cakile edentula* estaba rodeada de plantas de otra familia, desarrollaba raíces muy prolíficas que se expandían de manera agresiva por el terreno arenoso en un intento de monopolizar los escasos nutrientes. Por el contrario, cuando crecían junto a sus parientes, confinaban educadamente sus raíces y dejaban a sus hermanas espacio para que crecieran junto a ellas.

Dudley atribuye este descubrimiento a su decisión de dejar a un lado por un tiempo la pregunta habitual de cómo algo beneficiaba a la planta y de limitarse a observar lo que tenía delante. «Mi innovación consistió en que me pregunté qué hacían las plantas», dijo. Estudiar la conducta no es lo mismo que buscar beneficios para la planta. Además, a veces cuesta saber qué es un beneficio desde el punto de vista de la planta. Los seres humanos no siempre sabemos lo suficiente para inferir este tipo de cosas. Sin embargo, sí que podemos observar y tomar notas de lo que sucede delante de nosotros.

Nunca antes se había visto que una planta fuera capaz de reconocer a sus familiares, y mucho menos de ofrecerles un trato preferente. Dudley se quedó atónita. «Siempre nos sorprende encontrarnos con lo que hemos predicho. La naturaleza es muy complicada». Rápidamente, la sorpresa se tornó en aprensión. «Fue muy satisfactorio. Pero también me asustó. Era un resultado que generaría mucha controversia». En la ciencia, los resultados controvertidos son sometidos al escrutinio más intenso. Y los académicos son reticentes a alinearse con los resultados hasta que la corriente general los ha aceptado ya. Sin aliados, es difícil hacer mucho. Publicó sus resultados en 2007, pero sabía que pasaría bastante tiempo antes de que alguien la creyera.

Hacia esa misma época, otra de sus alumnas trabajaba con poblaciones de *Impatiens*, o alegría del hogar, una flor de jardín común nativa de Rhode Island. Parecía que esas plantas también reconocían a sus parientes y las trataban mejor que a plantas desconocidas. El tratamiento preferencial se hacía evidente en la conducta por encima del suelo. Cuando la alegría del hogar crecía junto a desconocidos, desarrollaba frondas tan agresivamente como le era posible y se desplegaba de un modo espectacular para hacerse con tanto terreno soleado como pudiera. Si se la plantaba junto a sus hermanas, se esmeraba en disponer las hojas para evitar hacerles sombra.[13]

Reconocer a los familiares ofrece ventajas evolutivas evidentes. En primer lugar, evita la consanguineidad. Sin embargo, más allá de eso, forma parte de la selección natural; la «supervivencia del más fuerte» darwiniana incluye la supervivencia de los genes más fuertes, no se limita a los individuos más fuertes. Si los individuos sobrevivieran a costa de sus familiares más próximos, pondrían en peligro su éxito genético. La ciencia de la conducta animal lo presenta como una regla desde la década de 1960: la regla de Hamilton determina el tratamiento preferente de los miembros de la familia, siempre que el coste para el propio bienestar no supere al beneficio de la línea genética compartida.[14] Desde un punto de vista darwiniano, ese riesgo merece la pena si la cantidad de miembros de la familia inmediata que podemos salvar compensa los riesgos para la propia vida. Esto significa también que la voluntad de ayudar a la familia se ubica a lo largo de una escala descendente en función de la proximidad de la relación familiar. O, tal y como se dice que declaró el biólogo británico J. B. S. Haldane: «Daría la vida por dos hermanos u ocho primos».[15]

La norma de Hamilton depende también de la capacidad del organismo para cooperar y comportarse de forma altruista con sus familiares. Y, para ello, ha de poder identificarlos. Ya sabemos que las orcas viven en grupos familiares complejos en los que acostumbran a repartirse el alimento y se comunican con un dialecto familiar propio,[16] y sabemos también que los babuinos hembra viven toda su vida a metros de sus madres, tías y hermanas, acicalándose mutuamente y durmiendo juntas.[17] Se sabe que incluso el camarón *Synalpheus regalis* colabora con sus familiares para defender los nidos que construyen en esponjas.[18] Sin embargo, llevar estas conductas al reino de las plantas, como hizo Dudley, fue un cambio sísmico. Múltiples colegas escribieron artículos de refutación donde la acusaban de haber diseñado mal el estudio. Como suele suceder, las ideas científicas radicalmente nuevas se enfrentan a una montaña de dudas. El conservadurismo científico es tanto un mecanismo de seguridad contra las ideas falsas como una piedra en el zapato cuando se trata de descubrimientos innovadores. Puede ser muy doloroso para los científicos que lo sufren. Publicar obras que generan controversia «es raro, a veces incluso perturbador», dice Dudley, pero lo entiende: la primera vez que leyó que las raíces podían distinguir entre el yo y el no yo, reaccionó de un modo similar. Sin embargo, al final lo aceptó. En su caso, sabía que su estudio era plenamente sólido.

Había visto lo que había visto. Era cuestión de esperar a que sus críticos lo vieran también.

Al cabo de una década, empezaron a aparecer cada vez más estudios que corroboraban las conclusiones de Dudley. En 2017, un investigador en Argentina descubrió que los productores de aceite de girasol podían aumentar en un cuarenta y siete por ciento la productividad de sus girasoles si los plantaban en filas con familiares muy próximos los unos a los otros.[19] Los plantaban en densidades inauditas en la historia del cultivo de girasoles, pero en lugar de atacarse bajo tierra, como se suponía que hacían siempre los girasoles plantados demasiado cerca los unos de los otros, hacían justo lo contrario: sobre el suelo, los girasoles inclinaban los tallos en ángulos alternos para evitar hacer sombra a los familiares que tenían como vecinos. Tampoco había nada que indicara que se robaban nutrientes bajo el suelo. Si se les permitía crecer en ángulo, en lugar de obligarlos a crecer rectos, todas las flores recibían más luz y la producción de aceite se disparaba.

Desde que Dudley publicara su primer artículo, otros investigadores, como Rick Karban, han constatado la capacidad de sus sujetos de estudio para reconocer a sus familiares. Karban vio que esta capacidad desempeñaba una función evidente en cómo la artemisa californiana se defendía de los ataques de insectos: los avisos llegaban antes a las plantas estrechamente relacionadas entre sí.[20] La arabidopsis reorganiza las hojas para evitar hacer sombra a sus hermanas.[21] Investigadores de Buenos Aires han seguido el movimiento de una sola hoja y han descubierto que cambia de posición en menos de dos días si se da cuenta de que debajo de ella crece la hoja de una de sus hermanas.

Por lo tanto, es obvio que las plantas reconocen a sus familiares. Lo que aún queda por descubrir es cómo lo hacen y qué canales sensoriales utilizan. Y, en parte, todavía no se sabe porque parece que usan varios mecanismos distintos. En algunos casos identifican a sus familiares mediante las sustancias químicas que las raíces excretan bajo tierra. En el caso de la arabidopsis, detectan a los parientes que crecen a sus pies gracias a la luz que estos les reflejan. Es decir, la luz del sol pasa por su propia hoja, llega a la hoja de la planta hermana que crece por debajo de ella y rebota en ella, de modo que vuelve a alcanzar el envés de la primera hoja. De algún modo, la información que contiene este reflejo cuenta con todo lo que los fotorreceptores de la planta necesitan para descifrar la proximidad genética de la planta que crece por debajo de ella.

Parecía que todas las especies que los botánicos ponían a prueba identificaban de un modo u otro a sus familiares y modificaban su conducta en consecuencia. «Estamos construyendo un cuerpo de literatura ejemplo a ejemplo», dice Dudley. No espera que los investigadores encuentren esta capacidad en todas las especies que estudien. Pero sí que aparece en muchas de las que se han estudiado hasta la fecha.

El hecho de que las plantas puedan identificar a sus familiares implica que tienen vida social. Saben en compañía de quién están y deciden cómo se quieren portar con ellos. Además, el abanico de dinámicas sociales que presentan va más allá del reconocimiento de familiares. Por ejemplo, hace poco se ha descubierto que las plantas carnívoras han desarrollado maneras de cazar en manada.[22] Colaborar para cazar les permite atrapar presas más grandes.

En 2017 el equipo de investigación de Chui-Hua Kong de la Universidad Agrícola China demostró la hipótesis de los «dos hermanos u ocho primos»: observaron que el tratamiento preferente a los familiares ocurría en un gradiente, determinado por la proximidad del parentesco entre las plantas. El equipo cultivó más de doce linajes de arroz, todos ellos en tierra extraída de un arrozal de la orilla meridional del Yangtsé.[23] Los linajes eran variaciones de dos cultivares de parentesco muy próximo, o variedades de una misma especie seleccionadas artificialmente: una mitad era arroz índica endogámico y la otra mitad era arroz índica híbrido. Cada grupo de linajes se componía de la progenie de cinco combinaciones cruzadas de seis progenitores. En otras palabras, todos los linajes de índica endogámico compartían un mismo progenitor, por lo que todos eran hermanastros, y lo mismo sucedía con los linajes de índica híbrido. Esto significa que todos los individuos eran parientes, pero con distintos grados de parentesco. El equipo los plantó en varios cultivos diferentes, donde organizaban los linajes de diversas maneras para ver qué hacían las plantas. Si una cultura es la manera idiosincrática en la que los seres de un grupo se relacionan entre ellos, estos cultivos eran, ciertamente, culturas vegetales.

Si bien cada una de las culturas se comportaba de formas ligeramente distintas, era evidente que los cultivares de parentesco más próximo evitaban competir entre ellos bajo el suelo. Los investigadores no hallaron diferencias discernibles en la longitud de las raíces. Sin embargo, cuando experimentaron con culturas de linajes de parentesco más lejano, vieron cómo el antagonismo empezaba a hacer su aparición en las relaciones subterráneas: las medidas de las raíces «aumentaban progresivamente» en función de la distancia del parentesco entre los vecinos. Era obvio que el reconocimiento entre parientes era un factor. Cuando el equipo bloqueó con film transparente el flujo de señales químicas entre las raíces, el reconocimiento de parentesco cesó. Esto confirmó que la comunicación era química. Las raíces de las plantas exudaban sustancias químicas que avanzaban por el terreno y alertaban a otras plantas de su identidad.

Entonces el equipo introdujo un tercer cultivar de arroz: arroz japónica endogámico. En comparación con los linajes que ya participaban en el estudio, el japónico era un familiar lejanísimo. La diferencia se evidenció al instante. La presencia de un cultivar tan distante encendió el sentimiento de propiedad privada del arroz. La formación de raíces laterales entre los distintos linajes de índica se disparó. Expandieron las raíces flagrantemente en dirección al recién llegado.

El arroz japónica hizo lo mismo al constatar que su vecino era tan distinto a él. El resultado fue una abundancia mucho mayor de raíces y una ligera reducción del fruto. Es decir, el arroz plantado junto a cultivares de parentesco muy lejano estaba tan ocupado desarrollando agresivamente raíces en el subsuelo que tenía menos energía disponible para crecer sobre el terreno. Al igual que la producción de los campos de girasoles se disparó cuando los plantaron junto a parientes próximos, el arroz plantado junto a sus parientes próximos disponía de más energía para producir arroz. En última instancia, el equipo de investigación concluyó que la productividad del arroz aumentaba cuando este se plantaba en cultivos mixtos de cultivares genéticamente próximos. Una combinación diversa de «hermanastros» funcionaba mejor que un monocultivo de plantas idénticas. No se sabe por qué. Y la productividad disminuyó de forma drástica en los cultivos mixtos de arroces genéticamente distantes.

En los animales, el apareamiento es otra danza elaborada de decisiones sociales, con frecuencia relacionadas con obligaciones familiares. Es posible que lo mismo suceda con las plantas. Rubén Torices, un investigador en la Universidad Rey Juan Carlos, se ha especializado en las estrategias sexuales de las plantas y observa este tipo de interacciones igualmente explícitas en el reino de las conductas sociales. «La vida de las plantas en un vecindario es una cuestión social —afirma—. Deberíamos usar la teoría social». Esta postura le ha causado problemas (problemas sociales) con sus colegas botánicos. Aplicar la teoría social a las plantas «es tabú», dice.

Pero eso no le impide hacerlo. En 2018, su equipo y él descubrieron que las flores invierten más en promocionarse ante los polinizadores si crecen entre parientes. Era una intersección perfecta entre estrategia sexual y vínculos familiares. Por lo general, las concentraciones de flores atraen a los polinizadores, en lo que se conoce como «efecto imán». Una concentración de flores grandes y de colores llamativos es como un enorme cartel publicitario para los insectos en busca de néctar. Sin embargo, la planta ha de invertir mucha energía para producir los pigmentos y el material necesario para desarrollar los pétalos, una energía que, en principio, no podrá dedicar a otras cosas, como producir semillas más adelante en su ciclo vital. Es una especie de intercambio reproductivo: flores más grandes y llamativas atraen a más polinizadores, pero a costa de limitar la cantidad de descendientes que podrán nacer de esos óvulos polinizados. Torices y su equipo descubrieron que, cuando plantaban berzas violetas (*Moricandia moricandioides*) de la misma familia en una maceta, las plantas tendían a colaborar e invertían en la producción de multitud de llamativas flores magenta. Por el contrario, cuando plantaban en una misma maceta berzas violetas sin parentesco genético, producían menos flores. Probaron distintas configuraciones de parentesco con setecientos setenta plantones y concluyeron que las macetas pobladas con los parientes más próximos producían las flores más espectaculares. Estas conclusiones fueron importantes, en primer lugar, porque demostraban la relación entre la producción de flores y el contexto social. Y, en segundo lugar, porque apuntaban a la posibilidad de que las berzas violetas renunciaran voluntariamente a parte de su potencial reproductivo para atraer a polinizadores al grupo, siempre que ese grupo estuviera compuesto por familiares.[24] De no ser así, la planta cambiaba de estrategia y tendía al egoísmo, es decir, a conservar energía para la producción de semillas. Torices explica que hay que seguir investigando para comprobar que estos intercambios sean lo bastante significativos como para hacer una afirmación semejante, pero, de serlo, podrían ser indicativos de un tipo de altruismo familiar.

El altruismo, un fenómeno conocido en animales, también interesa a Susan Dudley, a quien Torices califica de «nuestra líder» en este campo. Que se demuestre que una especie otorga un trato preferente a sus parientes no significa que todos y cada uno de los miembros de esa especie lo hagan. Es posible que unos individuos sean más altruistas que otros. En 2017, Dudley sugirió que los seleccionadores de cultivos habían estado trabajando con un enorme punto ciego.[25] Era muy probable que hubieran estado seleccionando en contra de las plantas altruistas, lo que perjudicaría a sus propios intereses. Un campo sin plantas altruistas es un campo en guerra. Y, como cualquier población en plena guerra, las plantas economizarán energía y no la derrocharán en lujos como la producción de frutos.

Por lo general, en los cultivos se plantan cultivares, o variaciones de una misma especie, seleccionados según algún rasgo específico. Las plantas de un mismo cultivar tienden a ser genéticamente similares, aunque no idénticas. Sin embargo, las tendencias altruistas se pueden ver de forma más clara entre ellas. Para desarrollar cultivares para la selección de cultivos, los agricultores seleccionan las plantas con el aspecto más «vigoroso» del campo. Sin embargo, esas plantas son también las más competitivas. Las más altruistas serán más reservadas, es decir, tenderán a no crecer agresivamente hasta ocupar el espacio que su vecina necesita para recibir sol. Por lo tanto, Dudley cree que, desde siempre, la selección de cultivos ha ayudado a reducir el altruismo, lo que equivale a pegarse un tiro en el pie.

Si el agricultor seleccionara plantas altruistas al principio del proceso de selección, podría inclinar el cultivo hacia la inversión de menos recursos en la competición por el espacio y, por lo tanto, en principio podría dedicar más esfuerzos a la reproducción, es decir, al desarrollo de la fruta por la que se valora a la planta. Por otro lado, las plantas agresivas son útiles cuando dirigen la agresividad a plantas ajenas al cultivar, a plantas sin relación genética con ellas, lo que incluye a las malas hierbas. Elegir plantas dispuestas a ayudar a sus vecinas y a combatir a las intrusas podría dar lugar a un cultivar muy resistente. En conclusión, prestar atención a los rasgos sociales de las plantas individuales (¿cabría decir a sus personalidades?) podría beneficiar significativamente los cultivos de lo que comemos.

Una semilla flota en el aire y cae sobre un terreno margoso. Está húmedo y calentito, las condiciones son buenas. Por lo tanto, no es de extrañar que no sea la primera en asentarse ahí. Puede percibir las sutiles señales químicas que le dicen dónde está y a quién tiene cerca. Es vital. La conciencia espacial lo es todo para las plantas. Analiza las sustancias químicas disueltas en la humedad del suelo y percibe el sabor de sus vecinas. Se da cuenta de que algunas son sus hermanas, son semillas que proceden de la misma planta madre que ella. Otras pertenecen a especies completamente distintas. Aún es un mero plantón, pero esta planta ya tiene decisiones que tomar.

Las semillas se juegan la vida cuando deciden germinar. Muchas veces, esperan meses o años a que se den las condiciones adecuadas. Y las condiciones adecuadas van más allá de la humedad y del calor. Las vecinas también son variables que influyen en las probabilidades que tiene la semilla de crecer hasta convertirse en una planta adulta. Y la semilla lo sabe, por supuesto.

En 2017, Akira Yamawo, un ecólogo botánico japonés, puso a prueba esta capacidad en el llantén asiático, una planta herbácea de solo unos centímetros de altura, con una falda de hojas finas como el papel y con forma de orejas de liebre.[26] Primero plantó semillas de llantén junto a sus hermanas y no detectó diferencias particulares entre los momentos en que decidían germinar. Luego, las volvió a plantar, pero esta vez junto a semillas de una especie completamente distinta (trébol blanco) y tampoco apreció cambios significativos. Sin embargo, entonces las volvió a plantar, ahora con una combinación de hermanas y de trébol blanco, y ahí sí vio un cambio significativo. Las semillas hermanas sincronizaron y aceleraron su germinación y brotaron antes que si las hubieran plantado solas. Si una de las semillas de llantén iba más avanzada en el proceso de germinación, el resto aceleraba el suyo para alcanzarla. En otras palabras, la presencia de una especie completamente ajena a ellas llevaba a que las semillas hermanas se apresuraran a crecer y a coordinar su germinación para brotar juntas.

Esto ofrece una ventaja competitiva evidente: brotar antes y en grupo evita que el trébol acapare todo el espacio.

Esto catapultó mi mente en direcciones completamente nuevas. La sincronía entre las semillas sugería que podían percibir el estadio evolutivo de sus hermanas vecinas y adaptar su crecimiento para ponerse a la par. Yamawo lo llamó «comunicación embriónica». Esto también significaba que todas las partes que acaban componiendo el cuerpo completo de la planta (como las raíces, los brotes y los tallos) no son necesarias para identificar a los vecinos a distancia. El embrión ya contiene todos los mecanismos necesarios. Una semilla ya tiene todo lo que necesita para la compleja tarea de identificar a los suyos.

Con el experimento de Yamawo hemos entrado en la zona ecológica conocida como «rizosfera», un mundo de tierra y de organismos multitudinarios que viven en el subsuelo, en y entre las raíces de las plantas. Aún se desconoce mucho de la tierra y de su pulsátil comunidad de vida. Una cucharadita de tierra contiene hasta mil millones de microbios. Los hongos tejen sus redes de hilos finos como cabellos a través de cada centímetro cuadrado de suelo. Y las raíces de las plantas, que se retuercen y horadan en busca de alimento, interactúan con todo ello y entre ellas.

Ha llegado el momento de que prestemos atención de verdad a las raíces, no se nos vaya a olvidar que la vida de la planta se vive en la rizosfera. Podemos pensar en las raíces como en una masa de miles y miles de bocas, cada una autónoma en su búsqueda de nutrición, aunque también muy coordinadas entre ellas. Las plantas desarrollan sistemas radiculares de una complejidad extraordinaria y cuentan con raíces de todos los tamaños, desde gruesas raíces primarias a finísimos capilares, que se extienden por áreas de suelo que, con frecuencia, son mucho más amplias que el terreno que ocupan las partes de la planta que crecen sobre la tierra. Por ejemplo, un científico que contó las raíces de una única planta de centeno de invierno descubrió que tenía 13.815.672 raíces individuales que se extendían sobre una superficie unas ciento treinta veces más grande que la calculada para los brotes.[27] Con frecuencia, lo que vemos de la planta sobre el suelo es mucho menos que la mitad de la historia.

Las vidas de esas raíces se caracterizan por el ajetreo de las relaciones con microbios y hongos, unas relaciones cuyas siluetas y consecuencias apenas empezamos a entender. Los hongos se entretejen con las raíces de casi todas las plantas silvestres y es muy posible que sean cruciales para la comunicación subterránea entre ellas. El glutamato y la glicina son dos aminoácidos que actúan como neurotransmisores cruciales en el cerebro y la médula espinal del ser humano, y hace poco se ha visto que también son importantes en la señalización entre plantas: las plantas y los hongos los intercambian en los puntos donde se conectan.[28]

En *La red oculta de la vida*,[29] el micólogo Merlin Sheldrake (el hijo de Rupert) explica que estas asociaciones pueden determinar también otros aspectos fundamentales de la identidad de la planta. En un experimento, un equipo de investigación trasplantó una especie de hongo que normalmente vive en las raíces de una hierba costera halófila a una hierba de interior que no tolera el mar. El nivel de tolerancia a la sal es uno de los rasgos distintivos de una especie. Sin embargo, de repente, la hierba de interior creció la mar de bien en agua salobre.[30] Se ha visto que el dulzor de los tomates,[31] las cualidades aromáticas de la albahaca[32] y las propiedades del aceite esencial de la menta cambian en función de las especies de hongo con las que crezca la planta. Las concentraciones de los compuestos medicinales de la equinácea,[33] los aromáticos del pachulí[34] o las propiedades antioxidantes de la alcachofa[35] también aumentan en presencia de socios fúngicos concretos. Y la lista sigue y sigue. Es difícil ver dónde acaba la planta y comienza el hongo. De hecho, no es descabellado preguntarse si una planta sigue siendo ella misma en ausencia de hongos.

Hay pruebas que sugieren que las plantas (que entraron en la carrera evolutiva como masas amorfas de algas verdosas) desarrollaron sus primeros tallos precisamente para que albergaran a los hongos que las beneficiaban. «Lo que ahora llamamos "plantas" son, en realidad, hongos que han evolucionado para cultivar algas, y algas que han evolucionado para cultivar hongos», en palabras de Sheldrake. Para cuando aparecieron las primeras raíces, la asociación entre plantas y hongos tenía cincuenta millones de años de antigüedad. En opinión de algunos estudiosos, las raíces son, literalmente, producto de la influencia de los hongos, con el propósito de tejer los vínculos entre ellos y las plantas.[36]

Además, parece que estas relaciones son igual de beneficiosas para ambos. Los hongos viven bajo tierra y no pueden hacer la fotosíntesis. Por lo tanto, obtienen el carbono que necesitan para sobrevivir de sus plantas asociadas, que dedican el día a transformar la luz del sol y el aire en azúcares y lípidos ricos en carbono. A cambio, ellos ofrecen a las plantas minerales del suelo, como fósforo, zinc y cobre que extraen de rocas y de material en descomposición, y que las plantas necesitan, pero no siempre pueden conseguir por sí mismas.

Por otra parte, que la relación sea simbiótica no significa que todo el mundo salga beneficiado en la misma medida. Múltiples tipos de hongos pueden estar conectados a múltiples tipos de plantas en un mismo sistema, cada uno con su propia manera de hacer las cosas. En algunos casos se ha visto que los hongos «cobran» más carbono a una planta a cambio de una cantidad menor de fósforo cuando el mineral es escaso y que hacen lo contrario cuando este abunda.* Los científicos aún no saben cómo gestionan los hongos estas interacciones y mucho

* De hecho, Toby Kiers, profesora en la Universidad Libre de Ámsterdam, y sus colegas descubrieron que los hongos pueden usar una estrategia de «comprar barato, vender caro» trasladando fósforo de lugares donde abunda a sitios donde escasea y donde pueden obtener un precio más elevado por él. Véase Matthew D. Whiteside *et al.*, «Mycorrhizal Fungi Respond to Resource Inequality by Moving Phosphorus from Rich to Poor Patches across Networks», en *Current Biology*, 29, n.º 12, junio de 2019, págs. R570-R572.

menos cómo coordinan sus tratos a lo largo de las vastas redes de micelios.*

Las plantas también cuentan con sus propias estrategias para obtener el máximo beneficio de sus relaciones con los hongos: los investigadores han descubierto que la plantas dirigen el carbono preferentemente a las cepas de hongos más inclinadas a ofrecerles cantidades mayores de fósforo.[37] Esto sugiere que ni la planta ni los hongos llevan siempre la batuta en las relaciones que mantienen; los intercambios y los compromisos abundan y, así, prosigue la larga relación evolutiva entre los dos reinos.

Aún nos queda mucho que descubrir acerca de las relaciones entre los hongos y las plantas, pero ¿cuáles son las dinámicas sociales que aparecen cuando raíces de plantas distintas se encuentran en la rizosfera? Cuando una o varias raíces descubren una zona rica en nutrientes, otras raíces cambiarán de dirección para reunirse allí en cuestión de horas o días. Las raíces que crecen en un lugar que luego queda desprovisto de nutrientes se pueden podar para que otras nuevas aparezcan donde y cuando sea necesario. La capacidad de las raíces para autoorganizarse de esta manera (de forma autónoma, pero al mismo tiempo en coordinación con el conjunto) ha llevado a algunos científicos a establecer paralelismos con colonias animales, como los hormigueros, las colmenas o los bancos de peces; todos ellos redes autoorganizadas de individuos.[38] Todas las hormigas existen de forma individual y buscan su propio alimento, pero también viven en todo momento al servicio de la comunidad de hormigas general. Si una hormiga

* Estas «fuerzas del mercado» que podrían influir en el intercambio entre las plantas y los hongos siguen siendo objeto de un debate encendido. Parece que la reciprocidad no siempre es la norma. La complejidad de las asociaciones en el mundo real entre ellos hace que generalizar sea difícil; algunas especies de plantas no entran en absoluto en relaciones de intercambio y no entregan ningún carbono a los hongos con los que se asocian. Véase F. Walder y M. van der Heijden, «Regulation of Resource Exchange in the Arbuscular Mycorrhizal Symbiosis», en *Nature Plants*, 1, n.º 11, noviembre de 2015, pág. 15159.

encuentra una fuente de alimento buena, otras hormigas cambiarán de dirección y se unirán a ella. La colonia está en un estado de flujo constante y adapta su conducta a medida que las condiciones del entorno van cambiando. Esta «inteligencia de enjambre» exige la coordinación de numerosísimos individuos, cada uno con su propio cerebro, pero tan estrechamente vinculados entre ellos que funcionan como una especie de organismo colectivo, como una sola entidad compuesta por múltiples conciencias. En muchos aspectos, se podría decir lo mismo de las raíces. El extremo distal de cada raíz actúa como recolector de datos y como sensor e integra información acerca de la rizosfera para enviarla a todo el sistema radicular, de modo que la arquitectura de la red radicular de la planta se transforma y se modifica, como un espectáculo de estorninos o un banco de peces.[39]

J. C. Cahill, de la Universidad de Alberta, es conocido sobre todo por su trabajo de investigación basado en la idea de que las raíces buscan alimento activamente.[40] La palabra *buscar** implica una conducta intencional, dirigida. De hecho, Cahill también habla de *conducta* siempre que puede,[41] y señala que ahora es «lo bastante sénior» como para usar esa palabra con tranquilidad y sin preocuparse por la seguridad de su puesto de trabajo o por su reputación. «Los especialistas en comportamiento animal tienen una teoría muy buena», dijo, y los botánicos deberían empezar a inspirarse en ellos para responder a las preguntas sobre cómo viven sus vidas las plantas. Al fin y al cabo, parece que presentan muchos de los principios conductuales que se suelen ver en los animales. Por ejemplo, en 2019 Cahill escribió junto a Yamawo un artículo en el que concluyeron que, cuando se estresa a una planta dañando las venas de las hojas, tomará malas decisiones a la hora de buscar comida.[42] En lugar de desarrollar más raíces en

* Cahill utiliza el término *forage*, que también implica una búsqueda activa de alimento, un término que la autora dice que Cahill eligió de forma muy deliberada y consciente. *(N. de la T.)*.

zonas ricas en nutrientes, las distribuirá de forma equilibrada entre zonas ricas y pobres en nutrientes. Es una conducta poco eficiente y nada característica. Al cabo de un tiempo, quizá una vez que se ha recuperado un poco, la planta recobra la sensatez y vuelve a tomar decisiones ventajosas acerca de hacia dónde extender sus raíces.* «Es igual que en la psicología humana», dice. Hay pruebas abundantes de que las personas tomamos peores decisiones cuando estamos estresadas (por ejemplo, cuando estamos cansadas o tenemos hambre).[43]

Merece la pena señalar que Cahill está casado con una especialista en conducta animal, Colleen Cassady St. Clair, que es profesora de biología en la universidad y estudia pumas, coyotes y osos. Han publicado varios artículos juntos y es fácil imaginar la polinización cruzada de ideas a la hora de comer. «Tal y como yo lo veo, hemos de dejar de ver las plantas, las personas y los animales no humanos como seres con motivaciones evolutivas diferentes. Todos compartimos las mismas —dice Cahill—. No es que entienda a las plantas y a las personas como entes análogos, es solo que son productos distintos de una misma cosa. A la selección natural no le importa lo más mínimo a qué taxón perteneces o dejas de pertenecer».

Cahill estudia la interfaz entre la conducta de las plantas y la ecología comunitaria: quién está dónde, cuántos hay de cada uno y por qué. Es decir, estudia cómo se portan las plantas entre ellas, cómo forman culturas sociales y cómo influyen en la composición de la comunidad. El modo en que las raíces buscan comida tiene todo que ver con el entorno social. Las raíces del suelo se acercan, se alejan, se evitan y se tocan. Quizá los girasoles sean la planta en la que esto se ha podido ver con mayor claridad. Ya

* Este mismo estudio demostró también que el estrés pone en peligro a toda la planta y que las señales de la herida llegan a todo el cuerpo de la planta. Lo que le sucede sobre el suelo interfiere en su capacidad para funcionar óptimamente en el subsuelo.

hemos visto que son muy hábiles en la conciencia espacial sobre el suelo y que reorganizan el ángulo en el que crecen sus tallos para evitar hacer sombra a sus hermanos. Sin embargo, sus movimientos en el subsuelo son aún más precisos. En 2019, Cahill y la investigadora Megan Ljubotina descubrieron que los girasoles toman nota de su entorno social antes de decidir dónde colocar las raíces.[44] Tienen una raíz primaria y múltiples raíces laterales ramificadas. Cuando Cahill y Ljubotina cultivaron girasoles solitarios, vieron que estos encontraban rápidamente zonas de terreno ricas en nutrientes y desarrollaban allí la mayoría de sus raíces. Pero cuando añadían más girasoles empezaba a aparecer una estructura muy clara de etiqueta social. Cuando una zona de terreno rica en nutrientes estaba exactamente a medio camino entre un girasol y su vecino, el girasol extendía sus raíces más allá del terreno para evitar la competición. Sin embargo, si uno de los girasoles estaba lo más mínimamente cerca de los nutrientes que el otro, el primero no dudaba en desarrollar raíces en esa zona.

A veces compartían el terreno, pero de un modo muy comedido, sobre todo si los girasoles disponían de otras zonas en las que buscar alimento. En las situaciones en que dos girasoles compartían un mismo lugar, pero había otros sitios prometedores a su alcance, ambos tendían raíces hacia la zona compartida, pero también las mantenían en la suya propia. Ninguno intentaba establecer un monopolio. En lugar de las largas raíces que los investigadores observaban cuando un solo girasol monopolizaba su zona de nutrientes privada, los que compartían terreno desarrollaban raíces cortas. No presentaban conductas que se pudieran calificar de avariciosas, aunque técnicamente podían hacerlo. El impulso de coexistir parecía más fuerte que el de competir.

Así pues, parece que los girasoles son muy sensibles a su entorno social. En situaciones donde los recursos eran abundantes, se esforzaban mucho en evitar competir con el resto de los girasoles. Por el contrario, cuando los recursos escaseaban, la historia era muy distinta. Se sabe que los girasoles son plantas alelopáticas, es decir, que, cuando hay pocos recursos, secretan sustancias químicas que liberan en el suelo para impedir que germinen plantones de otras plantas. Por lo tanto, los girasoles suelen ser buenos guardianes contra las malas hierbas invasoras en los jardines. Sin embargo, a Cahill se le escapa cómo puede un girasol percibir las finísimas diferencias en la distancia que lo separa de otros girasoles próximos y triangular esa conciencia con el nivel de nutrientes del terreno. «La cuestión espacial me supera —reconoce—. No tengo ni idea de cómo lo hacen».

Hace décadas que Cahill estudia las praderas canadienses y sabe que hay especies que prefieren crecer juntas. Las distintas especies comparten «barrios», el término científico, según me dice. Y parece que la convivencia va más allá de la mera tolerancia. Se buscan activamente. Cahill dice que coexisten. El de la coexistencia es un concepto muy potente que no acaba de tener lugar en el esquema darwiniano de competición despiadada como motor de todos los cambios en la vida. «Los ecologistas han decidido que los vecinos han de ser antagonistas», dice Cahill. Pero eso no es lo que le dicen los datos.

Durante los últimos veinte años, Cahill y un elenco en cambio constante de alumnos han manipulado un conjunto de diecisiete variables en doscientas hectáreas de praderas en el este rural de Alberta (Canadá). Atan toldos para simular distintas condiciones de sombra, añaden y retiran fertilizantes, riegan en exceso o demasiado poco, eliminan unas especies y añaden otras...

Cada uno de estos cambios en las variables provoca cambios en la composición de los barrios. Una especie minoritaria se vuelve mayoritaria, una especie mayoritaria de repente se vuelve rara. Ninguna especie domina durante mucho tiempo, y nunca domina el tiempo suficiente para invadir o eliminar a sus vecinas. Esto hizo que Cahill llegara a una conclusión muy distinta a la prevalente de que las especies compiten entre sí hasta que una gana y se impone al resto. «En un sistema con variación natural, la biodiversidad se mantiene y la dominancia se evita —dice Cahill—.

Los sistemas naturales son muy complejos». Sin embargo, desde la aparición de la ecología comunitaria teórica como campo de estudio en la década de 1960, los ecologistas han usado modelos simplificados para predecir lo que sucederá en ecosistemas a partir de dos o tres tipos de estilos de vida que puede presentar una planta. Cahill cree que eso simplifica excesiva y radicalmente el sistema, hasta el punto de que deviene inútil en el mundo real. No capta la multitud de variables que intervienen en realidad. «Las pruebas no nos dicen que haya tres estilos de vida. Nos dicen que hay tropecientos mil».

Lo más sorprendente de todas las cosas sorprendentes que le ha enseñado este experimento a largo plazo es que la competición no es tan importante. Sí, no cabe duda de que es un motor de cambio, pero es solo uno de los muchísimos motores que existen. Las culturas vegetales son multifactoriales, como las humanas. Recursos como el alimento y el agua son importantes, pero no solo como incitadores al egoísmo. Todo lo que Cahill cambia en su pradera provoca que toda la comunidad que la habita cambie a su vez. Ha constatado que, si elimina una especie, las que permanecen no necesariamente aumentan la cantidad de terreno que ocupan o la cantidad de sol que monopolizan. Si las plantas estuvieran en un estado de competición constante, cabría esperar que las que permanecen asaltaran el espacio liberado y se atiborraran de nutrientes una vez que su competencia desaparece de escena. Pero no lo hacen.

Los barrios se reorganizan, a veces de maneras muy impredecibles, y nunca según lo que los modelos ecológicos señalan que debería suceder. «No necesitamos la competición para explicarlo —dice—. No significa que la competencia no exista, pero sí que podemos explicar todos nuestros patrones sin hablar ni una sola vez de competencia». ¿Por qué la ecología comunitaria otorga tanta importancia a la competencia? «Que alguien lo dijera hace cincuenta años no significa que sea cierto», dice.

Es una manera muy distinta de entender la historia de la evolución. No se trata de la supervivencia del más fuerte en el sentido tradicional de la palabra. O sí, se trata de la supervivencia del más fuerte, pero aquí «el más fuerte» no significa lo que pensábamos que significaba; no es aquel que consigue aniquilar a sus enemigos. Parece que la cuestión es sobrevivir durante un tiempo, hasta que algo cambie. En cierto modo, nos da la oportunidad de cambiar de perspectiva; si bien los cambios desencadenan un complejo drama de declive y abundancia en lo que a las especies de plantas individuales se refiere, lo que sobrevive es el bioma, la comunidad de vida, pero con distintas proporciones en su composición. Esto me lleva a pensar en la «variación de probabilidades» que impulsa la evolución darwiniana. Darwin dejó un amplio espacio para la aleatoriedad en su visión de la evolución de las especies: una especie pasa por diversas mutaciones aleatorias hasta que llega a una que ofrece una ventaja al individuo. Entonces esa mutación aleatoria permanece y pasa a formar parte de la especie. Se trata de un proceso continuo. Las mutaciones aleatorias aparecen y desaparecen (o permanecen) sin cesar en los linajes de las especies. La competición no es el foco, aunque en algunos casos sí que es el factor que hace que merezca la pena conservar el nuevo rasgo. En cualquier caso, el cambio es constante, aleatorio e irrefrenable. Esa es la fuerza dominante que impulsa la evolución de las especies.

El cambio, ya hablemos de una especie o de un campo, nunca cesa. La complejidad (el matrimonio entre la extrema idiosincrasia de las especies y las fluctuaciones constantes de las infinitas variables del entorno) podría ser la clave. Casi nada parece ser plenamente predecible. Incluso el reconocimiento de los familiares es un concepto escurridizo. Sí, parece que las plantas ayudan con frecuencia a sus parientes. Pero también hay veces en que no lo hacen. El propio Cahill ha supervisado experimentos de sus alumnos donde el «efecto pariente» brilla por su ausencia, o donde una planta se muestra más antagonista con sus parientes que con plantas con las que no guarda la menor relación. En cuanto aparece una norma nueva, se demuestra que tampoco la podemos tomar como una verdad absoluta. Los sistemas naturales son muy muy complejos. Nuestras teorías no lo son. Y ese es el problema. Es posible que la complejidad sea la respuesta.

Reconocí ante Cahill que intentar entender eso me resultaba abrumador. ¿El propio cambio como el impulsor del cambio en los ecosistemas? Es un concepto embrollado, repetitivo, que gira sobre sí mismo. Cuesta imaginarlo en términos concretos. «Entenderlo mentalmente es difícil. Pero, al mismo tiempo, creo que la ecología, y no me refiero solo a las plantas, sino a la ecología comunitaria en general, se perjudica a sí misma al depender tanto de modelos simplificados que fueron una manera fantástica de empezar en las décadas de 1950 y 1960, cuando sirvieron para estructurar el pensamiento de una disciplina nueva. Lo que sucede es que la gente los sigue usando, convencida de que son representativos de lo que sucede en la realidad», me dijo. Las plantas no viven en una guerra constante y no siempre responden de la misma manera ante las dificultades.

Cada vez más colegas de las ciencias botánicas demuestran lo complejas que son las plantas. La mecánica sorprendentemente adaptativa de su cuerpo, su capacidad para responder con precisión al entorno y tomar decisiones de forma espontánea sugiere que debemos abandonar la idea desfasada de que las plantas son organismos simples y predecibles. Por lo tanto, también debemos abandonar la idea de que son miembros simples y predecibles de un ecosistema. «Creo que la complejidad es importante —dice Cahill—. Ese no es el dogma de la ecología comunitaria actual, pero estoy convencido de que lo será dentro de una década. Cuesta asumirlo y simplificar ideas es reconfortante. Pero la naturaleza no es simple. Es lo que hay».

CAPÍTULO 10

Herencia

En la mata atlántica de Bahía (Brasil), sobre el terreno arenoso y cubierto de musgo junto a la casa aislada donde vive un botánico aficionado soltero, crece una planta de unos dos centímetros y medio de altura y tallos rojizos rematados por diminutas flores con forma de dardo. Las flores son blancas, con los pétalos ribeteados de un rosa encendido, como una pluma impregnada de tinta. La planta aparece solo durante la temporada de lluvias, brota a las pocas semanas del inicio de la humedad persistente que comienza en marzo y muere por completo al final de las lluvias, en noviembre. En cuestión de un mes, las diminutas flores-dardo se abren, son polinizadas y desaparecen una vez terminada su tarea, siendo sustituidas por cápsulas de fruta que albergan las semillas de la siguiente generación. Lo normal. Sin embargo, entonces sucede algo inusual: los tallos coronados de frutos se empiezan a doblar hacia el suelo, en una reverencia respetuosa que los lleva a inclinar el esbelto cuello. Los frutos y el suelo conectan. La reverencia de los tallos es cada vez más profunda. Se siguen inclinando hasta que la cápsula queda bien enterrada en el suave musgo. La planta, *Spigelia genuflexa*, ha plantado sus propias semillas.[1]

José Carlos Mendes Santos, más conocido como Louro, es un

obrero y coleccionista de flores que descubrió la *Spigelia genuflexa* como especie nueva en 2009 mientras estaba en cuclillas detrás de un arbusto para una «actividad humana habitual».[2] Estaba cerca de la casa aislada que he mencionado antes y que pertenecía a Alex Popovkin, un aficionado a la botánica para el que Louro trabajaba con frecuencia. La pareja encontró más especímenes cerca de allí y los observó avanzar por su trayectoria vital a lo largo de dos estaciones. Cuando investigadores estadounidenses confirmaron que se trataba de una especie nueva, copublicaron su descubrimiento en una revista revisada por pares. Escribieron que las plantas brotaban en el mismo sitio cada marzo, exactamente donde sus padres las habían plantado. Si las aves cobijan a sus crías en nidos y los pequeños mamíferos lo hacen en madrigueras, la *Spigelia genuflexa* planta a sus bebés en un lecho de musgo, el lugar más seguro e idóneo para superar los meses de la estación seca.

Hace mucho que los botánicos saben que las plantas llegan a grandes extremos para ofrecer a sus descendientes las mejores oportunidades de supervivencia. En este caso, la planta brasileña garantiza el éxito de su cría decidiendo exactamente dónde ha de germinar. En un paisaje duro y variable, el mejor lugar es el que ya ha demostrado ser fértil. Los padres ya habían conseguido crecer allí. Incluso los botánicos más reticentes a usar otros términos coloquiales para hablar de la conducta de las plantas (incluida la palabra *conducta*) calificarían lo que hace la planta brasileña como una demostración de «cuidados maternales». Me parece una licencia poética muy divertida. A no ser que vivamos en una isla pequeña o en un bosque de ginkgo, la mayoría de las plantas con las que nos topamos son bisexuales, es decir, tienen órganos femeninos y masculinos y son capaces de producir los equivalentes vegetales de los óvulos y los espermatozoides. Y, en efecto, la planta brasileña puede, como tantas otras plantas, combinar su polen con sus óvulos para producir descendientes. Es posible que hablar de «cuidados parentales» resultara una forma acertada de describir lo que hace la *Spigelia genuflexa*, a no ser que estemos dispuestos a adoptar una visión más matizada de la fluidez de la sexualidad de las plantas. Y es que, cuando la planta cuida de su óvulo fertilizado, cabría decir que se está ocupando de la parte maternal de su ciclo vital. Me gusta pensar en las plantas bisexuales como algo semejante a los seres andróginos de *La mano izquierda de la oscuridad*, la novela de Ursula K. Le Guin, que son capaces tanto de fecundar como de gestar bebés por turnos, por lo que son padres en algunas ocasiones y madres en otras. Sienten lástima del visitante humano que solo puede ser una de esas dos cosas.

Los cuidados maternos (por usar el término prevalente) en las plantas son una conducta generalizada, aunque la manera en que la *Spigelia* se inclina para plantar sus propios frutos es bastante rara (si bien compartida con el humilde cacahuete). Si los pequeños mamíferos se acurrucan junto a sus crías y los lagartos y las serpientes se tienden al sol antes de enroscarse alrededor de sus huevos y transferirles el calor corporal, las plantas también ajustan cuidadosamente la temperatura de sus embriones en desarrollo. El llantén menor, una planta herbácea comestible y muy común en parques, jardines y grietas del pavimento, desarrolla sus semillas en una espiga alta y expuesta a los elementos. Cuando la temperatura ambiente es elevada, el llantén aclara el color de la espiga, que se vuelve a oscurecer cuando hace frío, para reflejar o absorber los rayos de sol en la medida necesaria para mantener las semillas en desarrollo a la temperatura ideal.[3] Muchas plantas alteran el grosor de la pared del fruto y de la capa protectora de la semilla (ambos son tejidos maternos) para ajustar el momento de la germinación. Si la planta progenitora está en un entorno más seco, es posible que produzca semillas con una superficie más amplia, de modo que más agua pueda pasar por la parte porosa de la semilla y, así, mantener al embrión bien hidratado en el interior.[4] En las elevadas crestas alpinas de Colorado, algunas plantas depositan la semilla directamente a los pies de su tallo, de un modo muy parecido a la flor brasileña que anida en el musgo.[5] Así, la planta bebé puede comenzar la vida a la sombra de su progenitor, en lo que, de otro modo, sería un paisaje expuesto y quemado por el sol donde las plantas jóvenes se pueden secar y transformarse en una escama de bonito en cuestión de días. Cuando la planta progenitora muere, la humedad de su cuerpo en descomposición también nutre a la hija.

Las plantas tienen otra manera de ayudar a sus descendientes a prosperar. Les transmiten la sabiduría de sus propias experiencias. Investigaciones recientes están resucitando una idea antigua: que el entorno en el que vive una planta es inseparable de la planta misma. El entorno informa el tipo de planta en que se convertirá su descendiente: la que sobrevive y prospera en un entorno difícil o la que no. Modifica el diseño del cuerpo y, posiblemente, dirige su desarrollo. Todos esos cambios se pueden trasladar al descendiente, cuyo cuerpo se desarrollará de otro modo desde el principio y estará en mejor posición para afrontar las duras condiciones a las que se enfrentaron sus progenitores.

En otras palabras, las plantas progenitoras pueden transmitir habilidades para sobrevivir en un mundo difícil. En algunos casos, eso significa desarrollar partes del cuerpo nuevas o armaduras. Por ejemplo, si las flores mono amarillas se ven expuestas a depredadores, producen bebés con pinchos defensivos en las hojas.[6] Los rábanos silvestres que se han visto sometidos al ataque de orugas destructivas también producen rabanitos bebé con hojas más punzantes de lo habitual, que además cargan con sustancias químicas defensivas que los ayuden a mantener a raya a los atacantes.[7] Si estos bebés se acaban enfrentando a las mismas dificultades que sus progenitores, estarán mucho más preparados para superarlas.

Estos cambios pueden ser drásticos, del tipo que la ciencia tiende a explicar como el resultado de la programación genética, a su vez resultado de la evolución. Pero todo sucede demasiado rápido para que sea así. No hay planta que evolucione en una sola generación. Parece que los genes no lo explican todo. Es posible que ni siquiera expliquen la mitad.

En un capítulo anterior hemos hablado acerca de la memoria de las plantas y de cómo pueden recordar sus experiencias pasadas para tomar decisiones informadas y cambiar de trayectoria. Sin embargo, ¿qué hay de la memoria generacional, de la memoria que se hereda? Los investigadores la están empezando a buscar y los efectos transgeneracionales amenazan con poner patas arriba el campo de la genética de las plantas, o el estudio del desarrollo evolutivo. Como respuesta, ha surgido un campo de estudio nuevo, el del desarrollo ecológico, cuyo objetivo es examinar la enorme influencia que ejerce el entorno. En la actualidad se habla de los genes como sinónimos del código de la vida. Y, por supuesto, los genes son importantes para muchos aspectos de la vida de la planta. Sin embargo, cada vez hay más pruebas que apuntan a que son menos un código que el organismo lee y más un repertorio flexible, una especie de novela de elige tu aventura que puede acabar de múltiples maneras, en función de un millón de cambios sutiles en el argumento de la historia.

Si los genes no lo dicen todo acerca de en qué se convertirá una planta, necesitamos una nueva teoría de la vida que llene ese hueco. Las plantas disponen de un abanico amplio y flexible que les permite transformarse en lo que el hábitat les exija. Todos los aspectos del entorno que experimente una planta (además del entorno que experimentaron sus progenitores) podrían ser mucho más importantes en el devenir de su cuerpo de lo que se creía hasta ahora. Dicho de otra manera, las plantas moldean su propio futuro. Adaptan el cuerpo para que encaje de la mejor manera posible en el cambiante lugar en el que viven. El hábitat tiene influencia sobre ellas y, en respuesta, ellas actúan sobre sí mismas para esculpirse y transformarse en plantas distintas.* Según Sonia

* Esto también se ve en animales: cuando los renacuajos de la rana bermeja europea crecen en presencia de salamandras depredadoras, desarrollan un cuerpo hinchado que es demasiado grande para que la salamandra se lo pueda comer. El correlimos gordo, un ave limícola, puede aumentar los músculos de vuelo pectorales en cuestión de días tras la aparición de un depredador, lo que

Sultan, una ecóloga evolutiva botánica de la Universidad Wesleyana de Connecticut, esto significa que las plantas tienen agencia. Y, al transmitir las adaptaciones a sus descendientes, dirigen la trayectoria de su especie. Es posible que estén más a cargo de sí mismas de lo que nadie había pensado jamás.

Cuando me reúno con Sultan en su despacho de la universidad en pleno verano, empezamos hablando de su infancia. Hija de dos neoyorquinos, creció en Massachusetts. Su padre era profesor de filología inglesa, y su madre, psicóloga. Su primera palabra fue *flor*, o al menos eso es lo que dicen sus padres. Fue la primera cosa para la que pensó que realmente necesitaba un nombre. Pasó su primera infancia en el invernadero de la universidad, donde paseó entre las hileras de plantas y jugó en rincones con el clima controlado. Allí fue donde desarrolló su afición a la compañía de las plantas. Llegó a pensar en ellas como en seres silenciosamente capaces, que hacían muy bien lo que tenían que hacer, sin aspavientos y desde los confines de sus macetas. Le transmitían la sensación de que todo iba bien. Sigue pensando y sintiendo exactamente lo mismo. «Me gusta estar en su compañía. Me transmiten su serena sabiduría».

La madre de Sultan era psicóloga y no entendió que prefiriera estudiar plantas en lugar de personas. «Lo interpretó casi como un ataque hacia ella». Sin embargo, con su manera de estudiar las plantas, es muy posible que esté cambiando la forma en que la ciencia piensa acerca de la trayectoria de la vida, las personas incluidas.* Podría ser que sus conclusiones sean tan aplicables a los jacintos como al *Homo sapiens*. En los artículos científicos que ha escrito a lo largo de su carrera explica que nuestro entorno

---

le permite escapar a mayor velocidad. Estos ejemplos se han extraído de una conferencia que Sonia Sultan pronunció en 2013, «Nature AND Nurture: An Interactive View of Genes and Environment», en el Instituto de Estudios Avanzados de Berlín, <https://vimeo.com/67641223>.

* Las plantas son más útiles para este tipo de investigación porque son más fáciles de clonar.

está estrechamente relacionado con el hecho de en quién nos convertimos y en quién se convertirán nuestros hijos. Y es posible que eso mismo demuestre que las plantas (y todos los seres vivos) tienen agencia sobre su propio desarrollo. Tienen en cuenta el entorno y moldean sus estructuras y sus funciones en consecuencia. Por supuesto, eso sucede a un nivel biológico profundo. Nadie está sugiriendo que las plantas puedan tener más espinas porque lo deseen con todas sus fuerzas.

Este planteamiento preocupó a Sultan, por los malentendidos a que podía dar lugar. Al principio, ni siquiera quería hablar conmigo. Prefería no aparecer en este libro si la iba a meter en el cajón de los de la «inteligencia vegetal». Hasta la fecha, el periodismo sobre las ideas botánicas de este tipo no se había caracterizado precisamente por captar los matices o por pensar más allá de los tropos humanos y, para ella, era una cuestión de vida o muerte académica. Como muchos de los investigadores botánicos con los que había hablado, hacía veinte años que no se molestaba en pedir financiación a la NSF, pero aún se tenía que enfrentar a los revisores de las revistas donde publicaba. Me dijo que el conflicto en su campo de estudio se estaba «calentando» y que ella se ha sentido un poco asediada. Le expliqué que, precisamente, lo que me interesaban eran los matices. Entendía que no afirmaba que las plantas tuvieran cerebro o la capacidad de pensar como nosotros. «Agencia» significa otra cosa en este contexto, algo más primordial para evolucionar en la vida. Me parecía fascinante igualmente.

Sultan lleva su pelo oscuro corto y tiene ojos de un azul calcita. Cuando habla, se detiene para buscar la palabra precisa. Es seria y serena, pero también ingeniosa y divertida. Me dice que, en su opinión, el principal problema de la humanidad es que nos parecemos más a los chimpancés que a los bonobos.* La puerta de su despacho, en el edificio de Biología, está cubierta de chistes de

* Los bonobos viven en sociedades matriarcales.

laboratorio y de recuerdos, algunos claramente confeccionados por sus alumnos. Hay una fotografía de un plantón de aspecto lastimero con un bocadillo de cómic que dice «De camino al lado oscuro». (Gran parte de su trabajo en invernaderos estudia cómo las plantas cultivadas a la sombra producen descendientes ya preparados para crecer mejor a la sombra; miles de plantas se han desarrollado en la penumbra bajo su supervisión). Hay un extracto impreso de la novela *Buenos presagios* de Neil Gaiman y Terry Pratchett acerca de un hombre que decide atacar verbalmente a sus plantas para que crezcan mejor. Lleva el título de «Nuevo protocolo del Invernadero Sultan». Veo una taza de cerámica con la forma de los vasos de café para llevar de las cafeterías y los puestos callejeros de Nueva York, esos que llevan impreso un «Disfruta del café» con motivos helenísticos. Me explica que la gente le dice que parece de Nueva York. Parece que es inevitable recoger algunos de los marcadores de nuestros progenitores.

Cuando iba al instituto se matriculó en una asignatura de silvicultura que la ayudó a tomar conciencia de las plantas como especies individuales, cada una con su nombre y sus peculiaridades. Terminó el instituto antes para hacer prácticas en el Arboretum Arnold, de la Universidad de Harvard. Allí descubrió que le gustaba estar entre amantes de las plantas; eran de las pocas personas que entendían el consuelo que la competencia de las plantas le ofrecía desde que era pequeña. Durante los estudios de grado en la Universidad de Princeton estudió historia y filosofía de la ciencia, lo que consolidó su percepción de que la ciencia no es objetiva y de que los paradigmas científicos vienen y se van, cada uno con sus puntos ciegos y sus sesgos. «La ciencia no es una acumulación objetiva de datos —dice—. Las maneras de pensar que los científicos usan son las cosas que los científicos inventan».

Cuando un paradigma antiguo desaparece en favor de otro nuevo, todo el mundo actúa como si hubiera sabido que el nuevo era el correcto desde el principio. Estos cambios tienen repercusiones importantes en casi todas las disciplinas básicamente en cuanto aparecen, me explica Sultan. Copérnico descubrió que la Tierra y los planetas giran alrededor del Sol, lo que inspiró el modelo circulatorio de William Harvey: «Vio el corazón como el sol en el centro del cuerpo». ¿Qué hubiera sucedido sin eso? Heredamos el conocimiento de las generaciones anteriores. La ciencia que se construye sobre una premisa falsa puede llevar a toda suerte de supuestos incorrectos. El descubrimiento científico se construye sobre sí mismo. Si los cimientos tienen la más mínima fisura, esta se acabará extendiendo y acabará desmoronándose con todo lo que se construya encima. La estructura no se sostendrá.

Y entonces llegó la revolución genética, que Sultan ve como los cimientos y como la ominosa fisura. No es que el descubrimiento de la secuenciación del genoma fuera un error; muy al contrario, es un salto increíble para la ciencia y ha traído consigo muchos otros descubrimientos igualmente increíbles que han ampliado el conocimiento humano sobre cómo funciona la vida. Sin embargo, le preocupa cómo atenaza el modo en que la ciencia aborda las preguntas que quedan por responder, que son muchas. Y, también, cómo atenaza casi toda la financiación científica.

La observación de que una planta se desarrollará de un modo muy distinto en un entorno y en otro es inevitable para cualquiera que estudie las plantas. «Esta observación atormentó a los científicos del siglo XX», dice. Si le prestaban demasiada atención, echaría por tierra los resultados de incontables experimentos. Por lo tanto, explicaron todas las variaciones como peculiaridades de sujetos específicos, como casos atípicos. Había muchos casos atípicos. Sin embargo, la idea de que las plantas pudieran estar gobernadas por algo que no fueran los genes empañaría el brillo del éxito forjado por los descubrimientos genéticos de mediados de siglo. Los científicos habían encontrado la base de la vida. El pensamiento dicotómico al que tiende la ciencia occidental había absorbido por completo al nuevo paradigma genético, por lo que no había espacio para ambigüedades como estas. Así que, en general, se desestimó.

Los genes eran las piezas del rompecabezas que eran todos los seres vivos y, si éramos capaces de descubrir qué hacía cada una de esas piezas, lo sabríamos todo de los organismos. Serían completamente predecibles. Por supuesto, esta creencia iba mucho más allá de las plantas. La genética humana adoptó una omnipotencia divina. El gen de la inteligencia, el gen de la homosexualidad, los genes de enfermedades y de trastornos psicológicos...; todos aguardaban a ser descubiertos. Por ejemplo, la carrera para encontrar el gen de la esquizofrenia absorbió millones de dólares y muchas carreras profesionales durante las primeras décadas de la genómica. Parecía heredable, pero no lo era siempre, y no funcionaba como la genética mendeliana tradicional sugería que tenía que funcionar. Nadie ha dado aún con el gen de la esquizofrenia, aunque la búsqueda persiste aún hoy.*

«La secuencia de ADN [...] contiene las instrucciones exactas que se necesitan para crear un organismo concreto con sus rasgos únicos», dice un párrafo de un sitio web del gobierno estadounidense acerca del genoma humano.[8] Este es precisamente el problema, según Sultan. Los genes no son instrucciones exactas. Son más como las indicaciones que se le dan a un artista de improvisación. Por el camino pueden suceder muchas cosas más.

Y eso es lo más irónico de todo: la genética mendeliana no es universal. En realidad, es un «subconjunto seleccionado» de cómo los genes se combinan y se transmiten de generación en generación. «La A grande y la a pequeña, el gen para los altos y el gen para los bajos. No es así como funcionan la gran mayoría de los genes»,[9] explicó Sultan en una ocasión. En realidad, parece que la herencia genética solo explica alrededor de un treinta y seis por

* Por supuesto, me refiero a «conjunto de marcadores genéticos», no a un gen individual. Y, si bien se han encontrado marcadores genéticos que aumentan el riesgo de que alguien desarrolle esquizofrenia, aún no se ha dado con una respuesta genética clave para explicar quién la desarrolla y quién no. Si quieres profundizar en el misterio de la esquizofrenia, lee el fantástico libro *Los chicos de Hidden Valley Road*, de Robert Kolker (Madrid, Editorial Sexto Piso, 2022).

ciento de la heredabilidad de la estatura de una persona, uno de los rasgos que parece más relacionado con los rasgos físicos de los progenitores.[10] Los científicos califican de «heredabilidad perdida» a este desconcertante fenómeno. Nadie sabe aún qué rellena ese hueco. «¿Cuándo dejará la gente como yo de enseñar la genética mendeliana como el modelo de toda la genética?», se pregunta Sultan.

Todo esto me recuerda un poco a Descartes y su opinión de que los animales eran máquinas que uno podía desmontar y volver a montar si sabía cómo hacer encajar todas las partes de nuevo. La idea de los genes también evoca las piezas de una maquinaria. Las proteínas y los receptores se codifican para que produzcan resultados específicos. Es una visión mecanicista de la vida.

Este es el entorno científico en el que creció Sultan. Era emocionante. Parecía que cualquiera que formulara una buena pregunta podía acceder a nuevos descubrimientos ocultos en el genoma. La genética era la llave de la vida y, ahora que se había encontrado, se esperaba que todo el que se graduara en la profesión de Sultan la usara para abrir tantas cerraduras como fuera posible. Cuando llegó a la escuela de posgrado en Harvard en la década de 1980, como una flamante bióloga de poblaciones, al principio intentó demostrar que las plantas que crecían en entornos soleados tenían genes de plantas soleadas, mientras que las que crecían a la sombra tenían genes de sombra. En otras palabras, las plantas estaban genéticamente predispuestas a crecer en esos lugares. Todo lo que había aprendido hasta entonces la había preparado para entender el mundo de esa manera. Sin embargo, cada mañana, de camino a los laboratorios de biología, observaba las plantas que crecían sobre el cuidado césped del campus. Contradecían lo que hacía en el laboratorio. En el mundo real, la misma especie de planta tenía un aspecto muy distinto si crecía al sol o a la sombra, o si crecía en una grieta del pavimento o en un terreno sin obstáculos. Se creía que la forma y el tamaño de las hojas, que fueran más altas o bajas, su aspecto general, etc., eran factores que dependían de la genética. Sin embargo, ¿cómo era posible que el código genético de una misma especie de planta diera cabida a tanta variación? Los genes no podían controlar dónde caía la semilla y la evolución no era tan rápida. Parecía que algo del entorno cambiaba la forma de las plantas.

Si eso era cierto, era posible que el desarrollo fuera mucho más complicado (e interesante) de lo que se pensaba. Hasta entonces le habían enseñado principios consolidados, no preguntas abiertas. Eso era lo que había estudiado durante los treinta y cinco años anteriores. En un experimento descubrió que el tamaño del cuerpo de una planta se puede duplicar o incluso triplicar si crece en la penumbra (a mayor tamaño, mayor es la superficie disponible para atrapar fotones).[11] Por su parte, las plantas que crecen con exceso de agua modifican el cuerpo para evitar ahogarse y producen raíces especiales, finas y pilosas, en la superficie del suelo, para acceder al oxígeno incluso si el suelo está encharcado. Pensé en los peces dorados que los niños ganan en ferias y que pueden transformar por completo las branquias para aumentar el área de la superficie respiratoria cuando llevan unos días en agua con poco oxígeno.[12] Con branquias más grandes, la probabilidad de acceder a un poco de oxígeno también es mayor. Sultan había encontrado el pez dorado del mundo vegetal.

Cuando se priva a una planta de agua, desarrolla menos tejidos en total. Es lógico: si una persona no tiene comida suficiente, también perderá masa corporal. Si la privación es lo bastante severa, el crecimiento se retrasa. Las plantas privadas de agua usarán la masa corporal de que dispongan, por pequeña que sea, para maximizar la superficie de sus raíces, con la esperanza de mejorar su destino. Invierten más del limitado tejido de que disponen bajo tierra y desarrollan raíces muy largas que puedan buscar agua, pero también muy finas, para que puedan recorrer tanto terreno como les sea posible a pesar de lo limitado de su dieta.

Como ya hemos visto, las raíces son órganos cuya función es buscar comida. En algunos de sus primeros experimentos, Sultan desplazó el agua a distintos puntos del terreno y observó cómo las raíces la seguían como perros que siguieran un rastro. Más recientemente se ha centrado en estudiar si las plantas estresadas por la sequía tienen descendientes distintos a los de plantas que crecen con toda el agua que necesitan. Descubrió que, cuando una planta crece en tierra seca y luego se reproduce, sus descendientes desarrollan con rapidez cuerpos que se adaptan a la perfección a la sequía cuando se encuentran, a su vez, en un terreno seco. No lo dudan ni un instante. La segunda generación se transforma en plantones con raíces profundas y largas. Y lo mismo sucede con la tercera.[13]

Me dibujó un gráfico en la pizarra de un aula vacía junto a su despacho. Es de un estudio que se llevó a cabo en el año 2000 sobre el tabaco, los genes, el brócoli y el cáncer de pulmón.[14] Las personas con el «gen del cáncer de pulmón» presentan un riesgo muy superior de desarrollar esta enfermedad, sobre todo si fuman. Debido a mutaciones genéticas, carecen de una enzima que poseen la mayoría de las personas y que, normalmente, elimina de los pulmones sustancias cancerígenas procedentes de elementos peligrosos, como el humo del tabaco. Esa era una línea de tendencia, que ascendía con una pendiente pronunciada en el gráfico: cuanto más fumaban las personas con «el gen del cáncer de pulmón», más probable era que desarrollaran cáncer de pulmón. A continuación trazó una segunda línea a la que etiquetó con la palabra *brócoli*. Las personas con el gen del cáncer de pulmón que consumían cantidades importantes de crucíferas, como el brócoli, presentaban un riesgo menor de desarrollar cáncer de pulmón, y la disminución del riesgo era proporcional a la cantidad de brócoli que consumían. Si consumían una cantidad suficiente, el brócoli prácticamente anulaba el efecto de la mutación. (En otro estudio se había visto que parecía que también ayudaba a eliminar las sustancias cancerígenas del tabaco en personas sin la anomalía genética).[15] Es probable que esto suceda porque las crucíferas, como el brócoli, producen compuestos que, cuando se descomponen en el cuerpo, se transforman en las enzimas que depuran las sustancias cancerígenas. En otras palabras, estas verduras hacen lo que las personas con el «gen del cáncer de pulmón» no pueden hacer. Así pues, los genes no lo eran todo. El entorno en el que vivía la persona y lo que comía también eran importantes en la historia. Quizá incluso más que los genes.

«Una se pregunta por qué los investigadores médicos no se centran en esto», dice Sultan, en lugar de empecinarse en la eterna búsqueda de las causas genéticas. Por supuesto, hay quien lo hace. Pero, en su opinión, deberían ser más.

Junto a la gráfica del brócoli en la pizarra, me dibujó otra para plasmar el tamaño de las hojas de las plantas y enseñarme que, cuanto menos sol recibiera una planta, más grandes serían sus hojas, en un esfuerzo por atrapar tanta luz como le fuera posible. Es lo mismo, dijo. El entorno cambia drásticamente a la criatura, ya sea un ser humano o una planta. «La biología es la biología».

Esto significa que todo lo que experimenta una planta cambia el resultado. No hay un entorno neutro. Es muy posible que incluso la forma supuestamente «estándar» de cualquier planta sea el resultado de su entorno. Por supuesto, esto interfiere de manera significativa en el trabajo de laboratorio.* Sultan dice que le encanta ver la expresión de sorpresa que acaba surcando, inevitablemente, el rostro de sus alumnos en algún momento en sus clases. «Espera un momento —dicen—. Esto significa que no existe un "entorno de control"».**

* Cuando los biólogos empezaron a investigar el desarrollo de los organismos, vieron rápidamente que la única manera de hacerlo era en el contexto de su entorno. Los científicos no comenzaron a sacar a los organismos de su hábitat natural para estudiarlos en el contexto artificial y «neutro» del laboratorio hasta mediados del siglo XX.

** Con esto en mente, Sultan intenta que su invernadero se parezca lo máximo posible al exterior. Solo hace experimentos en verano, con sol de verano de verdad, y usa una mezcla de tierra con una textura más «natural, porque quiero ver raíces que crecen como crecerían en su entorno». El invernadero es

Es como si el entorno fluyera por los organismos y los alterara en los niveles más profundos. En un libro de 2015, Sultan escribió que esto complica incluso entenderlos como dos entidades del todo independientes. «Sin embargo, un examen minucioso revela que el entorno se extiende al organismo y que el organismo se extiende a su entorno, lo que desdibuja el límite entre el uno y el otro».[16] La influencia es bidireccional: el organismo moldea al entorno, al tiempo que el entorno moldea al organismo. No es que la membrana figurativa que separa a los organismos del resto del mundo tenga goteras. Es que deja pasar toda el agua de lluvia.

Pensemos en la babosa esmeralda, un molusco marino.[17] La primera vez que leí acerca de ella, no pude evitar hablar de ella con todo el que me preguntaba a qué me dedicaba últimamente. A la babosa esmeralda, un bichito peculiar que desafiaba todos los límites entre el mundo animal y el vegetal. A eso me dedicaba últimamente. No podía pensar en otra cosa.

Esta babosa, que mora a lo largo del litoral atlántico de Estados Unidos, vive su primera infancia como una babosa de color pardo con unos cuantos lunares rojos. En esos primeros momentos tiene un solo objetivo: encontrar las hebras filiformes del alga verde *Vaucheria litorea*. Cuando por fin las encuentra, las perfora y empieza a sorber sus células como si lo hiciera con una pajita, hasta dejar vacío el tubo transparente. Las células del alga son de un verde encendido, por los cloroplastos repletos de clorofila que albergan en su interior y que llevan a cabo la fotosíntesis. Al observar este proceso por el microscopio, parece que la babosa está bebiendo té gaseoso, burbuja verde a burbuja verde. La babosa digiere las células, pero deja intactos los cloroplastos que estas contienen, de modo que se extienden por su tracto digestivo ra-

---

como una zona intermedia entre un laboratorio completamente artificial y el mundo real. «Probablemente sea la única persona que usa macetas de arcilla en el invernadero —dice—. Y no lo hago por motivos románticos, sino porque la arcilla respira. Así que es más natural que el plástico».

mificado y adquiere un bonito color verde esmeralda. Una vez que ha consumido unos cuantos tés gaseosos, la babosa no necesita comer nunca más. Empieza a hacer la fotosíntesis. Obtiene del sol toda la energía que necesita: de algún modo, ha logrado la habilidad genética de activar los cloroplastos y alimentarse de luz igual que hacen las plantas. Nadie sabe todavía cómo es esto posible. Sorprendentemente, la babosa marina, ahora de color esmeralda, tiene la misma forma que una hoja, a excepción de la cabeza, que es de caracol. El cuerpo es plano y ancho, con forma de corazón y acabado en punta en el extremo posterior, como la punta de una hoja. Una red de venas semejantes a los nervios foliares entrecruza la superficie corporal. La babosa orienta el cuerpo de la misma manera que las hojas, e inclina su superficie plana para recibir tanta luz solar como le sea posible.[18]

La babosa esmeralda desdibuja la línea que separa el reino animal del vegetal y también nos ofrece un ejemplo sorprendente de la facilidad con que se puede cruzar el límite entre el organismo y el entorno. Este animal adquiere su esencia interactuando con su hábitat. Las algas forman parte del medio en el que se desarrolla la babosa, la cual se transforma por completo al integrarlas. No puede haber una criatura con más goteras que esta. Si bien se trata de un ejemplo extremo, a nuestro cuerpo le sucede algo similar de forma continuada. No dejamos de integrar el entorno, que nos transforma también constantemente. No seríamos quienes somos sin él.

Visto así, estamos más cerca de las plantas. Nuestros resultados se hallan entretejidos de manera indisoluble con el entorno. Los alimentos que comemos, el aire que respiramos y las distintas sustancias a las que nos vemos expuestos tienen la capacidad de cambiar la dirección de nuestra vida y de nuestro cuerpo. Pensamos en nuestro desarrollo como en algo inscrito en los genes que hemos heredado. Sin embargo, nuestro yo innato también incluye el mensaje ambiental del lugar en el que crecieron nuestros padres y, en muchos casos, de lugares lejanos que forman parte de nuestra historia familiar, según Sultan.

Empiezo a entender que toda la biología es, en realidad, ecología. Las dinámicas del ecosistema que estudian los ecólogos son igualmente válidas para plantas individuales. Los recursos como el alimento y el agua fluctúan en los ecosistemas, lo que lleva a que distintos individuos se asienten en distintos grupos en distintos momentos. Los rasgos de la comunidad cambian en función de los cambios ambientales. Sin embargo, si nos fijamos en una sola planta, observamos lo mismo. El ambiente también influye en el individuo. Los diferentes rasgos que puede presentar un ejemplar están en un estado de flujo constante, que responde a los cambios ambientales, de la misma manera en que los distintos intervinientes de un ecosistema fluctúan cuando algo cambia en el entorno en el que viven.

El filósofo italiano Emanuele Coccia escribió que las plantas existen en un estado de «inmersión» total.[19] Escribió que la inmersión es un acto de *compenetración*, una palabra que significa una interfusión mutua y generalizada. Me pareció que era la palabra perfecta para expresar todo lo que había aprendido hasta entonces, y la recordé con frecuencia a medida que iba aprendiendo más y más acerca del mundo de la evolución de las plantas. En el mundo vegetal, «actuar y ser objeto de una actuación son dos actos imposibles de distinguir formalmente —escribió Coccia—. Si el entorno no empieza más allá de la piel del ser vivo, es porque el mundo ya está en su interior». Para las plantas, existir significa construir el mundo recíprocamente. El mundo está en su interior. No hay otra manera.

Las plantas son ejemplos particulares de este tipo de inmersión, en parte porque no pueden hacer las maletas y mudarse para responder a los cambios de su hábitat. No pueden escapar. Por lo tanto, su porosidad es extrema, exagerada. Las personas podemos huir de las amenazas. Podemos movernos para ubicarnos en un lugar más adecuado para nosotros, y nuestra inmersión en él también es total, si bien más sutil. Lo que las plantas ilustran mejor es que, en realidad, ninguno de nosotros puede escapar del impacto que nuestro entorno y el de nuestros padres ejercen sobre nosotros. Ya están en nuestro interior. De repente, tenía ante mí un mundo de elementos fluctuantes e interpenetrados, con nuestro cuerpo abierto a todo ello. Vivir en el mundo nos expone a gran parte de él. Cumulativamente, todo ello nos hace quienes somos. La idea de que todo está interconectado vibraba dentro de mí como un repique de campana. Todo está interconectado, literalmente. La prueba está en nuestro interior.

Encontré ejemplos evidentes de ello en mi vida anterior como periodista ambiental. Unos años antes había viajado a Detroit para entrevistar a personas que vivían en un barrio rodeado de refinerías de petróleo, de centrales eléctricas de carbón y de incineradoras de residuos.[20] El índice de asma y de otras enfermedades respiratorias en la zona era abrumador. Era lógico: no era seguro respirar ese aire. Pronto averigüé que los bebés de la zona ya nacían asmáticos y que, en ocasiones, los médicos daban a los padres de los recién nacidos nebulizadores para que se los llevaran a casa. Descubrí que las partículas de contaminación que respira una mujer embarazada pueden llegar al torrente sanguíneo, introducirse en las células que fluyen al feto y demorar y perjudicar el desarrollo de los pulmones. Los bebés ya nacían contaminados. Sin embargo, entonces descubrí algo aún más sorprendente: estaba al teléfono con Kari Nadeau, médica e investigadora de la Universidad de Stanford, donde estudiaba cómo la exposición a partículas en el aire se transmitía entre las generaciones. Me explicó que las mismas moléculas de contaminación que cruzan la placenta también pueden cambiar a las personas sin embarazo de por medio. Se pueden introducir en las células que alimentan los ovarios y los testículos y alterar la expresión genética de estos. Si tal cosa sucede, los bebés creados por los óvulos y los espermatozoides producidos en esos órganos también quedarán alterados. De hecho, Nadeau pudo inferir que los genes de sus pacientes (que vivían en Fresno, en el Valle Central del California, la ciudad más contaminada del estado debido a una combinación letal de gases de tubo de escape y de pesticidas agrícolas) estaban alterados de un modo tan fundamental que las probabilidades de que desarrollaran asma y alergias eran mayores. Y podían transmitir esos cambios genéticos a sus hijos y a los hijos de sus hijos, aunque esas generaciones posteriores se mudaran a otra ciudad y ya no estuvieran expuestas a la contaminación.

Se trata de un ejemplo muy descorazonador de epigenética humana, es decir, de cómo nuestro entorno específico puede alterar el funcionamiento de nuestros genes y de cómo estos cambios pueden pasar a nuestros hijos, a los hijos de estos, etc. Sin embargo, es muy probable que existan muchos otros que nos ayuden a llenar los huecos de nuestra comprensión de los hechos más fundamentales de nuestra vida. Quizá algún día cerremos el «hueco de la herencia» y podamos explicar por qué los hijos tienden a alcanzar estaturas semejantes a las de sus progenitores, por ejemplo. Mientras, docenas de las enfermedades que parecen permanecer en familias también caen en el problema de la heredabilidad perdida, como la diabetes tipo 2 (la genética solo lo explica en un seis por ciento), los infartos de miocardio en edades tempranas (menos del tres por ciento), el lupus (quince por ciento) o la enfermedad de Crohn (veinte por ciento).[21] Podría ser que tenga mucho o todo que ver con el entorno del paciente, con el entorno de los padres de estos, etc.

También pensé en la teoría de la infección microbiana con la que Ernesto Gianoli explica cómo la boquila chilena consigue mimetizarse con tantas y tantas especies. Cree que el cambio en sus mundos microbianos provoca un cambio en su forma física, algo que consideramos un rasgo fundamental de cada especie, su esencia incluso. Quizá nuestra «esencia» sea más flexible de lo que pensábamos. Quizá ocupaba una posición contigua con el entorno, en lugar de ser una entidad separada. Tanto si resulta ser cierta como si no, la teoría de Gianoli no hacía más que subirse al carro de una revelación mucho más consolidada, aunque todavía reciente: todos los seres vivos, ya hablemos de plantas, peces o seres humanos, están plenamente infiltrados de legiones de microbios. Con frecuencia, estos microbios tienen microbios más pequeños viviendo en su interior. Todos ellos se ven sometidos también a los cambios ambientales. ¿Acaso no son una especie de comunidad en sí mismos, y el cuerpo en el que viven, un ecosistema? Si es así, parece lógico que, cuando aumentamos la imagen para imaginar una planta o una persona individual, no perdamos de vista su arquitectura básica, que es la de una comunidad de criaturas que responden a los cambios que suceden en su mundo. Todo, a todos los niveles de la vida, desde el microbio a la selva, es un ecosistema. Somos más un sistema que una unidad individual. Toda la biología es ecología.

Las plantas nos recuerdan que somos adyacentes al entorno, que todas y cada una de sus fluctuaciones nos afectan y reverberan a lo largo de nuestro linaje. El entorno moldea nuestra vida y la vida de nuestra descendencia. Heredamos el entorno en forma corpórea. Se podría decir que heredamos la tierra.

Por supuesto que la plasticidad de un ser vivo tiene sus límites. No todos los cambios son superables. Pensemos en los incendios forestales, por ejemplo. A las plantas que no estén evolutivamente adaptadas al fuego les será imposible transformarse al instante y volverse resistentes a él. Además, es probable que la plasticidad varíe de manera drástica de una especie a otra. A veces dependerá de dónde hayan crecido. Algunas, como las plantas «ingenuas» de Hawái, tienen muy poca capacidad para adaptarse al cambio, porque han evolucionado en un lugar sin depredadores naturales y las especies invasoras las superan con facilidad. No son tan plásticas.

Por el contrario, otras plantas disponen de una plasticidad pasmosa y en apariencia ilimitada. Los nuevos entornos las motivan para adoptar formas nuevas. Son las especies invasoras, las estrellas invictas de la agencia vegetal.

Son extraordinariamente plásticas y capaces de transmitir esa plasticidad a su descendencia. «Admiro su capacidad, biológicamente hablando», dice Sultan. En biología, hay una premisa que establece que, por lo general, la selección natural crea especies muy especializadas a las que se les da muy bien hacer lo que hacen (por ejemplo, crecer en un hábitat específico) y muy mal hacer cualquier otra cosa. También hay especies generalistas, con capacidad para sobrevivir en más lugares, pero sin nada que se les dé especialmente bien: sobreviven, pero no prosperan. «Quien mucho abarca, poco aprieta», dice Sultan. En la vida hay que renunciar a unas cosas para conseguir otras, o al menos eso es lo que dice la sabiduría convencional. Pero eso no va con algunas especies invasoras. «Se les da bien todo», dijo. Abarcan mucho, y aprietan más. «Se supone que no ha de ser así».

Sultan estudia el *Polygonum cespitosum*, o persicaria japonesa. Es una planta que produce un ácido que escuece mucho en contacto con los ojos.

La persicaria japonesa llegó a América del Norte importada de Asia y se ha convertido en una especie invasora imparable en el noreste del continente. Es una mala hierba de libro. No tiene nada espectacular, nada especialmente llamativo. A Sultan le gusta justo por eso, es una planta de lo más normal. Además, clonarla es muy fácil. Si se quiere estudiar lo que sucede cuando la genética es estable y todo lo demás cambia, es muy útil contar con plantas genéticamente idénticas.

En el sitio web del laboratorio de Sultan se lee que el equipo estudia «monstruos» vegetales.[22] Entiendo que son monstruos que crean ellos mismos. «Lo decimos con admiración», me explica. El *Polygonum cespitosum* ha conseguido evolucionar muy rápidamente para adaptarse a su nuevo entorno y ha demostrado ser capaz de colonizar todo tipo de hábitats nuevos en su nuevo hogar norteamericano. Ha desarrollado ciclos vitales rápidos, durante los que es extraordinariamente exitoso en la reproducción. Sin duda, los ejemplares que lo hagan mejor serán el futuro de la especie e impulsarán generaciones que serán aún más rápidas y aún más exitosas en la reproducción. ¿Resultado? La capacidad invasora de la persicaria japonesa es cada vez mayor.

Aproximadamente una de cada cien plantas que se introducen en un lugar nuevo se vuelven invasoras, un concepto que se define como una planta no autóctona que se extiende con rapidez y que puede causar daños, ya sean ecológicos o económicos. Plantas y animales se introducen sin cesar en lugares nuevos. La mayoría de ellos desaparecen. Carecen de algo que necesitan de verdad en este entorno nuevo, como un polinizador específico o un rango de temperaturas concreto. No se pueden asentar. Sin embargo, un pequeño grupo de estas especies consigue sobrevivir. Quizá el rango de temperaturas en el nuevo lugar se parece al del entorno al que están adaptadas. Quizá no les importa demasiado qué bicho las poliniza mientras las polinice. Se aferran a la vida.

Una proporción muy pequeña de las especies que perseveran en su nuevo hogar consigue que las cosas les vayan mucho mejor que a las especies nativas. Las expulsan y se expanden. Por lo general, esto sucede en un periodo muy largo y transcurren entre cincuenta y cien años desde el momento en que la planta llega hasta que su población se dispara. De repente está por todas partes. Por ejemplo, la *Polygonum cespitosum* se clasificó como especie invasora en la década del 2000. Es probable que llegara a principios de la década de 1900. ¿A qué se debe esta demora? En opinión de Sultan, indica que tal vez la planta no llegó con las habilidades que necesitaba. No fue llegar, ver y conquistar. Entonces, ¿qué sucedió durante esas décadas? Es posible que evolucionara con rapidez gracias a algunos ejemplares especialmente plásticos y hábiles a la hora de transmitir habilidades ambientales cruciales que habían aprendido sobre la marcha y con las que habían transformado su cuerpo. Era una manera distinta de estudiar la biología invasora. No es que toda la especie fuera invasora, sino que hubo individuos lo bastante flexibles para modificar su cuerpo y adaptarse a su nuevo hogar, y que luego supieron transmitir tan bien esa flexibilidad a sus descendientes que la especie en su conjunto se ha transformado en la planta perfecta para explotar las condiciones del nuevo entorno. Biológicamente hablando, hace falta algo de tiempo para aprender a vivir en un lugar nuevo.

Por supuesto, no todas las *Polygonum cespitosum* son estrellas en este espectáculo. Sultan ha diseñado en su invernadero estudios cuidadosos que han concluido que, como era de esperar, cada ejemplar de persicaria reacciona de un modo ligeramente distinto ante los cambios en el entorno. Sin embargo, algunos son prodigios de la adaptación, atletas de élite de la plasticidad. Aunque prefieren entornos húmedos, se las apañan muy bien en terrenos secos y cambian de dirección: en lugar de desarrollar hojas, desarrollan raíces más largas y más finas que se extienden en busca de humedad. Prefieren la luz solar directa, pero si han de estar a la sombra, se adaptan y desarrollan hojas más grandes. Lo más sorprendente de todo es que transmiten estas adaptaciones a sus descendientes. Los descendientes de una de estas plantas adaptables cultivadas en un terreno muy seco se adaptarán aún más rápidamente que su progenitor cuando se encuentren en un terreno seco y pasarán a la acción para desarrollar raíces largas y finas. Ya saben lo que han de hacer. Del mismo modo, Sultan descubrió que las plantas cuyos progenitores habían tenido que competir con sus vecinas por la luz desarrollan hojas más grandes desde el principio y están listas desde el primer momento para participar en esa competición.[23] Además, si crecen en zonas sombrías y se reproducen, sus descendientes desarrollan rápidamente un cuerpo muy bien adaptado a la vida en la sombra: será más alto que el del progenitor para alcanzar más luz y tendrá hojas más grandes para absorber la máxima cantidad de luz posible. También florecen antes, lo que sugiere que son más adecuadas para la reproducción. Además, cuando se observa crecer en un lugar sombrío a descendientes de plantas cultivadas a la sombra y a descendientes de plantas cultivadas al sol, las primeras se imponen rápidamente.

Disfrutan de una especie de riqueza generacional: han heredado una habilidad útil. Disponen de una ventaja frente a sus competidoras al enfrentarse a las mismas dificultades que tuvieron que superar sus progenitoras.[24]

Estos ejemplares son el futuro de la especie. Sobrevivirán mejor y se reproducirán más. Sus descendientes también sobrevivirán mejor, probablemente incluso mejor que ellos, porque nacerán equipados con esta plasticidad heredada, como un superpoder que les permite prosperar incluso en situaciones difíciles. Con frecuencia se presenta a las especies invasoras como villanas agresivas y despiadadamente competitivas, pero, si nos paramos a pensarlo, estos son conceptos moralistas aplicados a una planta. Muchas veces, los términos que se usan para hablar de las especies invasoras son muy poco sutiles en su xenofobia y evocan el lenguaje xenófobo contra personas. Hablamos de «extranjeros» y decimos que sus capacidades no son naturales y que son agresivas por naturaleza, como plagas sobre la tierra. Sin embargo, ¿y si es solo que tienen más recursos y son más plásticas, gestionan mejor el cambio y son más capaces de transmitir sus conocimientos a la siguiente generación? Ciertamente, dañan nuestros paisajes y suplantan a especies a las que hemos llegado a amar durante nuestra breve estancia evolutiva en el planeta. Sin embargo, somos los hermanos pequeños de nuestra familia. No llevamos demasiado tiempo aquí. El cambio sucede y las comunidades de plantas fluctúan. Claro que hay un truco. Esta es la única era en la que somos nosotros quienes llevamos las plantas de un lugar a otro. Hemos sido y seguimos siendo los causantes de la aparición de estas especies invasoras en lugares nuevos, donde se ven obligadas a adaptarse a situaciones y espacios desconocidos para ellas. Literalmente, somos nosotros los que las trasladamos, por lo que culpar a la planta de su éxito resulta aún más absurdo.

Veamos la hierba nudosa japonesa (*Fallopia japónica*). Es posible que no haya sobre el planeta una planta más exitosa ni más odiada. Es una pariente cercana de la persicaria japonesa que estudia Sultan. La hierba nudosa japonesa llegó a América del Norte en la década de 1860, en las maletas de coleccionistas de plantas que querían sumar especies exóticas a sus invernaderos.[25] Europa ya la había importado varios años antes. La planta se había vuelto muy popular, por sus flores blancas y su follaje denso. Crecía a una velocidad inusitada y era densa como un seto, por lo que resultaba ideal para conseguir privacidad en los jardines junto a las carreteras. Al parecer, en Estados Unidos aún hay quien la planta en su jardín. Obviamente, no tienen la menor idea de la que se les viene encima, no saben que una hierba nudosa japonesa puede transformar su cuerpo a voluntad. Su agencia es casi palpable. Cualquier ilusión de control humano se esfuma. Vi una por primera vez un día de finales de abril.

Salí al porche después de una lluvia torrencial y me encontré con brotes nuevos de unas plantas carnosas de un verde rojizo asomando por los laterales del patio, justo contra la valla de madera. Acabábamos de subarrendar el apartamento de una amiga y estaba emocionadísima con el potencial que suponía tener un patio en primavera, un lujo inimaginable en Nueva York. Dentro, en un alféizar, habíamos sembrado plantones de chiles, rábanos y mostaza en cajas de madera poco profundas, a la espera de que el gélido frío, que persistía, se templara lo suficiente para plantarlos en una jardinera elevada en el patio. Los regábamos con una botella de plástico con el tapón perforado para que solo les cayera un hilillo de agua. Los plantones de verduras exudaban fragilidad. Mientras, fuera, los brotes rojizos exudaban justo lo contrario. Eran robustos, autoritarios y evidentemente inmunes al frío, a la lluvia y, sobre todo, a la pesada lona negra que había debajo de los *pellets* de madera del patio con el propósito específico de impedirles el paso. «Pasamos de ti (o por ti)», imaginé que la hierba nudosa japonesa le había dicho a la lona.

Empecé a arrancarlos. Los tallos huecos se quebraron en la base, con un chasquido jugoso. Había leído que los brotes eran comestibles y nutritivos en esta época del año, con un sabor entre el ruibarbo y la acedera, pero eché un vistazo a la runa de construcción del patio contiguo (repleto de brotes de hierba nudosa japonesa aún más altos que los míos) y decidí que la incertidumbre química era demasiada para arriesgarme a comer nada.

Dos días después volví a salir y me encontré con brotes nuevos, que ya alcanzaban varios centímetros de altura, justo al lado de los que había arrancado hacía solo cuarenta y ocho horas. Hacía cuarenta y ocho horas aún no habían asomado la cabeza. Mientras mis verduras sobrevivían a duras penas en su alféizar y crecían más lentamente de lo que yo consideraba razonable a cambio de todos los mimos que les ofrecía, la hierba nudosa ascendía a la velocidad de una piscina hinchable.

Había leído que la hierba nudosa crece rizomáticamente, es decir, que desarrolla tallos subterráneos llamados rizomas. Una vez que echa raíces, tiende una compleja red de rizomas en el subsuelo, un sistema subterráneo de estolones y brotes, en una red continua sin un centro claro. Excavar y eliminar estas enormes redes de rizomas es casi una misión imposible, pero es la única manera de acabar con la planta. Una raíz del tamaño de una uña puede regenerar la planta entera. Y se han descubierto extensiones del tamaño de la mitad de un campo de fútbol americano cubiertas de hierba nudosa, toda ella surgida de un solo monstruo rizomático gigantesco. Mis esfuerzos serían inútiles. Miré por encima de la valla de madera. Nuestros brotes eran los centinelas de las plantas que crecían al otro lado, que tendían los estolones bajo las losas rotas de ese lado y la lona negra de este, para asomarse por cualquier pequeño orificio, costura o rasgadura. O quizá siendo ellos los que creaban esos huecos rompiendo o rasgando lo que encontraban a su paso. A saber.

En mayo, la hierba nudosa ya se había infiltrado en mi semillero y escalado hasta la mitad de la valla, de metro y medio de altura. Justo al otro lado, la hierba nudosa era la reina y señora del patio abandonado del edificio en construcción. En junio, el patio vecino era un bosque de hierba nudosa, con arbustos densos y tan altos como yo, contoneándose con la brisa sobre el borde de la valla compartida. Sentada en el patio, me daba la sensación de estar en el claro de una jungla. Tenía que admitir que la hierba nudosa era preciosa. Las hojas verdes y brillantes eran redondas y del tamaño de la palma de mi mano. Los tallos gruesos, jugosos y moteados de rojo, eran la viva imagen de la buena salud. Todo ese mes, durante mis paseos por el vecindario, vi solares vacíos entre edificios transformados en utopías de hierba nudosa, que se extendía de valla metálica a valla metálica. Pensé, con cierto temor, que lo que veía era solo la mitad de la historia. ¿Qué arquitectura vegetal invisible se extendía en el subsuelo? ¿Cuánto tardarían esos rizomas en quedarse sin espacio en el acogedor solar y en empezar a buscar salida por los cimientos de los adosados a lado y lado?

No cabe duda de que la hierba nudosa es capaz de perforar el pavimento buscando y aprovechando grietas en los cimientos, infiltrándose en las fisuras y ampliándolas a la medida de sus necesidades. Si no hay un nicho disponible, lo crea. Literalmente. El problema era que el nicho en cuestión era el que esperábamos que fuera impenetrable: el nicho que nos habíamos construido.

Basta un solo zarcillo de carne verde atravesando el hormigón para quebrar nuestro concepto de las plantas como seres inmóviles, comprimibles e inertes. Algo blandito sin ojos ni boca que aplica una presión sostenida sobre nuestros límites duros, lo único entre nosotros y el suelo, ¿y nos gana? La idea resulta muy perturbadora para un orden empecinado en la supremacía de la inteligencia humana. Se me pasa por la cabeza la posibilidad de que no llevemos las riendas. El poder es cuestión de perspectiva.

En la actualidad se sigue debatiendo el daño real que la hierba nudosa japonesa puede infligir a un edificio, aunque se han encontrado zarcillos atravesando paredes y apareciendo en el interior de viviendas. En el Reino Unido, la mera presencia de hierba nudosa japonesa en un inmueble imposibilita que este se pueda hipotecar. El país obliga por ley a que se informe de la presencia de hierba nudosa japonesa en la propiedad o en un perímetro de tres metros alrededor de ella, a no ser que los propietarios cuenten con un plan de acción.[26] Claro que, teniendo en cuenta la cantidad de tierra que hay que mover para extirpar una red entera de rizomas de hierba nudosa japonesa, el coste económico es inasumible para la mayoría de las personas.

En Estados Unidos, los gestores del Servicio de Parques Nacionales observan, muy preocupados, cómo la hierba nudosa crece dos metros en una sola estación.[27] Aparece a tal velocidad que los herbívoros como los ciervos no tienen la menor posibilidad de comerla hasta hacerla desaparecer ni de pisarla antes de que madure, como sí pueden hacer con muchas otras especies nativas. En el Parque Nacional de Acadia (Maine), escuadrones de voluntarios se extienden por el bosque y cortan los tallos antes de aplicar pesticida sobre los tocones, con la esperanza de que la planta lo absorba y, al llegar al rizoma, cometa un suicidio sistémico.

Ahora, la hierba nudosa japonesa es una de las plantas más invasoras del mundo (o una de las más exitosas, si lo miramos desde el punto de vista de la planta). Se cree que florece en todos los continentes, excepto en la Antártida. *The New York Times* informó de que, en la ciudad de Nueva York, había kilómetros y kilómetros ininterrumpidos creciendo a lo largo del río Bronx, el río Hudson y en los cinco distritos de la ciudad.[28] Ha llegado para quedarse. Su futuro parece estar garantizado, gracias a su increíble plasticidad y a la agencia que exuda por cada uno de los brotes que produce. Nosotros la trajimos. Lo único que hace es ser una planta perfecta allá donde la pongamos.

La investigación de Sultan podría resultar útil al mundo de varias maneras. Si entendemos cómo se vuelve invasora una especie, quizá podremos llevar a cabo análisis de plasticidad para intentar predecir cuáles de ellas se aclimatarán más rápido. Por otro lado, sabemos que estamos cambiando el planeta a mayor velocidad de la que muchas plantas pueden evolucionar para mantener el ritmo. Si entendiéramos por qué unas son más plásticas que otras, podríamos ayudar a los organismos a superar el cambio climático «y todas las marranadas que les estamos haciendo», dice Sultan. Ya sabemos cómo serán muchos de estos cambios: dónde hará más calor y lloverá menos, o dónde hará más calor y lloverá más. Podríamos vislumbrar un futuro en el que sabríamos identificar el genotipo más plástico de cada especie para cada situación dada, por ejemplo, y sembrarlo, para reforzar a las poblaciones vulnerables.

La idea de que las plantas tienen agencia está empezando a aparecer cada vez con más frecuencia en la literatura científica,[29] con Sultan al timón (Simon Gilroy y Tony Trewavas también están ahí). *Agencia* es un término con mucha carga emocional y Sultan asume un riesgo al usarla, porque evoca al instante la existencia de mente, de intención y de deseo. Pero dice que tenemos que mirar más allá. «No es una forma de actuar intencional ni inteligente en el sentido en el que la mayoría de las personas usan estos términos. Pero es agencia», afirma, en un esfuerzo evidente por distanciarse tanto como pueda de todo el que intente presentar a las plantas como seres humanos en miniatura. La agencia es la capacidad de un organismo para evaluar la situación en que se encuentra y de cambiar para adaptarse a ella. Sí, nosotros lo hacemos continuamente. Y las plantas también.

Las visiones mecanicistas según las que estamos controlados única y exclusivamente por nuestra preprogramación genética no satisfacen nuestra comprensión innata de nosotros mismos como seres rebosantes de una complejidad y una sutileza irreductibles. Somos como plantas, e integramos información procedente del otro lado de la piel, la membrana que nos separa (apenas) del mundo en el que vivimos. Bajo la superficie de todos los organismos hay una vitalidad que aún no sabemos cómo diseccionar ni replicar por completo. La complejidad aumenta en lugar de disminuir. Y no pasa nada. Probablemente, eso sea más fiel a la verdad. Y es posible que nos traiga más revelaciones acerca de cualquier tipo de organismo vivo.

La conversación pasa ahora al jardín de Sultan, que vive cerca de la universidad. Cultiva ajos, hierbas aromáticas y algunas verduras, pero estas últimas no acaban de prosperar, porque no soporta la idea de usar herbicidas ni de arrancar demasiadas malas hierbas. «Tengo el patio lleno de malas hierbas, porque creo que lo que sea que pueda crecer ahí tiene derecho a hacerlo —dice—. Quieren crecer, y es lo que hacen. ¿Quién soy yo para pasarme el día pisándolas, arrancándolas del suelo, golpeándolas? ¿Por qué no dejarles espacio?». Dice que, como resultado, en su jardín crecen varias flores silvestres que ya no se suelen ver en Connecticut. «Si remueves el suelo y esperas a ver qué sale, ves cosas que antes eran más frecuentes».

Le pregunto si algo de lo que crece en su patio es una especie invasora. Se detiene unos instantes y sonríe. «Hay una zona con *Polygonum cespitosum*. Creo que lo planté yo. Quiero decir, que seguramente traje alguna semilla en la ropa. Así que ahora no me parece justo arrancarlo —dice—. Pero no dejo que se extienda tanto como lo haría. Mantengo un equilibrio artificial, sí. Pero eso es lo que hace el ser humano, ¿no? No hay manera de que dejemos a nada en paz».

CAPÍTULO

11

El futuro de las plantas

Hay un límite para decir,
con palabras, qué hizo el árbol.

ROBERT HASS, «The problem
of describing trees», 2015

Desde la perspectiva del biólogo evolutivo, parece razonable asumir que las conductas sensatas y encarnadas que plantas y bacterias llevan a cabo forman parte de un continuo perceptivo y conductual que culmina en los atributos mentales que más veneramos. Es posible que la «mente» sea el resultado de la interacción celular. La mente y el cuerpo que perciben y viven son procesos igualmente autorreferenciales y autorreflexivos que ya estaban presentes en las primeras bacterias.

LYNN MARGULIS Y DORION SAGAN,
¿Qué es la vida?, 1995

Tony Trewavas ha llegado casi al fin de su carrera profesional y, en su opinión, el futuro no pinta bien. He venido a su casa de campo del siglo XIX en las afueras de Edimburgo porque quiero hablar con el científico que lleva más tiempo que ningún otro reflexionando sobre la naturaleza de las plantas, porque quizá pueda responder de algún modo a la pregunta que me sigo haciendo: ¿cómo deberíamos pensar acerca de las plantas? Estamos a finales de septiembre y el trayecto en taxi desde la ciudad ha pasado entre colinas secas, yermas a excepción de la hierba verde pálida muy cortita, como si la hubieran rapado casi al cero. En comparación, la entrada a la casa de Trewavas es un oasis, con densos arbustos todavía en flor, a pesar de la llegada del frío de otoño, que crecen hasta casi el techo de pizarra de la chaparra casa de piedra. Es casi imposible ver una ventana sin cubrir.

A estas alturas ya he hablado con muchos científicos que han estudiado partes específicas de las plantas o cosas muy concretas que pueden hacer. Las suyas eran incursiones cruciales, pero muy pequeñas, en el reino vegetal. Según todo lo que he leído, Trewavas prefiere una visión más general. Dedica más tiempo a pensar en las plantas como en seres completos y mayores que la suma de sus partes. Pienso que quizá ya haya determinado el lugar que las plantas deberían ocupar en nuestra mente y cómo debería eso cambiar la manera en que vivimos en el mundo. Trewavas tiene ochenta y tres años y ha trabajado como biólogo botánico durante los últimos sesenta y cuatro, un periodo entre los más largos de los científicos aún vivos, estoy segura. Se jubiló hace veinte años, pero sigue escribiendo libros y artículos. Ha hecho descubrimientos importantes en el mundo de las hormonas y la señalización de las plantas, y ahora es uno de los principales defensores de un tratamiento riguroso del concepto de la inteligencia vegetal.

Sin embargo, cuando empiezo a hablar con él, me doy cuenta de que es muy pesimista en cuanto a la humanidad. Ya se ha disculpado ante su hijo adulto por el mundo que su generación, y las anteriores, le han dejado. La humanidad ha demostrado ser un gran fracaso como proyecto evolutivo y ha elegido un camino de destrucción generalizada. Ha escrito una y otra vez, en libros y en artículos, que las plantas son inteligentes, pero que hemos tardado demasiado en darnos cuenta. Es probable que ya sea demasiado tarde para que ese conocimiento cambie nada en la cultura.

Escuchar eso en su salón en un día gris de septiembre hace que quiera dar por finalizada nuestra conversación. Me niego a creer que sea demasiado tarde para nada, y mucho menos para que el mundo se despierte y vea lo extraordinarias que son las plantas. Yo lo he hecho y, en el esquema general de las cosas, no he tardado demasiado. Al final, como acabo de llegar, decido quedarme y beber el café que Valerie, su mujer, nos ha traído en una bandeja llena de galletas y dulces. Ambos van vestidos en tonos azules. Me hablan de las amapolas azules del Himalaya, que Trewavas adora y planta a lo largo del sendero de la entrada cada año. Son de un azul increíble en palabras de Valerie. «Como un pedacito de cielo». Empiezo a ver que Trewavas no es un completo pesimista, o al menos no en relación con todos los taxones. Las plantas y su belleza aún despiertan en él una pasión enorme. Habla con reverencia de un viaje a California, donde vio las secuoyas gigantes. «Sobrecogimiento, asombro, un respeto increíble... Estás ahí y miras, incapaz de asimilarlo —dice—. Como a tantas otras personas, tocar semejante monstruo me parece extraordinario».

Trewavas se hizo botánico porque no podía soportar matar ratas para llevar a cabo estudios bioquímicos. Cuando empezó, se esperaba que los científicos mataran a sus propios animales de laboratorio, con frecuencia con fuerza bruta y una regla de metal. Así fue como Valerie y Trewavas se conocieron; ella era su alumna y él se ofreció a matar la rata por ella, después de que el ejemplar anterior la hubiera mordido. «Mi caballero andante», dice ella. Pero siempre le resultó intolerable. «Hay gente a quien no le importa, pero me es imposible entenderlo. Por eso estudio plantas», dice Trewavas. Es algo que he oído en distintas versiones en boca de varios botánicos: estudian plantas porque el lado oscuro de la investigación animal —uno ha de matar a su sujeto de estudio la mayoría de las ocasiones— les resulta insoportable.

Pero, claro, ahora carga con otro peso sobre las espaldas: el respeto por las plantas. Hace décadas que publica argumentos en defensa de la inteligencia que se extiende a lo largo y ancho del reino vegetal a pesar de la multitud de críticas que recibe por parte de colegas más conservadores. Sin embargo, después de haber pasado décadas escudriñando ese mundo verde y colorido a un nivel de detalle extremo (las hormonas vegetales son de una complejidad increíble), Trewavas se convenció de que, por mucho y por muy exhaustivamente que se estudiara un aspecto individual de la fisiología vegetal, era imposible saberlo todo sobre qué es una planta. En la década de 1970 descubrió *Teoría general de los sistemas*, un breve libro donde Ludwig von Bertalanffy planteaba la idea de que la biología era, en realidad, una aglomeración de sistemas, o redes, interconectados. Me enseña su ejemplar desgastado, que todavía guarda en la estantería más próxima a su mesa de despacho. Ese fue el comienzo de la teoría de los sistemas. Von Bertalanffy escribió que las propiedades de los organismos y de las poblaciones emergían de esas conexiones, de las múltiples interacciones entre muchas partes que actuaban como un todo. Entonces Trewavas decidió que las plantas eran sistemas emergentes semejantes. Son redes. En la época, esa idea era una herejía, dado que los biólogos se centraban en descubrimientos mecanicistas de partes separadas de las plantas. Pensar en ellas como en organismos completos llevó a Trewavas a decidir que, probablemente, las plantas eran inteligentes y que, probablemente también, la inteligencia es una propiedad de todos los seres vivos.* El cere-

* Trewavas: «Todo es inteligente. Cuando la gente me dice que no lo ve, es porque se refieren a la inteligencia académica. Asumen que lo que han aprendido en la escuela acerca del coeficiente intelectual y la inteligencia humana es todo lo que hay. Y con eso se han quedado durante mucho tiempo. Eso es éxito académico, no tiene nada que ver con la supervivencia. Yo no hablo de inteligencia académica, hablo de inteligencia biológica. Sin embargo, parece que no les entra en la mollera, por muchas veces que lo repita. Y es absurdo, porque tampoco es algo exclusivo de las plantas. Todos los organismos sobre la faz de la Tierra actúan con inteligencia. Cuando una cebra huye de un león, ¿actúa

bro no es más que una manera, entre muchas otras, de construir una red.

Le pregunto acerca de lo que ha dicho antes, que ya es demasiado tarde para cambiar el curso de la humanidad, que, además, hacerlo exigiría un cambio tan generalizado y colosal en la concepción que las personas tenemos de las plantas que resulta imposible. ¿Y si fuera posible? No me puedo resistir a preguntarlo. ¿Qué cambiaría? «No sé qué pasaría si consiguiéramos cambiar la manera en que la gente ve las plantas», responde, pensativo. Me sorprende que, después de tantos años, no haya reflexionado antes sobre las implicaciones éticas que tendría un cambio semejante. Supongo que es lo que tiene el pesimismo. Anula la imaginación de la esperanza.

—Bueno, espero que, al menos, detuviera la tala de selvas. Ya es ser corto de miras hacer algo así —dice Valerie.

—Sí, los pulmones del planeta, los llaman —responde Trewavas, con voz apenada—. No entiendo cómo la gente puede ser así. Es una cuestión de respeto. Si respetásemos más a las plantas... —Se detiene, y dice al fin—: No nos resulta fácil sentir el sistema en el que vivimos.

Creo que sí lo sentimos un poco, aunque quizá no seamos capaces de decirlo. Puede ser algo tan sencillo como la sensación de que talar un árbol de cuatrocientos años para construir un porche es un sacrilegio, como también lo es talar un pino de treinta años para hacer papel higiénico. Ese árbol, para vivir todos esos años, tuvo que producir miles de hojas primavera tras primavera, almacenar azúcares para el invierno y transformar la luz y el agua en capas y capas de madera. Es difícil subestimar el drama de ser un árbol, o cualquier planta, ya que estamos. Todas y cada una de

---

con inteligencia? ¡Claro que sí! ¡Le va la vida en ello! Y a nadie le cuesta reconocer eso. Cuando un insecto muerde una hoja y la planta produce un pesticida natural para ahuyentarlo, ¿actúa con inteligencia? Pues también. No huye de las amenazas, pero encuentra el modo de sobrevivir. No obstante, a la gente le cuesta aceptar este hecho».

ellas son un hito inimaginable de suerte y de ingenio. Una vez que se sabe, es imposible dejar de saberlo. Se abre una nueva categoría moral en la mente.

La conversación se centra ahora en los motivos por los que algunos científicos se oponen con tanta fuerza a la idea de que las plantas sean inteligentes. Trewavas dice que es absurdo. «En realidad, los científicos no sabemos lo suficiente sobre las plantas para hacer la menor afirmación dogmática acerca de ellas». Dice que pensamos que siempre hacen la fotosíntesis, pero entonces descubrimos plantas parásitas que actúan más como un hongo y que no fotosintetizan nunca. Incluso las afirmaciones más básicas se pueden tornar en arenas movedizas. No hay conclusiones definitivas. A excepción, quizá, de que la evolución siempre encontrará una manera de desmontar cualquier conclusión a la que lleguemos.

Sea como sea, y dado lo mucho que Trewavas sabe y publica sobre la inteligencia vegetal, me sorprende que nunca se haya parado a pensar en qué sucedería si la población general aceptara que las plantas son inteligentes. Se me ocurrió que quizá los investigadores botánicos no eran las mejores personas con las que hablar sobre la ética de las plantas. Hace demasiado que la filosofía y la ciencia emprendieron caminos separados.

En definitiva, que las plantas sean inteligentes o no es una pregunta social, no científica. La ciencia seguirá descubriendo que las plantas hacen más de lo que jamás hubiéramos imaginado. El resto de nosotros tendremos que estudiar los datos y llegar a nuestras propias conclusiones. ¿Cómo interpretaremos este nuevo conocimiento? ¿Cómo lo encajaremos en nuestras creencias acerca de la vida en la Tierra? Eso es lo emocionante. Quizá, dada toda esta nueva información sobre la naturaleza de las plantas, decidamos que ya no tiene sentido aferrarnos tanto a nuestras antiguas creencias. Quizá las veamos por fin como las criaturas animadas que son.

Pero ¿qué pasará entonces? Más allá de todo esto, aguarda

una pregunta más profunda, la pregunta más importante: ¿Qué haremos con todo ese conocimiento nuevo? Podemos hacer dos cosas: no hacer nada y seguir a lo nuestro, como siempre, o cambiar nuestra relación con las plantas. ¿Qué necesitamos para demostrarles consideración? ¿Cuándo les permitiremos entrar en el reino de nuestras consideraciones éticas? ¿Cuando tengan lenguaje? ¿Cuando tengan estructuras familiares? ¿Cuando tengan amigos, enemigos y preferencias? ¿Cuando planifiquen? ¿Cuando comprobemos que tienen memoria? Parece que ya cumplen todos estos requisitos. Ahora nos toca a nosotros decidir si asumimos esa realidad. Si abrimos la puerta a las plantas.

Tras todos estos años visitando a científicos y leyendo libros y artículos de botánica, mis pensamientos más exquisitos se han tornado completamente verdes. Las plantas me han llegado al fondo del alma, pero, en realidad, lo cierto es que ya estaban allí desde el principio. Al fin y al cabo, estoy hecha de plantas. Todas las fibras de todos los músculos de mi cuerpo se tejieron con los azúcares que las plantas hilaron a partir de la humedad y del aire. Las células sanguíneas que fluyen por mis venas como el agua fluye por las raíces son rojas gracias al oxígeno que producen las plantas. El oxígeno también llena la estructura ramificada de mis pulmones. Cada vez que inspiro, inhalo aire que las plantas han exhalado antes. En este sentido material, en términos de lo que han aportado a mi cuerpo físico, forman parte de mi familia tanto o más que cualquiera de los parientes a los que conozco.

Ahora, cuando veo un zarcillo abrirse camino por una grieta en la acera, lo felicito en silencio por su ingenio y su fuerza. Siento que sé algo de todo lo que la planta ha tenido que hacer para conseguir esa hazaña, el pequeño milagro de su germinación, el esfuerzo para la elongación, la articulación de los cientos, quizá miles, de los pelos radicales que exploran el suelo en estos mismos instantes en busca de nutrientes. Pienso en las células madre que rematan cada uno de ellos, preparadas y dispuestas para convertirse en lo que sea que la planta necesite en cada momento. Es una red sensible, capaz de tomar decisiones que forma un ser completo y extendido a lo largo de cientos de extremidades, de miles de raíces. Un cuerpo en movimiento, que se adapta al instante a todos y cada uno de los cambios sutiles con que se encuentra, fluyendo como el agua en su entorno y tomando nota de la forma, el aroma y la textura de todo lo que lo rodea.

Mi reconocimiento silencioso es un gesto pequeño, pero lo entiendo como una señal de que algo ha cambiado en mi vida. He empezado a ver a las plantas como criaturas. Las he incluido en el mundo de lo animado en mi mente.

En el sentido práctico, es fácil encontrar pruebas de la primacía de las plantas. Lo difícil es sentirla. Empezar a incluirlas en nuestra visión de un mundo vivo y en movimiento, y verlas como individuos animados de pleno derecho exige un esfuerzo mental. Quizá lo sintamos, pero muchos de nosotros no contamos ni con la manera de verlo ni con las palabras que necesitamos para transformar esa sensación en un hecho.

Una rama filosófica afirma que deberíamos considerar como seres conscientes a las plantas y a otros organismos y que nuestra incapacidad para hacerlo no es más que una falta de imaginación deliberada. ¿Cómo sería si todos los organismos tuvieran un lugar en nuestra sociedad?, me pregunto. El filósofo Bruno Latour escribió que «para incluir a los animales, las plantas y las proteínas en el colectivo emergente antes debemos otorgarles las características sociales necesarias para su integración».[1] Sin embargo, es muy posible que no sea necesario que les otorguemos esas «características sociales». Las plantas reconocen a sus parientes, cooperan y combaten, toman decisiones en sus relaciones entre ellas y con el resto de las criaturas que enmarcan sus vidas. Quizá no se trate de un ejercicio filosófico. Quizá las características sociales ya estén ahí. Ahora creo que lo están.

Otros han imaginado el terreno que podría existir más allá de este muro mental. El relato corto *The Author of the Acacia Seeds* que Ursula K. Le Guin escribió en 1974 transcurre en un mundo en el año 2200, o quizá 2300. El conocimiento humano ha dado un salto enorme: se ha descubierto que los animales no solo tienen lenguaje, sino también literatura y arte. Ha surgido un nuevo campo lingüístico dedicado a traducir esas obras. Gracias a un estudio meticuloso, los therolingüistas han descubierto las sagas-túneles de las lombrices, los misterios escritos en el idioma de las comadrejas y los «textos cinéticos grupales» compuestos por bancos de cetáceos que se mueven en un movimiento coreografiado bajo el agua. Algunos dialectos, como el lenguaje de las hormigas, que se basa en la disposición de semillas, se pueden traducir directamente a texto humano. La inefable comunicación del pingüino de Adelia se expresa a la perfección en forma de ballet. Ahora la humanidad conoce miles de obras literarias de peces y sabe que las ranas son especialmente aficionadas a escribir obras eróticas. Esos lenguajes siempre habían estado ahí, claro, pero ha sucedido algo crucial. Los humanos han aprendido a verlos.

Entonces el presidente de la asociación de therolingüística llama la atención acerca de una omisión monumental. ¿Por qué nadie ha intentado todavía traducir el lenguaje de las plantas? ¿Qué podrían estar diciendo las secuoyas o los calabacines? Se necesitan herramientas nuevas, porque es muy probable que las plantas tengan orientaciones completamente distintas. «Pero no caigamos en el desánimo —dice el presidente—. Recordemos que, aún a finales del siglo XX, la mayoría de los científicos y muchos artistas no creían que el cerebro humano pudiera llegar a entender nunca el idioma de los delfines. ¡Ni siquiera creían que mereciera la pena entenderlo!». Imagina un grupo de lingüistas del futuro riéndose también de ellos por su falta de interés en el lenguaje de las berenjenas «mientras se cargan la mochila a la espalda para leer la recién descifrada poesía del liquen en la cara norte de Pike's Peak».

Me sorprende que el relato de Le Guin se publicara casi una

década antes de que David Rhoades diera a conocer su descubrimiento acerca de las conversaciones químicas entre los alisos rojos y los sauces de Sitka en Washington.* Ahora sabemos que las plantas se hablan con señales químicas y podemos descifrar su estado de salud, su evaluación del riesgo momento a momento e incluso la cualidad de su néctar si analizamos las sustancias químicas volátiles que emiten. Se comunican entre ellas y, cuando la situación lo requiere, también con miembros de otras especies. ¿Qué ha de pasar para que decidamos que la comunicación de las plantas es un lenguaje? ¿Qué le sucedería a nuestra mente si decidiéramos que lo es?

Quizá las plantas también hablen con el movimiento, la electricidad o incluso el flujo de sus fluidos corporales, que produce clics audibles, aunque aún hay que entender mejor todos estos fenómenos. Pienso en Lilach Hadany, que orienta sus micros a las uvas y al trigo. Sabemos que los animales se comunican mediante cambios en los dibujos del pelaje, movimientos, penachos de pelo y gestos. En cuanto alejamos el foco de los modos de expresión humana, nos abrimos a otros mundos de ser. Cada año sabemos más. Es posible que las plantas ya tengan su lenguaje. Lo que sucede es que aún no sabemos cómo escucharlo.

Es posible que la ciencia nunca llegue a la conclusión plena de que las plantas son inteligentes, al menos no de la manera que sugiere para nosotros la palabra. Me estoy empezando a preguntar cuándo nos dejará de importar eso, dado lo que ahora sabemos de ellas. *Inteligencia* es una palabra muy cargada de

* Medio siglo después de que Le Guin escribiera este relato, los científicos creen estar al borde de poder traducir el lenguaje de las ballenas. La ciencia ficción, como la de Le Guin, siempre ha sido una herramienta para explicar la otredad, para invertir las jerarquías de poder y cuestionar lo que creemos que sabemos. Las plantas son «el otro» definitivo y, como tales, siempre han ocupado un lugar especial en la ciencia ficción. Si deseas ahondar en este tema, lee *Plants in Science Fiction: Speculative Vegetation*, compilado por Katherine E. Bishop, David Higgins y Jerry Määttä (Cardiff, University of Wales Press, 2020).

significado y connotaciones, y quizá demasiado conectada a nuestra idea de logro académico. Hace miles de años que se usa como arma arrojadiza contra otros seres humanos para separar a las personas en jerarquías de valor y poder. No quiero aplicar ese mismo esquema a toda una categoría de vida al completo. Sin embargo, es, por definición, una palabra que contiene el germen de lo que queremos decir cuando hablamos de estar alertas, despiertos al mundo, espontáneos, con capacidad de respuesta y de toma de decisiones. Deriva del latín *interlegere*: 'discernir', 'elegir'.

Por lo tanto, es posible que la ciencia no se digne nunca a usarla en relación con las plantas, precisamente por las implicaciones sociales que tendría; el ser humano ha contaminado la palabra con su humanidad. Sin embargo, las palabras no son más que símbolos. Trazan un perímetro alrededor de una emoción para la que no hay lenguaje. En ese sentido, es posible que *inteligente* sea el perímetro lingüístico más estrecho con el que contamos para describir lo que vemos que hacen las plantas. Podemos elegir recuperar su significado más universal, el primer latín. Pero si no usar la palabra es una decisión social, tomada fundamentalmente por científicos temerosos que desean no hacer daño, lo contrario también puede ser cierto. Nos podemos arriesgar y esperar que la comprensión llegue después. Podemos hacer todo lo posible para aclarar el significado y eliminar las connotaciones y categorías demasiado humanas. Al fin y al cabo, dar un toque excesivamente humano a la inteligencia de las plantas demuestra una gran falta de imaginación. Las plantas son exuberantes, sorprendentes e inteligentes a su propia manera.

El tema de qué palabras usar aparece con tanta frecuencia que me he cansado de escucharlo.* En el centro de este debate está la

* El de la conciencia es otro tema cansino. Es imposible describir u observar consciencia en el laboratorio. Al final, la cuestión consiste en decidir qué definiciones optamos por usar; todas ellas son invenciones del lenguaje que,

cuestión del antropomorfismo: usar términos humanos para describir vidas vegetales. Hay quien, como el ecólogo Carl Safina, afirma que es la «primera mejor aproximación» que podemos hacer cuando pensamos en lo que experimenta un ser no humano.[2] Engaña a los sentidos para que ocupen otras perspectivas, hace de puente para que podamos entender las vidas no humanas. Es lo que defendía Teofrasto, el filósofo griego que hablaba del corazón de la madera para referirse a la pulpa interna de los árboles: «Debemos apelar a lo más conocido para explorar lo desconocido».[3]

Cualquier otra cosa se torna ridícula rápidamente. En un artículo de 2015, la antropóloga Natasha Myers afirmó que los botánicos eran tan reticentes a usar un lenguaje remotamente antropomórfico que recurrían a formulaciones absurdas para describir la vida de las plantas.[4] En lugar de explicar que «almacenan» almidón y «movilizan azúcares» por la noche, dicen que «se altera el momento en que sucede la degradación del almidón». Una

---

por muy admirablemente que se empeñe en ello, nunca puede abarcar todo lo que significa ser los seres alertas y subjetivos que sabemos que somos. Por lo tanto, si la conciencia supone saber diferenciar entre el yo y el no yo, las plantas son conscientes. También lo son las células individuales. Si la conciencia es la capacidad de poder quedar inconsciente, desde fuera parece que las plantas también la tienen. ¿Puede haber inteligencia sin alguna forma de conciencia? El instinto me dice que no. Tal vez podamos separar la conciencia en fracciones y en grados, con algunos seres más conscientes y otros menos. Un espectro de conciencia. Sin embargo, entonces la palabra deja de ser suficiente, necesita de otras palabras. Las palabras no pueden captar toda la creatividad biológica.

Qué momento tan extraño en la historia de la comprensión de la conciencia. Los *chatbots* están empezando a sonar muy humanos. Estamos construyendo máquinas inteligentes con las que interactuamos como si fueran conscientes. La cuestión de la conciencia de estos programas inanimados aparece en las noticias un día sí y otro también. Si decidimos que la inteligencia artificial tiene alguna forma de conciencia, habremos convertido en animado a algo inanimado. Esto implica que la mente se puede codificar. Desencanta. Sugiere un mundo mental predeterminado, sin voluntad. Y no explica en absoluto la subjetividad que sentimos en nuestro interior, la podamos explicar y medir o no.

planta no «reacciona», sino que «es afectada». El pecado mortal de la voz pasiva azota los artículos botánicos. Y suena fatal. Articular estos procesos sin adscribir agencia es muy difícil, torpe e impreciso.* Cuando Myers preguntó a una investigadora si consideraba que las estructuras de las plantas eran análogas al sistema nervioso humano, ella respondió que no. Creía que usar lenguaje humano para explicar las plantas «desmerece a las plantas», porque «asume que el ser humano es el ser de referencia». Y la realidad es que las plantas son mucho más avanzadas que el ser humano en muchas categorías. Por ejemplo, resulta extraordinario que puedan producir sustancias químicas complejas, como la cafeína. «Son habilidades de las que nosotros carecemos», dice la investigadora. Comparar a las plantas con el ser humano elimina esas capacidades.

Me pregunto, entonces, si, en lugar de humanizar a las plantas, sería posible «vegetalizar» nuestro lenguaje. Podríamos describir esos rasgos como memoria vegetal, lenguaje vegetal, sensación vegetal... La esencia específicamente vegetal de cada palabra estaría ahí siempre, como un fantasma. Si las plantas son inteligentes a su manera vegetal, quizá lo podríamos llamar inteligencia vegetal. Sale de forma natural.

Me parece evidente que incluir a las plantas en nuestra imaginación ética tendrá que ser una decisión social. Solo hay que recordar la recientísima historia en la que se consideraba normal

* Yo también me he dado cuenta de ello. Una y otra vez, los artículos usan la voz pasiva para hablar de lo que hacen las plantas. Sin embargo, cuando visitaba a los investigadores en sus laboratorios o en el campo, antropomorfizaban sin problemas a las plantas y hablaban muy tranquilos de que a una planta «no le gusta nada esto» o de que este tratamiento «la hace muy feliz». Tenía muy claro que estos científicos no pensaban en las plantas como en humanos en miniatura cuando hablaban así. Ellos, más que nadie, sabían muy bien que las plantas funcionan de un modo distinto por completo. Sencillamente, ya habían resuelto las discrepancias en su mente y habían ampliado el lenguaje que usaban para adaptarlo a esta otra categoría de ser.

llevar a cabo demostraciones quirúrgicas usando perros vivos y sin anestesiar. Los médicos y los científicos lo justificaban diciendo que los animales no sentían el dolor. Ahora nos parece una idea ridícula y de lo más cruel, pero la ciencia afirmaba lo contrario entonces. El abandono de la vivisección no llegó porque en el mundo de la cirugía se hubiera cambiado de opinión, sino por la presión social, dirigida por las primeras sociedades protectoras de animales, en contra de la práctica.*

Para algunos, saltar a consideraciones éticas respecto a las plantas cuando los derechos animales aún no son un hecho es una distracción ridícula. Jeffrey T. Nealon, que ha sido el blanco de las críticas de amigos y de colegas en estudios animales por sugerir que los derechos de las plantas también son una cuestión ética, se pregunta si «todo esto funciona como un subgrupo de una práctica antigua: cerrar las puertas a las consideraciones éticas en cuanto tu grupo elegido consigue salir del frío abandono histórico».[5] Es una historia que se repite una y otra vez. Pero la atención moral no es un recurso finito.

Puede parecer un ejercicio absurdo trazar una línea que separe lo que merece nuestro respeto y nuestra atención y lo que no. Es un ejercicio que, en estos momentos, me produce mucha disonancia cognitiva. Me pregunto qué pasaría si las plantas ocuparan su sitio en nuestra sociedad. ¿Cómo sería una ética que las incluyera?

* Organizaciones compuestas fundamentalmente por mujeres fundaron las primeras sociedades protectoras de animales. Estas mujeres apelaron al corazón y a la mente de personas suficientes para que la vivisección se convirtiera en una práctica socialmente inaceptable. Muchas de ellas fueron también sufragistas y defendieron el derecho al voto para las mujeres, otra idea que las instituciones consideraron absurda hasta que las sufragistas forzaron un cambio social respecto a lo que se consideraba aceptable. Efectivamente, el fin de la vivisección y el comienzo del voto de la mujer están conectados: a medida que el círculo de derechos se va ampliando, cuesta ver por qué deberíamos dejar de seguir haciéndolo más grande.

La ley es uno de los lugares donde podemos empezar a pensar acerca de esto. En 1969, el Sierra Club presentó una demanda para impedir que la Walt Disney Company se embarcara en la construcción de una estación de esquí en una zona de un valle glacial subalpino colindante con el Parque Nacional de las Secuoyas. El coste de la construcción duplicaría el de la construcción del Disneyland original y exigiría el tendido de más de treinta kilómetros de autopista para facilitar la llegada de unos catorce mil visitantes diarios al valle. La demanda llegó al Tribunal Supremo, que la rechazó en 1972 argumentando que el Sierra Club no era una parte implicada:[6] la estación de esquí no las perjudicaría directamente en absoluto. En su memorable argumentación, el juez William O. Douglas escribió que las plantas y las entidades ecológicas deberían ser capaces de presentar demandas acerca de cuestiones que afectaran a su propia seguridad:

> A veces, los objetos inanimados son una parte en los litigios. Un barco tiene una personalidad legal, una ficción útil en cuestiones marítimas [...]. Por lo tanto, así debería ser también en lo que a valles, praderas alpinas, ríos, lagos, estuarios, playas, montañas, boques, pantanos o incluso el aire que sufre las presiones destructivas de la tecnología moderna y de la vida moderna se refiere [...]. Por lo tanto, la voz del objeto inanimado no debería ser silenciada.

Ese mismo año, en un ensayo titulado «Should Trees Have Standing?»,[7] el experto en derecho Christopher Stone rumiaba acerca de la idea de que los derechos legales para las plantas parecían «inconcebibles» en ese momento. Sin embargo, escribía, el ser humano viene ampliando los derechos humanos a grupos nuevos desde que el tiempo es tiempo. Con frecuencia, esto sucede después de largos periodos durante los que se ha privado de derechos a esas mismas entidades afirmando que la exclusión es «natural». En Estados Unidos, muchos consideraban «inconcebible» que grupos de personas como la población negra, china, judía o las mujeres pudieran acceder a determinados derechos legales, hasta que se les concedieron. Entidades no humanas, como corporaciones, fondos, naciones-Estado e incluso barcos, han tenido derechos legales que, en algunos casos, superaban a los de algunos de estos grupos de personas. Aun así, hubo juristas que, al ver cómo los tribunales concedían derechos a corporaciones, lo calificaron de «inconcebible». Stone afirma que, si las corporaciones tienen derechos, los árboles también deberían tenerlos. Que sea inconcebible no es una excusa.

«Hablo muy en serio cuando propongo que concedamos derechos legales a bosques, océanos, ríos y otros "objetos naturales" del medio ambiente. De hecho, derechos legales al medio ambiente en su conjunto», escribe Stone. Los «hechos» sociales, en los que la ley se basa con frecuencia, han cambiado a lo largo de la historia. Escribe que creamos un «mito» colectivo acerca de nosotros y del mundo para que recoja nuestras normas actuales, y las leyes canonizan ese mito. Sin embargo, tendemos a olvidar que son normas artificiales. «Tendemos a pensar que la ausencia de derechos de "cosas" que ahora no tienen derechos es un decreto de la naturaleza, no una convención legal que actúa en concierto con un *statu quo*», escribe Stone. A medida que nuestro conocimiento de «la geofísica, la biología y el cosmos» aumenta, también debería aumentar nuestro «mito» colectivo y, a su vez, las leyes que lo sustentan. El *statu quo* está desfasado. Necesitamos algo nuevo. Me pregunto qué pensaría Stone acerca de los recientes avances en botánica, que nos han descubierto tantas cosas que hace apenas veinte años nos parecían inconcebibles cuando pensábamos en las plantas. Estoy segura de que afirmaría aún más vigorosamente que las plantas merecen tener personalidad jurídica. De hecho, vamos tarde.

Con esto en mente, observé desde lejos cómo el arroz silvestre demandaba al estado de Minesota.[8] Un abogado de la Nación de la Tierra Blanca ojibwe presentó la demanda en 2021, en representación del arroz silvestre que crece a orillas de los humedales del norte de Minesota y al que la propuesta de la construcción de un oleoducto que atravesaría todo su hábitat ponía en peligro. El estado había concedido a Enbridge, una empresa canadiense, la autorización necesaria para construir el viaducto sin haber consultado previamente a la Nación de la Tierra Blanca, que, por tratado, ostentaba los derechos de cosecha del arroz silvestre en el área. El cereal es esencial en la vida de los ojibwes, que, cada septiembre, lo cosechan desde canoas.

El arroz silvestre necesita abundante agua muy limpia para crecer. El oleoducto llevaría crudo de arenas bituminosas y, con él, el riesgo de derrames. Por lo tanto, la Nación de la Tierra Blanca ojibwe concedió al arroz silvestre personalidad jurídica y reconoció su «derecho inherente a existir, florecer, regenerarse y evolucionar».[9] ¡Derecho a evolucionar! Jamás había visto un lenguaje tan biológicamente expansivo en una demanda. Parecía un momento histórico para las plantas como personalidades jurídicas. Sin embargo, el tribunal de la propia tribu desestimó el caso en 2022 por falta de precedentes.*

Es posible que aún falte un poco para que las plantas consigan personalidad jurídica, aunque se trata de un concepto tan antiguo como la cultura humana. Como ya hemos visto antes, filosofías nativas de todos los rincones del mundo ven con frecuencia a las plantas como familiares, antepasados o personas. No es que sean seres humanos, sino que los seres humanos son solo un tipo de personas, como también lo son los animales. Tener personalidad significa poseer agencia y voluntad, así como el derecho a existir por uno mismo. Dañar a una persona animal (o a una persona vegetal) puede ser crucial para la propia supervivencia, pero es cierto que no podemos darlo por sentado. Sí, tenemos que comer. Nos tenemos que vestir y tenemos que construir casas, y

* Mientras, los kichwas de Sarayaku, una población indígena de Ecuador, defienden ante las Naciones Unidas que se reconozca a su territorio en la selva amazónica como un ser consciente merecedor de derechos universales.

para todo ello hemos de matar a personas animales y a personas vegetales. Es ley de vida. Sin embargo, eso no justifica en absoluto los asesinatos indiscriminados ni la destrucción irracional.

En la filosofía y la cosmología indígenas, las plantas son con frecuencia familiares y antepasados, literalmente hablando. Los mayas en el México actual creen que las primeras personas se hicieron con maíz. En prácticamente todas las cosmologías, las plantas y las personas descienden del mismo linaje ecológico ampliado. Por supuesto, ahora lo entendemos como un hecho evolutivo. Ciertamente, compartimos antepasados con las plantas, aunque eso fue hace muchísimo tiempo. ¿Cómo sería si sintiéramos ese hecho como algo menos remoto y más presente en nuestra vida? Nos vincularía a todos en una misma relación, en una especie de familia extendida. Si una planta es una persona, tiene derecho a su autonomía. Un encuentro con una planta es un encuentro entre dos seres vivos. Deborah Bird Rose lo llamó «encuentro intersubjetivo».[10] Si pensamos en las plantas así, en el espacio entre ambos aparece una profunda fuerza moral que se prende a todo, como una tela de araña. No la podemos pasar por alto. No podemos salir de ella. La podríamos llamar «respeto».

El respeto viene acompañado de cierta responsabilidad de cuidado, de mantenimiento de una buena relación. Es posible que la personalidad de las plantas sea algo que debamos aprender por nosotros mismos y que, al principio, nos cueste ver. Sin embargo, una vez se ve, la parte de cuidado de esa nueva conciencia surge de manera natural. De repente, respetamos la autonomía de las plantas no porque sepamos que «deberíamos» hacerlo, sino porque estamos obligados a hacerlo. Porque hacer cualquier otra cosa equivaldría a violar nuestra propia personalidad moral. Supone cruzar un puente que lleva del descuido al cuidado de las plantas. La distancia entre ambos extremos es la orientación del corazón de cada uno respecto a este tema.

Hemos recorrido un camino muy largo para llegar a la misma conclusión a la que ya han llegado muchas personas. Sin embargo, los nuevos descubrimientos en botánica nos ofrecen la oportunidad de remodelar cómo vemos el mundo no humano y el lugar que ocupamos en él. Se me ocurrió que, si los científicos dan tantas vueltas y se preocupan tanto por cómo llamar a las plantas, es porque no confían en la imaginación de la población general. Temen que lleven la idea demasiado lejos, que simplifiquen el mensaje en exceso y que empiecen a ver a las plantas como a personajes de dibujos animados o como al equivalente de semidioses omniscientes en miniatura. Es un temor razonable. Lo entiendo, a veces el mensaje que se entiende es el más sencillo. Sin embargo, como periodista, soy dolorosamente consciente del peligro que supone eliminar los matices y la complejidad por miedo a que el mensaje no resulte digerible.

Esta falta de confianza en la población siempre erosiona el nivel del discurso público. La desconfianza en la población suele ser una profecía autocumplida. Si eliminamos la complejidad, la capacidad para entenderla se deteriora aún más. Creo que podemos confiar en que la gente sabe gestionar verdades complicadas. Las plantas no son criaturas omnipotentes o sobrenaturales. Tampoco son como nosotros. Y tampoco son ninguna de estas dos cosas. Ambas imágenes contienen parte de verdad y parte de falacia. Es complicado: tenemos que acoger la ambigüedad y disfrutar de la falta de tropos fáciles. Al fin y al cabo, la complejidad es la norma en la naturaleza. Pensar acerca de todo esto exige ocupar un espacio mental intermedio que este mundo contemporáneo, centrado en narrativas lineales y entidades conocidas, tolera en muy raras ocasiones.

Báyò Akómoláfé, poeta y filósofo yoruba, escribió acerca de esta zona intermedia y reflexionó sobre cómo todas las criaturas son en realidad organismos compuestos.[11] El estado de la naturaleza se caracteriza por una interpenetración y una mezcla que desafía toda categorización sencilla. Ocupa un lugar intermedio, tanto en la realidad material del mundo como en nuestra comprensión de este. «Esa zona intermedia de la que hablo no está a medio camino entre dos polos; es una porosidad que desmiente la idea de separación», escribe Akómoláfé, que plantea nuestra realidad biológica colectiva como un estado de «*intermediedad* brillante» que «lo derriba todo, corroe todos los límites, se extiende sobre los territorios marcados y cruza todas las líneas que con tanta seguridad hemos trazado». Me recuerda a Trewavas, cuando, en su salón en las afueras de Edimburgo, me dijo que los científicos no saben lo suficiente de las plantas para decir nada dogmático sobre ellas. Los científicos saben mucho acerca de las plantas, pero también es muy posible que aún no sepan qué es una planta en realidad.

La descripción de «*intermediedad* brillante» de Akómoláfé se aplica a todo lo que he aprendido sobre el reino vegetal y de nosotros. El concepto que tenemos de las plantas ha de existir en el espacio poroso y centelleante de nuestra mente. Es un lugar de difícil acceso. Es posible que no hayas accedido al tuyo desde tu infancia. Existir en ese espacio intermedio es complicado, pero no imposible. He cruzado esa puerta. Y confío en que otros pueden hacerlo también.

Habrá quien considere todo esto una cuestión de filosofía y de creencias y que, por lo tanto, afirme que supone alejarse de la ciencia. Pero no es que la ciencia se aleje cada vez más de sí misma. Por el contrario, el espacio entre la ciencia y el significado ético se cierra con una red de zarcillos tiernos que tejen un puente delicado.

Lo más milagroso de todo esto es que el mundo entero podría ser distinto. Considerar que las plantas son seres merecedores de derechos abriría un ámbito nuevo de existencia para ellas. Revolucionaría nuestro sistema moral, nuestro sistema legal y la manera en que habitamos la Tierra.

Poco después de mi viaje a Escocia, estaba en las profundidades de una cueva en Puerto Rico. El interior de la isla es montañoso y está cubierto de una selva frondosa y tan densa que al suelo del bosque solo llega luz teñida de verde. Sin embargo, esta jungla tiene muchas bocas, como los estomas del envés de una hoja, si uno sabe dónde mirar. Las bocas rocosas se abren a la oscuridad: son la entrada a un gigantesco sistema de cuevas que se entreteje en el subsuelo de la isla, como un sistema vascular de salas y ríos subterráneos.

Afortunadamente, mis amigos sabían dónde mirar. Ramón y Omar encontraron la boca que querían y empezamos a descender a la fría oscuridad, dejando la calidez del mediodía a nuestras espaldas. Pasamos frente a antiguos petroglifos taínos grabados en estalactitas (columnas de rostros redondos, lagartos y espirales) allá donde llegaba la última luz verdosa. De repente estábamos totalmente a oscuras. Encendimos los frontales de los cascos. Descendíamos, y las raíces descendían con nosotros desde el techo. En una sala cavernosa, raíces primarias gruesas como mi brazo con las que los árboles de la superficie habían taladrado metros de roca sólida sobre nuestras cabezas emergían de esta catedral negra y descendían otros nueve a doce metros por el aire vacío hasta alcanzar su objetivo: el suave río subterráneo a lo largo del cual avanzábamos con cuidado. Un esfuerzo titánico para beber. Me parecía excesivo. Sin embargo, confié en que esta infiltración seguía una lógica que escapaba a mis ojos humanos.

Nos alejamos del río. Hacía ya unas tres o cuatro horas que caminábamos bajo el suelo, a veces arrastrándonos sobre el abdomen para pasar por aberturas apenas más anchas que la cadera. Sin embargo, la privación sensorial que supone la oscuridad absoluta expande el tiempo de maneras peculiares, y sentía que llevaba allí una eternidad, que quizá no volvería a ver la luz del día. No era un reino para personas, aunque sabía que hacía milenios que el ser humano había sido huésped ocasional de estos lugares, cuya historia moderna estaba escrita en grafitis a lo largo de las paredes de la cueva, con firmas datadas en 1914, 1939 y 1974. En las paredes también había insectos muy raros, como uno con grandes que conseguimos, sino también por los caminos que emprendemos para alcanzarlos. El intentar dice más acerca de lo que albergamos en nuestro interior que el conseguir.

A riesgo de repetirme, aquí tampoco hay conclusiones definitivas. Si algo he aprendido, es que nuestra herencia es la creatividad biótica. Ahora, en lugar de ver una marcha hacia la catástrofe, como veía cuando era una oficinista desconectada que escribía las noticias, veo un mar de cambio infinito. La vida encuentra el camino si se le da la oportunidad.

¿Qué sucede cuando damos, o quitamos, esa oportunidad? El bienestar de las comunidades vegetales de todo el mundo depende ahora de la actitud de la humanidad hacia ellas. Ahora que podemos ver a las plantas como individuos, hemos aprendido a verlas en sus propios términos. Quizá sea el momento de trasladar esa admiración especial al conjunto. Biológicamente, su valor reside en su función como miembros de comunidades interrelacionadas, en la riqueza de las interacciones interespecíficas que sostienen el mundo, ese mundo del que todos formamos parte.

Una planta es una maravilla. Una comunidad de plantas es la vida. Es el pasado y el futuro evolutivos entretejidos en un presente desenfrenado en el que nosotros también estamos enredados. Esto expande la mente. Las plantas nos dan la oportunidad de ver el sistema en el que vivimos.

AGRADECIMIENTOS

Una tarde de invierno de 2018 estaba acurrucada en el reservado de la esquina de un pub en la costa oeste de Irlanda con Sarah Grose, mi amiga más antigua. Eran las cuatro y media de la tarde y ya había oscurecido. Tenía la sensación de estar al borde de algo nuevo. Le dije que creía que quería escribir un libro. Algo sobre plantas. Era la primera vez que enunciaba el pensamiento en voz alta. Sarah me dijo que escribiera ese pensamiento, ahí mismo, en el pub, porque lo iba a hacer. Seguro. Gracias, Sarah, por haberme conocido siempre antes de lo que yo me he conocido a mí misma.

En los años que siguieron, muchísimas personas llegaron a mi vida y me ayudaron a dar forma a este libro. Escribir es una actividad solitaria solo en el sentido más mecánico. Muchas docenas de científicos me regalaron horas de su tiempo, algunos a lo largo de varios años, y muchos de ellos me recibieron en sus laboratorios y me permitieron ver sus experimentos de campo. Durante estas conversaciones, siempre fui muy consciente de que todo lo que sabe un científico es fruto de infinitas horas en el laboratorio y de décadas en el mundo académico, lo que fue toda una lección de humildad para mí. Además, todos los que aparecen en el libro lo hicieron en nombre de las plantas. Increíble. Mi más profundo agradecimiento a todos por vuestra generosidad. Quiero transmitir un agradecimiento especial a Rick Karban, Liz van Volkenburgh, Ernesto Gianoli y J. C. Cahill. Nuestra prolongada correspondencia ha sido de un valor incalculable.

A Adam Eaglin, mi agente, que sostuvo el libro desde el principio: como escritora debutante, nunca hubiera podido imaginar la posibilidad de recibir este nivel de apoyo profesional, y no digamos ya con la elegancia absoluta con que Adam lo ofrece. Eres el héroe de cualquier escritor. Todos tus clientes somos muy afortunados por poder contar contigo. Gracias también a todo el equipo de la Cheney Agency, como la gran Elyse Cheney, por su apoyo total e inquebrantable.

Estoy profundamente agradecida a Sarah Haugen, mi editora en Harper Books, cuyas preguntas y comentarios han llevado el libro a otro nivel. Tus notas de aliento me han acompañado de borrador en borrador. Gracias por entenderme tan bien. Quiero agradecer a Gail Winston, que fue de las primeras en creer en este proyecto, sus consejos iniciales y su profundo conocimiento de este arte; no he podido estar en mejores manos. Gracias por conseguir que me sintiera como una escritora. Gracias a Milan Bozic por la cubierta perfectamente alienígena de la edición original, a Maya Baran por su saber publicitario y al resto del fantástico equipo de Harper, mis maravillosos campeones desde el primer día. Muchas gracias también a Emily Krieger, mi excelente verificadora de datos. Me siento muy afortunada por haber sido verificada por otra amante de las plantas.

Mi gratitud eterna a las residencias para artistas, unos espacios gloriosos donde escribir; varios de ellos aparecen en el libro. Todas y cada una de estas residencias me han enseñado a escuchar más atentamente el paisaje y a mí misma, y a tomarme en serio lo que oigo. Gracias a The Mesa Refuge en Punta Reyes (California), la Bloedel Reserve en Bainbridge Island (Washington), The Strange Foundation en West Shokan (Nueva York), The Marble House Project en Dorset (Vermont), The Folly Tree Arboretum en Easthampton (Nueva York), la Oak Spring Garden Foundation en Virginia y la National Parks Arts Foundation por el mes en el Parque Nacional de los Volcanes de Hawái en Big Island. Gracias sobre todo a los botánicos y los ecólogos del Servicio de Parques que conocí allí. He aprendido mucho de vosotros. Gracias al Jardín Botánico Tropical Nacional de Kauai, cuya beca de periodismo de información ambiental fue mi primer contacto con Steve Perlman y me catapultó a un camino nuevo. Lincoln, Cody, Laura y Farmer Bill Hill, gracias por los meses en vuestra granja, han sido de los más felices de mi vida.

Lucy McKeon, Julia Simpson, Nadja Spiegelman y Carina del Valle Schorske, sois de una creatividad brillante y unos amigos estupendos. Tengo la suerte de saber las dos cosas de primera mano. Gracias por vuestra atenta lectura, vuestros consejos como escritores, vuestras críticas precisas y todo lo que aprendo cuando estoy con vosotros.

Gracias a mis amigos Lily Consuelo Saporta Tagiuri, Jaffer Kolb, Ryan Moritz, Nikhil Sonnad, Althea SullyCole, Suzanne Pierre, Zoe Mendelson, Rose Eveleth, Olivia Gerber, Annabelle Maroney, Joseph Chugg, Olaya Barr y muchos otros de antes y ahora, por las conversaciones que han fertilizado mi pensamiento durante los años que ha durado este proyecto y los anteriores. Soy el resultado del tiempo que he pasado en vuestra compañía.

Gracias a D, mi madre, mi más ferviente defensora. Sabes cómo encontrar la magia en todo lo que el mundo tiene que ofrecer. De ti he recibido toda mi curiosidad y mi apertura de mente. A mi padre, Rafe, gracias por enseñarme que la física y la biología pueden ser sorprendentes desde que era muy pequeña. Es evidente que ver cómo te maravillaban los mecanismos del mundo me dejó huella. A Mikolo, mi hermano, quiero darle las gracias porque su amable apertura y su ingenio siempre me resultan inspiradores. Te quiero.

Gracias a Marleen DeGrande, mi maestra de primaria, que me enseñó poesía y a ser persistente, y me mostró cómo pasar del pensamiento a la acción. Una vez me dijiste que tenía que ser artista. Espero que esto cuente.

A Anne Humanfeld y Jeff Schlanger, a quienes he dedicado el libro: gracias por toda una vida aprendiendo a amar el mundo de la mejor manera y a apreciar con reverencia toda su belleza. Vuestra perspectiva del mundo ha influido profundamente en la mía.

Y, sobre todo, gracias a Sarah Sax. Todos los escritores saben lo escarpado de la topografía emocional de la escritura de un libro. Estoy convencidísima de que ninguno ha tenido más suerte que yo, que contaba con el optimismo terapéutico y el afecto completo de Sarah a los que regresar. Ha vivido plenamente este proyecto junto a mí y lo ha fertilizado con su curiosidad y su inteligencia. Nuestro interés compartido en el mundo natural es un placer renovador, un pozo alimentado por un manantial de agua fresca. Muchas de estas ideas cobraron vida durante mis conversaciones con ella. Muchas de las lecturas que me sugirió me expandieron el cerebro y se acabaron infiltrando en estas páginas. Sarah, eres mi primera lectora y mi editora preferida. Nuestra vida juntas es la conversación prolongada más interesante de la que jamás he tenido el privilegio de formar parte. Contigo, todo parece posible y siempre hay algo nuevo a la vuelta de la esquina.

NOTAS

1. La cuestión de la consciencia de las plantas

1. Lena van Giesen *et al.*, «Molecular Basis of Chemotactile Sensation in Octopus», en *Cell*, 183, n.º 3, 2020, págs. 594-604.

2. Jennifer Mather, «Cephalopod Tool Use», en Todd Shackelford y Vivian Weekes-Shackelford (comps.), *Encyclopedia of Evolutionary Psychological Science*, Nueva York, Springer, 2021, págs. 948-951.

3. Roland C. Anderson *et al.*, «Octopuses (*Enteroctopus dofleini*) Recognize Individual Humans», en *Journal of Applied Animal Welfare Science*, 13, n.º 3, 2010, págs. 261-272.

4. Fay-Wei Li *et al.*, «Fern Genomes Elucidate Land Plant Evolution and Cyanobacterial Symbioses», en *Nature Plants*, 4, n.º 7, 2018, págs. 460-472.

5. D. Blaine Marchant *et al.*, «Dynamic Genome Evolution in a Model Fern», en *Nature Plants*, 8, n.º 9, 2022, págs. 1038-1051.

6. Thomas A. Lumpkin y Donald L. Plucknett, «Azolla: Botany, Physiology, and Use as a Green Manure», en *Economic Botany*, 34, 1980, págs. 111-153.

7. Arthur W. Galston y Clifford L. Slayman, «The Not-So-Secret Life of Plants: In Which the Historical and Experimental Myths about Emotional Communication between Animal and Vegetable Are Put to Rest», en *American Scientist*, 67, n.º 3, 1979, págs. 337-344.

8. María A. Crepy y Jorge J. Casal, «Photoreceptor Mediated Kin Recognition in Plants», en *New Phytologist*, 205, n.° 1, 2015, págs. 329-338.

9. Monica Gagliano *et al.*, «Tuned in: Plant Roots Use Sound to Locate Water», en *Oecologia*, 184, n.° 1, 2017, págs. 151-160.

10. Junji Takabayashi, Marcel Dicke y Maarten A. Posthumus, «Induction of Indirect Defence against Spider-Mites in Uninfested Lima Bean Leaves», en *Phytochemistry*, 30, n.° 5, 1991, págs. 1459-1462.

11. Silke Allmann y Ian T. Baldwin, «Insects Betray Themselves in Nature to Predators by Rapid Isomerization of Green Leaf Volatiles», en *Science*, 329, n.° 5.995, 2010, págs. 1075-1078.

12. John Orrock, Brian Connolly y Anthony Kitchen, «Induced Defences in Plants Reduce Herbivory by Increasing Cannibalism», en *Nature Ecology and Evolution*, 1, n.° 8, 2017, págs. 1205-1207.

13. Bernard Berenson, *Sketch for a Self-Portrait*, Nueva York, Pantheon, 1949, pág. 27.

14. Lincoln Taiz *et al.*, «Plants Neither Possess nor Require Consciousness», en *Trends in Plant Science*, 24, n.° 8, 2019, págs. 677-687.

15. Paco Calvo y Anthony Trewavas, «Physiology and the (Neuro) Biology of Plant Behavior: A Farewell to Arms», en *Trends in Plant Science*, 25, n.° 3, 2020, págs. 214-216.

16. Joseph Priestley, «Letter to Benjamin Franklin from Joseph Priestley, 1 July 1772», en *Founders Online*, National Archives, <https://founders.archives.gov/documents/Franklin/01-19-02-0136>.

2. La ciencia cambia de opinión

1. Donna J. Haraway, «In the Beginning Was the Word: The Genesis of Biological Theory», en *Signs*, 6, n.° 3, 1981, págs. 469-481. <http://www.jstor.org/stable/3173758>.

2. Emanuele Coccia, *The Life of Plants: A Metaphysics of Mixture*, Hoboken, John Wiley, 2019.

3. Frederick W. Spiegel, «Contemplating the First Plantae», en *Science*, 335, n.° 6070, 2012, págs. 809-810.

4. G. M. Cooper, *The Cell: A Molecular Approach*, 2.ª ed., Sunderland, Sinauer; 2000. Chloroplasts and Other Plastids.

5. Yinon M. Bar-On, Rob Phillips y Ron Milo, «The Biomass Distribution on Earth», en *Proceedings of the National Academy of Sciences*, 115, n.° 25, 2018, págs. 6506-6511.

6. Timothy M. Lenton *et al.*, «Earliest Land Plants Created Modern Levels of Atmospheric Oxygen», en *Proceedings of the National Academy of Sciences*, 113, n.° 35, 2016, págs. 9704-9709.

7. Theresa L. Miller, *Plant Kin: A Multispecies Ethnography in Indigenous Brazil*, Austin, University of Texas Press, 2019.

8. Mary Siisip Geniusz, *Plants Have So Much to Give Us, All We Have to Do Is Ask, Anishinaabe Botanical Teachings*, Mineápolis, University of Minnesota Press, 2015, pág. 21.

9. Michael Marder, *Plant-Thinking, A Philosophy of Vegetal Life*, Nueva York, Columbia University Press, 2013.

10. Jane Bennett, *Vibrant Matter: A Political Ecology of Things*, Durham, Duke University Press, 2010.

11. Amber D. Carpenter, «Embodied Intelligent (?) Souls: Plants in Plato's Timaeus», en *Phronesis*, 55, n.° 4, 2010, págs. 281-303.

12. Las mujeres, los niños y los esclavos tenían almas que deseaban, no almas racionales, como explicó la académica feminista Val Plumwood. Val Plumwood, *Feminism and the Mastery of Nature*, Nueva York, Routledge, 1993, págs. 84-85, citada en Matthew Hall, *Plants as Persons: A Philosophical Botany*, Albany, SUNY Press, 2011.

13. Matthew Hall, «The Roots of Disregard: Exclusion and Inclusion in Classical Greek Philosophy», en *Plants as Persons*, págs. 17-36.

14. Teofrasto, *Historia plantarum*, c. 350-c. 287 a. C.

15. Teofrasto, *De causis plantarum*, 1.16.12.

16. Teofrasto, *Historia plantarum*, 1.2.7-1.2.8.

17. Teofrasto, 1.2.5.

18. Gary Hatfield, «Animal», en L. Nolan (comp.), *The Cambridge Descartes Lexicon*, Cambridge, Cambridge University Press, 2015, págs. 19-26, doi:10.1017/CBO9780511894695.010.

19. Thomas Huxley, «On the Hypothesis that Animals are Automata, and Its History», en *Nature*, 10, 1874, págs. 362-366.

20. Mohd Akmal, M. Zulkifle y A. H. Ansari, «Ibn Nafis—A Forgotten Genius in the Discovery of Pulmonary Blood Circulation», en *Heart Views: The Official Journal of the Gulf Heart Association*, 11, n.° 1, 2010, pág. 26.

21. Carol Kaesuk Yoon, «Donald R. Griffin, 88, Dies; Argued Animals Can Think», en *The New York Times*, 14 de noviembre de 2003.

22. Kristyn R. Vitale, Alexandra C. Behnke y Monique A. R. Udell, «Attachment Bonds between Domestic Cats and Humans», en *Current Biology*, 29, n.° 18, 2019, págs. R864-R865.

23. Philip Low *et al.*, «The Cambridge Declaration on Consciousness», artículo presentado en la Francis Crick Memorial Conference, Cambridge, Inglaterra, 2012, págs. 1-2.

24. Lara D. LaDage *et al.*, «Spatial Memory: Are Lizards Really Deficient?», en *Biology Letters*, 8, n.° 6, 2012, págs. 939-941.

25. Wen Wu *et al.*, «Honeybees Can Discriminate between Monet and Picasso Paintings», en *Journal of Comparative Physiology*, A, 199, 2013, págs. 45-55.

26. Shihao Dong *et al.*, «Social Signal Learning of the Waggle Dance in Honey Bees», en *Science*, 379, marzo de 2023, págs. 1015-1018.

27. James Gorman, «Do Honeybees Feel? Scientists Are Entertaining the Idea», en *The New York Times*, 18 de abril de 2016.

28. Bernard Barber, «Resistance by Scientists to Scientific Discovery», en *American Journal of Clinical Hypnosis*, 5, n.° 4, 1963, págs. 326-335.

29. Eric D. Brenner *et al.*, «Plant Neurobiology: An Integrated View of Plant Signaling», en *Trends in Plant Science*, 11, n.° 8, 2006, págs. 413-419.

30. František Baluška y Stefano Mancuso «Plants and Animals: Convergent Evolution in Action?», en Baluška, F. (comp.), *Plant-Environment Interactions: From Sensory Plant Biology to Active Plant Behavior*, Berlín, Springer, 2009, págs. 285-301.

31. Lincoln Taiz *et al.*, «Plants Neither Possess nor Require Consciousness», en *Trends in Plant Science*, 24, n.° 8, 2019, págs. 677-687.

32. Michael Pollan, «The Intelligent Plant», en *New Yorker*, 15 de diciembre de 2013.

3. Las plantas se comunican

1. David F. Rhoades, «Responses of Alder and Willow to Attack by Tent Caterpillars and Webworms: Evidence for Pheromonal Sensitivity of Willows», en P. A. Hedin (comp.), *Plant Resistance to Insects*, Washington, American Chemical Society, 1983, págs. 55-68.

2. *Ibidem*, pág. 3.

3. Anthony Trewavas, *Plant Behaviour and Intelligence*, Oxford, Oxford University Press, 2014, pág. 48.

4. Las células presentan un abanico tan «asombroso» de respuestas a una variedad «sorprendente» de estímulos que se ha empezado a plantear que también se debería decir que pueden aprender. Véase Sindy K. Y. Tang y Wallace F. Marshall, «Cell Learning», en *Current Biology*, 28, n.º 20, 2018, págs. R1180-1184.

5. Del discurso de McClintock en la entrega de los Nobel: «Uno de los objetivos para el futuro consistiría en determinar el alcance del conocimiento que tiene la célula de sí misma y cómo lo utiliza de una manera "reflexiva" ante las dificultades». Barbara McClintock, «The Significance of Responses of the Genome to Challenge», en *Cell Science*, 226, n.º 4676, 1984, págs. 792-801.

6. Alexander T. Topham *et al.*, «Temperature Variability Is Integrated by a Spatially Embedded Decision-Making Center to Break Dormancy in Arabidopsis Seeds», en *Proceedings of the National Academy of Sciences*, 114, n.º 25, 2017, págs. 6629-6634.

7. Richard Karban, *Plant Sensing and Communication*, Chicago, University of Chicago Press, 2015.

8. Simon V. Fowler y John H. Lawton, «Rapidly Induced Defenses and Talking Trees: The Devil's Advocate Position», en *American Naturalist*, 126, n.º 2, 1985, págs. 181-195.

9. JoAnn White, «Flagging: Hosts Defences versus Oviposition Strategies in Periodical Cicadas (Magicicada spp., Cicadidae, Homoptera)», en *Canadian Entomologist*, 113, n.º 8, 1981, págs. 727-738.

10. Ian T. Baldwin y Jack C. Schultz, «Rapid Changes in Tree Leaf Chemistry Induced by Damage: Evidence for Communication between Plants», en *Science*, 221, n.º 4607, 1983, págs. 277-279.

11. Peter Frick-Wright, «Early Bloom», entrevista con Jack Schultz, *podcast*, *Public Radio Exchange*, 8 de agosto de 2014.

12. Gian A. Nogler, «The Lesser-Known Mendel: His Experiments on *Hieracium*», en *Genetics*, 172, n.º 1, 2006, págs. 1-6.

13. Aino Kalske *et al.*, «Insect Herbivory Selects for Volatile-Mediated Plant-Plant Communication», en *Current Biology*, 29, n.º 18, 2019, págs. 3128-3133.

14. Patrick Grof-Tisza *et al.*, «Risk of Herbivory Negatively Correlates with the Diversity of Volatile Emissions Involved in Plant Communication», en *Proceedings of the Royal Society*, B, 288, n.º 1961, 2021, págs. 20.211.790.

15. Pamela M. Fallow, Robert D., Magrath, «Eavesdropping on Other Species: Mutual Interspecific Understanding of Urgency Information in Avian Alarm Calls», en *Animal Behaviour*, 79, n.º 2, 2010, págs. 411-417. Mylène Dutour, Jean-Paul Léna y Thierry Lengagne, «Mobbing Calls: A Signal Transcending Species Boundaries», en *Animal Behaviour*, 131, 2017, págs. 3-11.

16. Jonas Stiegler *et al.*, «Personality Drives Activity and Space Use in a Mammalian Herbivore», en *Movement Ecology*, 10, n.º 1, 2022, págs. 1-12.

17. Xoaquín Moreira *et al.*, «Specificity of Plant-Plant Communication for *Baccharis salicifolia* Sexes but Not Genotypes», en *Ecology*, 99, n.º 12, 2018, págs. 2731-2739.

18. Richard Karban *et al.*, «Kin Recognition Affects Plant Communication and Defence», en *Proceedings of the Royal Society*, B, 280, n.º 1756, 2013, págs. 20.123.062.

19. Justus Von Liebig y Lyon Playfair, *Organic Chemistry in Its Applications to Agriculture and Physiology*, Londres, Taylor and Walton, 1840.

20. Greta Marchesi, «Justus von Liebig Makes the World: Soil Properties and Social Change in the Nineteenth Century», en *Environmental Humanities*, 12, n.º 1, 2020, págs. 205-226.

4. Sienten y padecen

1. André M. Bastos *et al.*, «Neural effects of Propofol-Induced Unconsciousness and Its Reversal Using Thalamic Stimulation», en *Elife*, 10, 2021, pág. e60824.

2. A. Taylor y G. McLeod, «Basic Pharmacology of Local Anaesthetics», en *BJA Education*, 20, n.º 2, 2020, pág. 34.

3. Ken Yokawa *et al.*, «Anaesthetics Stop Diverse Plant Organ Movements, Affect Endocytic Vesicle Recycling and ROS Homeostasis, and Block Action Potentials in Venus Flytraps», en *Annals of Botany*, 122, n.º 5, 2018, págs. 747-756.

4. Thiago Paes de Barros De Luccia, «*Mimosa pudica*, *Dionaea muscipula* and anesthetics», en *Plant Signaling and Behavior*, 7, n.º 9, 2012, págs. 1163-1167.

5. S. Hagihira, «Changes in the Electroencephalogram during Anaesthesia and Their Physiological Basis» en *British Journal of Anaesthesia*, 115, supl. 1, 2015, págs. i27-i31.

6. Giulio Tononi, «An Information Integration Theory of Consciousness», en *BMC Neuroscience*, 5, 2004, págs. 1-22.

7. Carl Zimmer, «Sizing Up Consciousness by Its Bits», en *The New York Times*, 20 de septiembre de 2010.

8. Gabriela Quirós, «This Pulsating Slime Mold Comes in Peace», en *KQED*, 19 de abril de 2016.

9. Elizabeth Gamillo, «Mushrooms May Communicate with Each Other Using Electrical Impulses», en *Smithsonian Magazine*, abril de 2022.

10. Mirna Kramar y Karen Alim, «Encoding Memory in Tube Diameter Hierarchy of Living Flow Network», en *Proceedings of the National Academy of Sciences*, 118, n.º 10, 2021, e2007815118.

11. Mordecai J. Jaffe, «Thigmomorphogenesis: The Response of Plant Growth and Development to Mechanical Stimulation: With Special Reference to *Bryonia dioica*», en *Planta*, 114, 1973, págs. 143-157.

12. Mordecai J. Jaffe, Frank W. Telewski y Paul W. Cooke, «Thigmomorphogenesis: On the Mechanical Properties of Mechanically Perturbed Bean Plants», en *Physiologia Plantarum*, 62, n.º 1, 1984, págs. 73-78.

13. Frank W. Telewski y Mordecai J. Jaffe, «Thigmomorphogenesis: Field and Laboratory Studies of *Abies fraseri* in Response to Wind or Mechanical Perturbation», en *Physiologia Plantarum*, 66, n.º 2, 1986, págs. 211-218.

14. Frank W. Telewski y Mordecai J. Jaffe, «Thigmomorphogenesis: Anatomical, Morphological and Mechanical Analysis of Genetically Different Sibs of *Pinus taeda* in Response to Mechanical Perturbation», en *Physiologia Plantarum*, 66, n.º 2, 1986, págs. 219-226.

15. Yue Xu *et al.*, «Mitochondrial Function Modulates Touch

Signalling in *Arabidopsis thaliana*», en *Plant Journal*, 97, n.° 4, 2019, págs. 623-645.

16. L. Benikhlef *et al.*, «Perception of Soft Mechanical Stress in *Arabidopsis* Leaves Activates Disease Resistance», en *BMC Plant Biology*, 13, n.° 1, 2013, págs. 1-12.

17. Patrick Geddes, *The Life and Work of Sir Jagadis C. Bose*, Londres, Longmans, Green, 1920, pág. 146.

18. John Scott Burdon-Sanderson y F. J. M. Page, «I. On the Mechanical Effects and on the Electrical Disturbance Consequent on Excitation of the Leaf of *Dionæa muscipula*», en *Proceedings of the Royal Society of London*, 25, n.os 171-178, 1877, págs. 411-434.

19. J. C. Bose, *The Nervous Mechanisms of Plants*, Londres, Longmans, Green, 1926, pág. 184.

20. Prakash Narain Tandon, «Jagdish Chandra Bose and Plant Neurobiology», en *The Indian Journal of Medical Research*, 149, n.° 5, 2019, págs. 593-599.

21. J. C. Bose y G. P. Das, «Physiological and Anatomical Investigations on *Mimosa pudica*», en *Proceedings of the Royal Society of London*, B, 98, n.° 690, 1925, págs. 290-312.

22. J. C., Bose, *The Nervous Mechanism of Plants*, Calcuta, Longmans, Green, 1926, pág. ix.

23. Peter V. Minorsky, «American Racism and the Lost Legacy of Sir Jagadis Chandra Bose, the Father of Plant Neurobiology», en *Plant Signaling and Behavior*, 16, n.° 1, 2021, pág. 1818030.

24. D. C. Wildon *et al.*, «Electrical Signalling and Systemic Proteinase Inhibitor Induction in the Wounded Plant», en *Nature*, 360, n.° 6399, 1992, págs. 62-65.

25. Jiu Ping Ding y Barbara G. Pickard, «Mechanosensory Calcium Selective Cation Channels in Epidermal Cells», en *Plant Journal*, 3, n.° 1, 1993, págs. 83-110.

26. Bill Clinton, «Remarks by the President in State of the Union Address», Washington, DC, 1995.

27. Jennifer Böhm *et al.*, «The Venus Flytrap *Dionaea muscipula* Counts Prey-Induced Action Potentials to Induce Sodium Uptake», en *Current Biology*, 26, n.° 3, 2016, págs. 286-295.

28. Massatsugu Toyota *et al.*, «Glutamate triggers Long-Distance, Calcium-Based Plant Defense Signaling», en *Science*, 361, n.° 6407, 2018, págs. 1112-1115.

29. Seyed A. R. Mousavi *et al.*, «Glutamate Receptor-Like Genes Mediate Leaf-to-Leaf Wound Signalling», en *Nature*, 500, n.° 7463, 2013, págs. 422-426.

30. Elizabeth Haswell e Ivan Baxter, «Simon Says: Captivate the Public with Snazzy Videos of Plant Defense, Send Plants to Space, and Embrace Curiosity-Driven Science», en *Taproot*, *podcast*, temporada 3, episodio 5, 19 de marzo de 2019.

31. Gloria K. Muday y Heather Brown-Harding, «Nervous System-Like Signaling in Plant Defense», en *Science*, 361, n.° 6407, 2018, págs. 1068-1069.

32. Sergio Miguel-Tomé y Rodolfo R. Llinás, «Broadening the Definition of a Nervous System to Better Understand the Evolution of Plants and Animals», en *Plant Signaling and Behavior*, 16, n.° 10, 2021, pág. 1927562.

33. Amber Dance, «The Quest to Decipher How the Body's Cells Sense Touch», en *Nature*, 577, n.° 7789, 2020, págs. 158-161.

5. Son todo oídos

1. Ralph Simon *et al.*, «Floral Acoustics: Conspicuous Echoes of a Dish-Shaped Leaf Attract Bat Pollinators», en *Science*, 333, n.° 6042, 2011, págs. 631-633.

2. Dagmar von Helversen y Otto von Helversen, «Acoustic Guide in Bat-Pollinated Flower», en *Nature*, 398, n.° 6730, 1999, págs. 759-760.

3. Heidi M. Appel y Reginald B. Cocroft, «Plants Respond to Leaf Vibrations Caused by Insect Herbivore Chewing», en *Oecologia*, 175, n.° 4, 2014, págs. 1257-1266.

4. Bosung Choi *et al.*, «Positive Regulatory Role of Sound Vibration Treatment in *Arabidopsis thaliana* against *Botrytis cinerea* Infection», en *Scientific Reports*, 7, n.° 1, 2017, págs. 1-14.

5. Mi-Jeong Jeong *et al.*, «Sound Frequencies Induce Drought Tolerance in Rice Plant», en *Pakistan Journal of Botany*, 46, 2014, págs. 2015-2020.

6. Joo Yeol Kim *et al.*, «Sound Waves Increases the ascorbic Acid Content of Alfalfa Sprouts by Affecting the Expression of Ascorbic Acid Biosynthesis-Related Genes», en *Plant Biotechnology Reports*, 11, 2017, págs. 355-364.

7. Joo Yeol Kim *et al.*, «Sound Waves Affect the Total Flavonoid Contents in *Medicago sativa*, *Brassica oleracea* and *Raphanus sativus* Sprouts», en *Journal of the Science of Food and Agriculture*, 100, n.° 1, 2020, págs. 431-440.

8. Shaobao Liu *et al.*, «Arabidopsis Leaf Trichomes as Acoustic Antennae», en *Biophysical Journal*, 113, n.° 9, 2017, págs. 2068-2076.

9. Michelle Peiffer *et al.*, «Plants on Early Alert: Glandular Trichomes as Sensors for Insect Herbivores», en *New Phytologist*, 184, n.° 3, 2009, págs. 644-656.

10. Marine Veits *et al.*, «Flowers Respond to Pollinator Sound within Minutes by Increasing Nectar Sugar Concentration», en *Ecology Letters*, 22, n.° 9, 2019, págs. 1483-1492.

11. Monica Gagliano *et al.*, «Tuned In: Plant Roots Use Sound to Locate Water», en *Oecologia*, 184, n.° 1, 2017, págs. 151-160.

12. C. Bennerscheidt *et al.*, «Unterirdische Infrastruktur—Bauteile, Bauverfahren and Schäden durch Wurzeln», en D. Dujesiefken (comp.), *Deutsche Baumpflegetage*, Augsburgo, Alemania, Haymarket, 2009, págs. 23-32 (en alemán). Coste ajustado a niveles de 2023.

13. Thomas B. Randrup, E. Gregory McPherson y Laurence R. Costello, «Tree Root Intrusion in Sewer Systems: Review of Extent and Costs», en *Journal of Infrastructure Systems*, 7, n.° 1, 2001, págs. 26-31.

14. Monica Gagliano, «Green Symphonies: A Call for Studies on Acoustic Communication in Plants», en *Behavioral Ecology*, 24, n.° 4, 2013, págs. 789-796.

15. Melvin T. Tyree y John S. Sperry, «Vulnerability of Xylem to Cavitation and Embolism», en *Annual Review of Plant Biology*, 40, n.° 1, 1989, págs. 19-36.

16. Itzhak Khait *et al.*, «Sounds Emitted by Plants under Stress Are Airborne and Informative», en *Cell*, 186, n.° 7, 2023, págs. 1328-1336.

17. Monica Gagliano, «Green Symphonies: A Call for Studies on Acoustic Communication in Plants», en *Behavioral Ecology*, 24, n.° 4, 2013, págs. 789-796.

18. Michael Pollan, «The Intelligent Plant», en *New Yorker*, 15 de diciembre de 2013. Véase también: Monica Gagliano, Michael Renton, Nili Duvdevani, Matthew Timmins y Stefano Mancuso, «Acoustic and magnetic communication in plants: is it possible?», en *Plant Signaling & Behavior*, 7, n.° 10, 2012, págs. 1346-1348.

19. Leo Banks, «Scientist Has Gone to the Prairie Dogs, Finds They Talk», en *Los Angeles Times*, 5 de junio de 1997.

20. Toshitaka N. Suzuki, David Wheatcroft y Michael Griesser, «Experimental Evidence for Compositional Syntax in Bird Calls», en *Nature Communications*, 7, n.° 1, 2016, pág. 10986.

21. Monica Gagliano *et al.*, «Learning by Association in Plants», en *Scientific Reports*, 6, n.° 1, 2016, pág. 38427.

22. Kasey Markel, «Lack of Evidence for Associative Learning in Pea Plants», en *Elife*, 9, 2020, pág. e57614.

23. Kristi Onzik y Monica Gagliano, «Feeling Around for the Apparatus: A Radicley Empirical Plant Science», en *Catalyst: Feminism, Theory, Technoscience*, 8, n.° 1, 2022, <https://doi.org/10.28968/cftt.v8i1.34774>.

6. El cuerpo (de la planta) lleva la cuenta

1. Hans-Jürgen Ensikat, Thorsten Geisler y Maximilian Weigend, «A First Report of Hydroxylated Apatite as Structural Biomineral in Loasaceae—Plants' Teeth against Herbivores», en *Scientific Reports*, 6, n.° 1, 2016, pág. 26073.

2. Adeel Mustafa, Hans-Jürgen Ensikat, Maximilian Weigend, «Stinging Hair Morphology and Wall Biomineralization across Five Plant Families: Conserved Morphology versus Divergent Cell Wall Composition», en *American Journal of Botany*, 105, n.° 7, 2018, págs. 1109-1122.

3. «A Flower That Behaves Like an Animal», nota de prensa de la Universidad Libre de Berlín, 12 de agosto de 2012, <https://www.fu-berlin.de/en/presse/informationen/fup/2012/fup_12_227/index.html>.

4. Tilo Henning y Maximilian Weigend, «Total Control – Pollen Presentation and Floral Longevity in Loasaceae (Blazing Star Family) Are Modulated by Light, Temperature and Pollinator Visitation Rates», en *PLoS ONE*, 7, n.° 8, agosto de 2012, pág. e41121.

5. Moritz Mittelbach *et al.*, «Flowers Anticipate Revisits of Pollinators by Learning from Previously Experienced Visitation Intervals», en *Plant Signaling and Behavior*, 14, n.° 6, 2019, pág. 1595320.

6. Joachim Keppler, «The Common Basis of Memory and Cons-

ciousness: Understanding the Brain as a Write-Read Head Interacting with an Omnipresent Background Field», en *Frontiers in Psychology*, 10, 2020, pág. 2968.

7. Bessel van der Kolk, *The Body Keeps the Score: Brain, Mind, and Body in the Healing of Trauma*, Nueva York, Penguin, 2014.

8. Laura Ruggles, «The Minds of Plants», en *Aeon*, 12 de diciembre de 2017.

9. Michael P. M. Dicker *et al.*, «Biomimetic Photo-Actuation: Sensing, Control and Actuation in Sun-Tracking Plants», en *Bioinspiration and Biomimetics*, 9, n.° 3, 2014, pág. 036015.

10. Yuya Fukano, «Vine Tendrils Use Contact Chemoreception to Avoid Conspecific Leaves», en *Proceedings of the Royal Society*, B, 284, n.° 1850, 2017, pág. 20.162.650.

11. Roger P. Hangarter, *Plants-In-Motion*, sitio web, <https://plantsinmotion.bio.indiana.edu/>.

12. Justin B. Runyon, Mark C. Mescher y Consuelo De Moraes, «Volatile Chemical Cues Guide Host Location and Host Selection by Parasitic Plants», en *Science*, 313, n.° 5.795, 2006, págs. 1964-1967.

13. Colleen K. Kelly, «Resource Choice in *Cuscuta europaea*», en *Proceedings of the National Academy of Sciences*, 89, n.° 24, 1992, págs. 12194-12197.

14. Anthony Trewavas, «The Foundations of Plant Intelligence», en *Interface Focus*, 7, n.° 3, 2017, pág. 20160098, sección 10.3.

15. Bettina Kaiser *et al.*, «Parasitic Plants of the Genus *Cuscuta* and Their Interaction with Susceptible and Resistant Host Plants», en *Frontiers in Plant Science*, 6, 2015, pág. 45.

16. Anthony Trewavas, «Intelligence, Cognition, and Language of Green Plants», en *Frontiers in Psychology*, 7, 2016, pág. 588.

17. *Ibidem*.

18. Robin E. Kimmerer, «White Pine», en *The Mind of Plants: Narratives of Vegetal Intelligence*, Santa Fe, Synergetic Press, 2021.

7. Conversaciones con animales

1. Donna Haraway, «Tentacular Thinking: Anthropocene, Capitalocene, Chthulucene», en *Staying with the Trouble: Making Kin in the Chthulucene*, Durham, Duke University Press, 2016, págs. 30-57.

2. Consuelo M. De Moraes *et al.*, «Herbivore-Infested Plants Selectively Attract Parasitoids», en *Nature*, 393, n.° 6.685, 1998, págs. 570-573.

3. Foteini G. Pashalidou *et al.*, «Bumble Bees Damage Plant Leaves and Accelerate Flower Production When Pollen Is Scarce», en *Science*, 368, n.° 6493, 2020, págs. 881-884.

4. Ariela I. Haber *et al.*, «A Sensory Bias Overrides Learned Preferences of Bumblebees for Honest Signals in *Mimulus guttatus*», en *Proceedings of the Royal Society*, B, 288, n.° 1948, 2021, pág. 20.210.161.

5. Eric C. Yip *et al.*, «Sensory Co-Evolution: The Sex Attractant of a Gall-Making Fly Primes Plant Defences, but Female Flies Recognize Resulting Changes in Host-Plant Quality», en *Journal of Ecology*, 109, n.° 1, 2021, págs. 99-108.

6. Tobias Lortzing *et al.*, «Extrafloral Nectar Secretion from Wounds of *Solanum dulcamara*», en *Nature Plants*, 2, n.° 5, 2016, págs. 1-6.

7. Brigitte Fiala y Ulrich Maschwitz, «Studies on the South East Asian Ant-Plant Association *Crematogaster borneensis/Macaranga*: Adaptations of the Ant Partner», en *Insectes sociaux*, 37, n.° 3, 1990, págs. 212-231.

8. E. Toby Kiers *et al.*, «Host Sanctions and the Legume-Rhizobium Mutualism», en *Nature*, 425, n.° 6953, 2003, págs. 78-81.

9. Rod Peakall, «Annals of Botany Lecture», conferencia grabada, 28 de julio de 2020.

10. Rod Peakall, «Q&A: Rod Peakall», en *Current Biology Magazine*, 32, n.° 16, 2022, págs. R861-R863. <https://www.cell.com/current-biology/pdf/S09609822(22)01129-0.pdf>.

11. Haiyang Xu *et al.*, «Complex Sexual Deception in an Orchid Is Achieved by Co-opting Two Independent Biosynthetic Pathways for Pollinator Attraction», en *Current Biology*, 27, n.° 13, 2017, págs. 1867-1877.

12. Carla Hustak y Natasha Myers, «Involutionary Momentum: Affective Ecologies and the Sciences of Plant/Insect Encounters», en *differences*, 23, n.° 3, 2012, págs. 74-118.

13. Carla Hustak y Natasha Myers, «Involutionary Momentum: Affective Ecologies and the Sciences of Plant/Insect Encounters», en *differences*, 23, n.° 3, 2012, pág. 74. Cita de Darwin en el interior: «No

hay otra planta, y apenas ningún otro animal, que presente adaptaciones de una parte a la otra, y del conjunto de otros organismos muy remotos en la escala de la naturaleza, más perfectas que las que presenta esta Orchis».

14. Charles Darwin, *On the Origin of Species*, 1866.

15. Nicolas J. Vereecken y Florian P. Schiestl, «The Evolution of Imperfect Floral Mimicry», en *Proceedings of the National Academy of Sciences*, 105, n.° 21, 2008, págs. 7484-7488.

16. Robin W. Kimmerer, «Asters and Goldenrod», en *Braiding Sweetgrass: Indigenous Wisdom, Scientific Knowledge and the Teachings of Plants*, Mineápolis, Milkweed, 2013.

17. Ferris Jabr, «How Beauty Is Making Scientists Rethink Evolution», en *The New York Times Magazine*, 9 de enero de 2019.

18. Toshiyuki Nagata *et al.*, «Sex Conversion in Ginkgo biloba (Ginkgoaceae)», en *Journal of Japanese Botany*, 91, 2016, págs. 120-127.

19. Jarmo K. Holopainen y James D. Blande, «Molecular Plant Volatile Communication», en C. López Larrea (comp.), *Sensing in Nature*, Nueva York, Springer, 2012, págs. 17-31.

20. Sari J. Himanen *et al.*, «Birch (*Betula* spp.) leaves Adsorb and Re-release Volatiles Specific to Neighbouring Plants—A Mechanism for Associational Herbivore Resistance?», en *New Phytologist*, 186, n.° 3, 2010, págs. 722-732.

21. Jarmo K. Holopainen, Anne-Marja Nerg y James D. Blande, «Multitrophic Signalling in Polluted Atmospheres», en U. Niinemets y R. K. Monson, *Biology, Controls and Models of Tree Volatile Organic Compound Emissions*, Dordrecht, Alemania, Springer, 2013, págs. 285-314.

22. Gerard Farré Armengol *et al.*, «Ozone Degrades Floral Scent and Reduces Pollinator Attraction to Flowers», en *New Phytologist*, 209, n.° 1, 2016, págs. 152-160.

23. Amanuel Tamiru *et al.*, «Maize Landraces Recruit Egg and Larval Parasitoids in Response to Egg Deposition by a Herbivore», en *Ecology Letters*, 14, n.° 11, 2011, págs. 1075-1083.

24. Kat McGowan, «Listen to the Plants», en *Slate*, 18 de abril de 2014.

25. Anket Sharma *et al.*, «Worldwide Pesticide Usage and Its Impacts on Ecosystem», en *SN Applied Sciences*, 1, n.° 11, 2019, págs. 1-16.

26. «Pesticides», en el sitio web sobre pesticidas, U.S. Geological Survey, 2017. <https://www.usgs.gov/centers/ohio-kentucky-indiana-water-science-center/science/pesticides?qt-science_center_objects=0#overview>.

27. Wolfgang Boedeker *et al.*, «The global distribution of acute unintentional pesticide poisoning: estimations based on a systematic review», en *BMC Public Health*, 20, n.º 1, 2020, págs. 1-19.

28. Fengqi Li *et al.*, «Expression of Lima Bean Terpene Synthases in Rice Enhances Recruitment of a Beneficial Enemy of a Major Rice Pest», en *Plant, Cell and Environment*, 41, n.º 1, 2018, págs. 111-120.

29. Mirian F. F. Michereff *et al.*, «Variability in Herbivore-Induced Defence Signalling across Different Maize Genotypes Impacts Significantly on Natural Enemy Foraging Behaviour», en *Journal of Pest Science*, 92, 2019, págs. 723-736.

30. Janine Griffiths-Lee, Elizabeth Nicholls y Dave Goulson, «Companion Planting to Attract Pollinators Increases the Yield and Quality of Strawberry Fruit in Gardens and Allotments», en *Ecological Entomology*, 45, n.º 5, 2020, págs. 1025-1034.

31. Nathan Hecht, «Berries, Bees, and Borage», en *Minnesota Fruit Research*, Universidad de Minesota, 3 de diciembre de 2018, <https://fruit.umn.edu/content/berries-bees-borage>.

8. El científico y la planta trepadora camaleónica

1. Charles Darwin, *The Movements and Habits of Climbing Plants*, 2.ª ed., Londres, John Murray, 1875.

2. Ken Yokawa, Tomoko Kagenishi y F. Baluška, «Root Photomorphogenesis in Laboratory-Maintained Arabidopsis Seedlings», en *Trends in Plant Science*, 18, n.º 3, 2013, págs. 117-119.

3. *Ibidem.*

4. Christian Burbach *et al.*, «Photophobic Behavior of Maize Roots», en *Plant Signaling and Behavior*, 7, n.º 7, 2012, págs. 874-878.

5. J. Scott McElroy, «Vavilovian Mimicry: Nikolai Vavilov and His Little-Known Impact on Weed Science», en *Weed Science*, 62, n.º 2, 2014, págs. 207-216.

6. C. Y. Ye *et al.*, «Genomic Evidence of Human Selection on

Vavilovian Mimicry», en *Nature Ecology and Evolution*, 3, n.º 10, 2019, págs. 1474-1482.

7. J. S. McElroy, «Vavilovian Mimicry: Nikolai Vavilov and His Little-Known Impact on Weed Science», en *Weed Science*, 62, n.º 2, 2014, págs. 207-216.

8. F. Baluška y Stefano Mancuso, «Vision in Plants via Plant-Specific Ocelli?», en *Trends in Plant Science*, 21, n.º 9, 2016, págs. 727-730.

9. Gottlieb Haberlandt, *Die Lichtsinnesorgane der Laubblätter*, Leipzig, W. Engelmann, 1905.

10. Francis Darwin, «Lectures on the Physiology of Movement in Plants», en *New Phytologist*, 5, n.º 9, noviembre de 1906, pág. 74.

11. Nils Schuergers *et al.*, «Cyanobacteria Use Micro-Optics to Sense Light Direction», en *Elife*, 5, 2016, pág. e12620.

12. Jason D. Smith *et al.*, «A Plant Parasite Uses Light Cues to Detect Differences in Host-Plant Proximity and Architecture», en *Plant, Cell and Environment*, 44, n.º 4, 2021, págs. 1142-1150.

13. Inyup Paik y Enaml Huq, «Plant Photoreceptors: Multi-Functional Sensory Proteins and Their Signaling Networks», en *Seminars in Cell and Developmental Biology*, 92, 2019, págs. 114-121.

14. María A. Crepy y Jorge J. Casal, «Photoreceptor-Mediated Kin Recognition in Plants», en *New Phytologist*, 205, n.º 1, 2015, págs. 329-338.

15. Ernesto Gianoli y Fernando Carrasco-Urra, «Leaf Mimicry in a Climbing Plant Protects against Herbivory», en *Current Biology*, 24, n.º 9, 2014, págs. 984-987.

16. Bryan Barlow, «Cryptic Mimicry of Their Hosts–Mistletoes», en *Australian National Herbarium*, 11 de septiembre de 2012, <https://www.anbg.gov.au/mistletoe/mimicry.html>.

17. Olga Plotnikova, Ancha Baranova y Mikhail Skoblov, «Comprehensive Analysis of Human MicroRNA-mRNA Interactome», en *Frontiers in Genetics*, 10, 2019, pág. 933.

18. Scott M. Hammond, «An Overview of MicroRNAs», en *Advanced Drug Delivery Reviews*, 87, 2015, págs. 3-14.

19. Federico Betti *et al.*, «Exogenous miRNAs Induce Post-Transcriptional Gene Silencing in Plants», en *Nature Plants*, 7, n.º 10, 2021, págs. 1379-1388.

20. Kazuki Izawa *et al.*, «Discovery of Ectosymbiotic Endomicro-

bium lineages Associated with Protists in the Gut of Stolotermitid Termites», en *Environmental Microbiology Reports*, 9, n.º 4, 2017, págs. 411-418.

21. Ernesto Gianoli *et al.*, «Endophytic Bacterial Communities Are Associated with Leaf Mimicry in the Vine *Boquila trifoliolata*», en *Scientific Reports*, 11, n.º 1, 2021, pág. 22673.

22. Rupert Sheldrake, «Morphic Resonance and Morphic Fields—An Introduction», en <https://www.sheldrake.org/research/morphic-resonance/introduction>.

23. Zoë Schlanger, «Your Microbiome Extends in a Microbial Cloud Around You, Like an Aura», en *Newsweek*, 22 de septiembre de 2015.

24. Ron Sender, Shai Fuchs y Ron Milo, «Are We Really Vastly Outnumbered? Revisiting the Ratio of Bacterial to Host Cells in Humans», en *Cell*, 164, n.º 3, 2016, págs. 337-340. Véase también J. Gallagher, «More Than Half Your Body Is Not Human», en *BBC News*, 251, 2018.

25. Jean-Christophe Simon *et al.*, «Host-Microbiota Interactions: From Holobiont Theory to Analysis», en *Microbiome*, 7, n.º 1, 2019, págs. 1-5.

26. Bruce Weber, «Lynn Margulis, Evolution Theorist, Dies at 73», en *The New York Times*, 24 de noviembre de 2011.

27. Michael W. Gray, Gertraud Burger y B. Franz Lang, «Mitochondrial Evolution», en *Science*, 283, n.º 5407, 1999, págs. 1476-1481.

28. Thomas C. G. Bosch y Margaret McFall-Ngai, «Animal Development in the Microbial World: Re-Thinking the Conceptual Framework», en *Current Topics in Developmental Biology*, 141, 2021, págs. 399-427.

29. Margaret McFall-Ngai, «Care for the Community», en *Nature*, 445, n.º 7124, 2007, pág. 153.

30. Lynn Margulis y Dorion Sagan, *Microcosmos: Four Billion Years of Microbial Evolution*, Berkeley: University of California Press, 1997.

31. Lynn Margulis y Dorion Sagan, *Acquiring Genomes: A Theory of the Origin of Species*, Nueva York, Basic Books, 2008.

9. La vida social de las plantas

1. Suzanne Batra, «Nests and Social Behavior of Halictine Bees of India (Hymenoptera: Halictidae)», en *Indian Journal of Entomology*, 28, 1966, pág. 375.

2. Suzanne Batra, «Beyond the Honeybee», en *American Scientist*, 110, n.º 2, 2022, págs. 72-74.

3. Michael R. Warner *et al.*, «Convergent Eusocial Evolution Is Based on a Shared Reproductive Groundplan plus Lineage-Specific Plastic Genes», en *Nature Communications*, 10, n.º 1, 2019, pág. 2651.

4. K. C. Burns, I. Hutton y L. Shepherd, «Primitive Eusociality in a Land Plant?», en *Ecology*, 102, n.º 9, 2021, pág. e03373.

5. Sivan Kinreich *et al.*, «Brain-to-Brain Synchrony during Naturalistic Social Interactions», en *Scientific Reports*, 7, 17060, diciembre de 2017.

6. Julia Sliwa, «Toward Collective Animal Neuroscience», en *Science*, 374, n.º 6566, octubre de 2021.

7. Caroline Szymanski *et al.*, «Teams on the Same Wavelength Perform Better: Inter-Brain Phase Synchronization Constitutes a Neural Substrate for Social Facilitation», en *Neuroimage*, 152, 2017, págs. 425-436.

8. Laura Astolfi *et al.*, «Cortical Activity and Functional Hyperconnectivity by Simultaneous EEG Recordings from Interacting Couples of Professional Pilots», en *Proceedings of the Annual International Conference of the IEEE Engineering in Medicine and Biology Society*, Nueva York, IEEE, 2012, págs. 4752-4755.

9. Yi Hu *et al.*, «Brain-to-Brain Synchronization across Two Persons Predicts Mutual Prosociality», en *Social Cognitive and Affective Neuroscience*, 12, n.º 12, 2017, págs. 1835-1844.

10. Lei Li *et al.*, «Neural Synchronization Predicts Marital Satisfaction», en *Proceedings of the National Academy of Sciences*, 119, n.º 34, 2022, pág. e2202515119.

11. Atiqah Azhari *et al.*, «Physical Presence of Spouse Enhances Brain-to-Brain Synchrony in Co-parenting Couples», en *Scientific Reports*, 10, n.º 1, 2020, págs. 1-11.

12. S. A. Dudley y A. L. File, «Kin Recognition in an Annual Plant», en *Biology Letters*, 3, n.º 4, 2007, págs. 435-438.

13. Guillermo P. Murphy y Susan A. Dudley, «Kin Recognition:

Competition and Cooperation in Impatiens (Balsaminaceae)», en *American Journal of Botany*, 96, n.º 11, 2009, págs. 1990-1996.

14. Andy Gardner y Stuart A. West, «Inclusive Fitness: 50 Years On», en *Philosophical Transactions of the Royal Society*, B 369, n.º 1642, 2014, pág. 20.130.356.

15. *Ibidem.*

16. Lisa Stiffler, «Understanding Orca Culture», en *Smithsonian Magazine*, agosto de 2011.

17. «Baboon Social Life», en Amboseli Baboon Research Project, Princeton University, <https://www.princeton.edu/~baboon/social_life.html>.

18. Emmett J. Duffy, Cheryl L. Morrison y Kenneth S. Macdonald, «Colony Defense and Behavioral Differentiation in the Eusocial Shrimp *Synalpheus regalis*», en *Behavioral Ecology and Sociobiology*, 51, 2002, págs. 488-495.

19. Mónica López Pereira *et al.*, «Light-Mediated Self-Organization of Sunflower Stands Increases Oil Yield in the Field», en *Proceedings of the National Academy of Sciences*, 114, n.º 30, 2017, págs. 7975-7980.

20. Richard Karban *et al.*, «Kin recognition Affects Plant Communication and Defence», en *Proceedings of the Royal Society*, B 280, n.º 1.756, 2013, pág. 20.123.062.

21. María A. Crepy y Jorge J. Casal, «Photoreceptor Mediated Kin Recognition in Plants», en *New Phytologist*, 205, n.º 1, 2015, págs. 329-338.

22. Kazuki Tagawa y Mikio Watanabe, «Group Foraging in Carnivorous Plants: Carnivorous Plant *Drosera makinoi* (Droseraceae) Is More Effective at Trapping Larger Prey in Large Groups», en *Plant Species Biology*, 36, n.º 1, 2021, págs. 114-118.

23. Xue Fang Yang *et al.*, «Kin Recognition in Rice (*Oryza sativa*) lines», en *New Phytologist*, 220, n.º 2, 2018, págs. 567-578.

24. Rubén Torices, José M. Gómez y John R. Pannell, «Kin Discrimination Allows Plants to Modify Investment towards Pollinator Attraction», en *Nature Communications*, 9, n.º 1, 2018.

25. Guillermo P. Murphy, Clarence J. Swanton, Rene C. van Acker y Susan A. Dudley «Kin Recognition, Multilevel Selection and Altruism in Crop Sustainability», en *Journal of Ecology*, 105, n.º 4, 2017, págs. 930-934.

26. Akira Yamawo y Hiromi Mukai, «Seeds Integrate Biological Information about Conspecific and Allospecific Neighbours», en *Proceedings of the Royal Society*, B 284, n.° 1857, 2017, pág. 20.170.800.

27. Howard J., Dittmer, «A Quantitative Study of the Roots and Root Hairs of a Winter Rye Plant (*Secale cereale*)», en *American Journal of Botany*, 1937, págs. 417-420.

28. Suzanne W. Simard, «Mycorrhizal Networks Facilitate Tree Communication, Learning, and Memory», en F. Baluska, M. Gagliano y G. Witzany (comps.), *Memory and Learning in Plants*, Nueva York, Springer, 2018, págs. 191-213.

29. Merlin Sheldrake, *Entangled Life: How Fungi Make Our Worlds, Change Our Minds and Shape Our Futures*, Nueva York, Random House, 2021.

30. Zoë Schlanger, «Our Silent Partners», en *New York Review of Books*, 7 de octubre de 2021.

31. A. Copetta *et al.*, «Fruit Production and Quality of Tomato Plants (*Solanum lycopersicum* L.) Are Affected by Green Compost and Arbuscular Mycorrhizal Fungi», en *Plant Biosystems* 145, n.° 1, 2011, págs. 106-115.

32. A. Copetta, G. Lingua y G. Berta, «Effects of Three AM Fungi on Growth, Distribution of Glandular Hairs, and Essential Oil Production in *Ocimum basilicum* L. var. *Genovese*», en *Mycorrhiza*, 16, 2006, págs. 485-494.

33. Ghada Araim *et al.*, «Root Colonization by an Arbuscular Mycorrhizal (AM) Fungus Increases Growth and Secondary Metabolism of Purple Coneflower, *Echinacea purpurea* (L.) Moench», en *Journal of Agricultural and Food Chemistry*, 57, n.° 6, 2009, págs. 2255-2258.

34. J. Arpana *et al.*, «Symbiotic Response of Patchouli [*Pogostemon cablin* (Blanco) Benth.] to Different Arbuscular Mycorrhizal Fungi», en *Advances in Environmental Biology*, 2, n.° 1, 2008, págs. 20-24.

35. Nello Ceccarelli *et al.*, «Mycorrhizal Colonization Impacts on Phenolic Content and Antioxidant Properties of Artichoke Leaves and Flower Heads Two Years after Field Transplant», en *Plant and Soil*, 335, 2010, págs. 311-323.

36. M. Sheldrake, *Entangled Life: How Fungi Make Our Worlds, Change Our Minds and Shape Our Futures*, Nueva York, Random House, 2021.

37. E. Toby Kiers *et al.*, «Reciprocal Rewards Stabilize Cooperation in the Mycorrhizal Symbiosis», en *Science*, 333, n.º 6044, 2011, págs. 880-882.

38. Marzena Ciszak *et al.*, «Swarming Behavior in Plant Roots», en *PLoS One*, 7, n.º 1, 2012, pág. e29759.

39. Suqin Fang *et al.*, «Genotypic Recognition and Spatial Responses by Rice Roots», en *Proceedings of the National Academy of Sciences*, 110, n.º 7, 2013, págs. 2670-2675.

40. James F. Cahill Jr. y G. G. McNickle, «The Behavioral Ecology of Nutrient Foraging by Plants», en *Annual Review of Ecology, Evolution, and Systematics*, 42, 2011, págs. 289-311.

41. James F. Cahill, «Introduction to the Special Issue: Beyond Traits: Integrating Behaviour into Plant Ecology and Biology», en *AoB Plants*, 7, 2015. Véase también Cahill Jr., J. F., «The Inevitability of Plant Behavior», en *American Journal of Botany*, 106, n.º 7, 2019, págs. 903-905.

42. Akira Yamawo, H. Ohsaki y J. F. Cahill Jr., «Damage to Leaf Veins Suppresses Root Foraging Precision», en *American Journal of Botany*, 106, n.º 8, 2019, págs. 1126-1130.

43. Jordan Skrynka y Benjamin T. Vincent, «Hunger Increases Delay Discounting of Food and Non-Food Rewards», en *Psychonomic Bulletin and Review*, 26, n.º 5, 2019, págs. 1729-1737.

44. Megan K. Ljubotina y James F. Cahill Jr., «Effects of Neighbour Location and Nutrient Distributions on Root Foraging Behaviour of the Common Sunflower» en *Proceedings of the Royal Society*, B, 286, n.º 1911, 2019, pág. 20.190.955.

10. Herencia

1. Alex V. Popovkin *et al.*, «*Spigelia genuflexa* (Loganiaceae), a New Geocarpic Species from the Atlantic Forest of Northeastern Bahia, Brazil», en *PhytoKeys*, 6, 2011, pág. 47.

2. «Amateur Botanists Discover a Genuflecting Plant in Brazil», en Rutgers University, 18 de septiembre de 2011, <https://www.rutgers.edu/news/amateur-botanists-discover-genuflecting-plant-brazil>.

3. Elizabeth P. Lacey y David Herr, «Phenotypic Plasticity, Pa-

rental Effects, and Parental Care in Plants? I. An Examination of Spike Reflectance in *Plantago lanceolata* (Plantaginaceae)», en *American Journal of Botany*, 92, n.° 6, 2005, págs. 920-930.

4. Sonia E. Sultan, *Organism and Environment: Ecological Development, Niche Construction, and Adaptation*, Nueva York, Oxford University Press, 2015, pág. 88, y las referencias que contiene.

5. Anna Wied y Candance Galen, «Plant Parental Care: Conspecific Nurse Effects in *Frasera speciosa* and *Cirsium scopulorum*», en *Ecology*, 79, n.° 5, 1998, págs. 1657-1668.

6. Alison G. Scoville *et al.*, «Differential Regulation of a MYB Transcription Factor Is Correlated with Transgenerational Epigenetic Inheritance of Trichome Density in *Mimulus guttatus*», en *New Phytologist*, 191, n.° 1, 2011, págs. 251-263.

7. Anurag A. Agrawal, Chrostoan Laforsch y Ralph Tollrian, «Transgenerational Induction of Defences in Animals and Plants», en *Nature*, 401, n.° 6748, 1999, págs. 60-63.

8. «Genomics and Its Impact on Science and Society», U.S. Department of Energy Genome Research Programs, en <http://www.ornl.gov/sci/techresources/Human_Genome/publicat/primer2001/primer11.pdf>.

9. «Extending Evolution, an Interview with Prof. Sonia Sultan», episodio 60 de *Naturally Speaking, podcast*, abril de 2018.

10. Sonia E. Sultan, Armin P. Moczek y Denis Walsh, «Bridging the Explanatory Gaps: What Can We Learn from a Biological Agency Perspective?», en *BioEssays*, 44, n.° 1, 2022, pág. 2100185.

11. Sonia E. Sultan, «Plant Developmental Responses to the Environment: Eco-Devo Insights», en *Current Opinion in Plant Biology*, 13, n.° 1, 2010, págs. 96-101.

12. J. Sollid y G. E. Nilsson, «Plasticity of Respiratory Structures–Adaptive Remodeling of Fish Gills Induced by Ambient Oxygen and Temperature», en *Respiratory Physiology and Neurobiology*, 154, n.os 1-2, 2006, págs. 241-251.

13. Jacob J. Herman *et al.*, «Adaptive Transgenerational Plasticity in an Annual Plant: Grandparental and Parental Drought Stress Enhance Performance of Seedlings in Dry Soil», en *Integrative and Comparative Biology*, 52, n.° 1, julio de 2012, págs. 77-88.

14. Margaret R. Spitz *et al.*, «Dietary Intake of Isothiocyanates: Evidence of a Joint Effect with Glutathione S-transferase Polymor-

phisms in Lung Cancer Risk», en *Cancer Epidemiology Biomarkers and Prevention*, 9, n.º 10, 2000, págs. 1017-1020.

15. Julie E. Bauman *et al.*, «Randomized Crossover Trial Evaluating Detoxification of Tobacco Carcinogens by Broccoli Seed and Sprout Extract in Current Smokers», en *Cancers*, 14, n.º 9, 2022, pág. 2129.

16. Sonia E. Sultan, *Organism and Environment: Ecological Development, Niche Construction, and Adaptation*, Nueva York, Oxford University Press, 2015, pág. 31.

17. Mary E. Rumpho *et al.*, «The Making of a Photosynthetic Animal», en *Journal of Experimental Biology*, 214, n.º 2, 2011, págs. 303-311.

18. Sonia E. Sultan, *Organism and Environment: Ecological Development, Niche Construction, and Adaptation*, Nueva York, Oxford University Press, 2015, pág. 32.

19. Emanuele Coccia, *The Life of Plants: A Metaphysics of Mixture*, Hoboken, NJ, John Wiley, 2019.

20. Zoë Schlanger, «Choking to Death in Detroit: Flint Isn't Michigan's Only Disaster», en *Newsweek*, 30 de marzo de 2016.

21. Teri A. Manolio *et al.*, «Finding the Missing Heritability of Complex Diseases», en *Nature*, 461, n.º 7265, 2009, págs. 747-753.

22. «Research: Current Projects», Sultan Lab, Wesleyan University. <https://sultanlab.research.wesleyan.edu/currentprojects/>.

23. Robin Waterman y Sonia E. Sultan, S. E., «Transgenerational Effects of Parent Plant Competition on Offspring Development in Contrasting Conditions», en *Ecology*, 102, n.º 12, 2021, pág. e03531.

24. Brennan H. Baker *et al.*, «Transgenerational Effects of Parental Light Environment on Progeny Competitive Performance and Lifetime Fitness», en *Philosophical Transactions of the Royal Society*, B 374, n.º 1768, 2019, pág. 20.180.182.

25. Peter Del Tredici, «The Introduction of Japanese Knotweed, *Reynoutria japonica*, into North America», en *Journal of the Torrey Botanical Society*, 144, n.º 4, 2017, págs. 406-416.

26. Philip Santo, «New Japanese Knotweed Standard Comes into Effect», en *Property Journal*, RICS, 21 de marzo de 2022.

27. Sophia Cameron, «Invasive Plant Profile: Japanese Knotweed», en Acadia National Park, National Park Service, <https://www.nps.gov/articles/000/japanese-knotweed-acadia.htm>.

28. David Taft, «Japanese Knotweed Is Here to Stay», en *The New York Times*, 6 de septiembre de 2018.

29. Sonia E. Sultan, Armin P. Moczek y Denis Walsh, «Bridging the Explanatory Gaps: What Can We Learn from a Biological Agency Perspective?», en *BioEssays*, 44, n.º 1, 2022, pág. 2100185.

11. El futuro de las plantas

1. Bruno Latour, «A Collective of Humans and Nonhumans: Following», en *Readings in the Philosophy of Technology*, 2009, pág. 156.

2. C. A. Safina, «Why Anthropomorphism Helps Us Understand Animals' Behavior», en Medium.com, 9 de septiembre de 2016.

3. Teofrasto, *Historia plantarum*, 1.2.5.

4. Natasha Myers, «Conversations on Plant Sensing: Notes from the Field», en *NatureCulture*, 3, 2015, págs. 35-66.

5. Jeffrey T. Nealon, *Plant Theory: Biopower and Vegetable Life*, Stanford, CA, Stanford University Press, 2015.

6. Supreme Court of United States, *Sierra Club v. Morton*, 405 U.S. 727, 1972.

7. Christopher D. Stone, «Should Trees Have Standing? Toward Legal Rights for Natural Objects», en *S. Cal. L. Rev.*, 45, 1972, pág. 450.

8. *Manoomin v. Minnesota Department of Natural Resources*, caso n.º GC21-0428, White Earth Band of Ojibwe Tribal Ct., 2021.

9. «Rights of Manoomin», section 1, White Earth Reservation Business Committee, White Earth Band of Chippewa Indians, resolution n.º 001-19-009, 31 de diciembre de 2018.

10. Deborah Bird Rose, «Indigenous Ecologies and an Ethic of Connection», en N. Low (comp.), *Global Ethics And Environment*, Londres, Routledge, 1999, pág. 175.

11. Báyò Akómoláfé, «When You Meet the Monster, Anoint Its Feet», en *Emergence Magazine*, 16 de octubre de 2018.

ÍNDICE ANALÍTICO Y ONOMÁSTICO